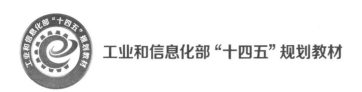
工业和信息化部"十四五"规划教材

通信电子线路创新训练教程

田 磊 刘智芳 编著

电子工业出版社
Publishing House of Electronics Industry
北京·BEIJING

内 容 简 介

本书从电子通信的全过程出发，在全面系统地介绍通信电子线路基本原理和分析方法的基础上，引入对应的实验内容。全书包括两大部分，分别是理论基础模块及实验模块。其中，理论基础模块主要讲解通信电子线路的基本理论，为后续实验做理论铺垫；实验模块分两部分讲解，分别是基础实验和综合实验。读者可以通过基础实验部分检验前期理论学习的成效，综合实验部分旨在提升读者对通信系统的整体认识，并理解本书在通信系统中的位置及适用领域。

本书以通信电子线路的实验测试为出发点，从通信过程的角度讨论了各章节的内容及其在通信系统中的作用，便于读者更加深入地理解和建立通信电子线路在通信过程中的重要意义。编者力求取材广泛，注重实际测试及最新技术的引入，重点突出，主要围绕基本原理和方法进行讲授，避免烦琐公式的推导，注重理论与实验的联系，进而加深读者对相关结论的理解。本书内容通俗易懂，层次清楚，推导简明扼要，可满足不同层次读者的需求。

本书可作为通信工程、电子信息工程等专业的教材，也可作为相关专业科研及工程人员的参考书。

图书在版编目（CIP）数据

通信电子线路创新训练教程 / 田磊，刘智芳编著. —北京：电子工业出版社，2023.3

ISBN 978-7-121-45268-0

Ⅰ. ①通… Ⅱ. ①田… ②刘… Ⅲ. ①通信系统－电子电路－教材 Ⅳ. ①TN91

中国国家版本馆 CIP 数据核字（2023）第 049415 号

责任编辑：杜　军　　　　　　特约编辑：田学清
印　　刷：北京七彩京通数码快印有限公司
装　　订：北京七彩京通数码快印有限公司
出版发行：电子工业出版社
　　　　　北京市海淀区万寿路 173 信箱　　　邮编：100036
开　　本：787×1092　　1/16　　印张：14.5　　字数：380 千字
版　　次：2023 年 3 月第 1 版
印　　次：2025 年 2 月第 3 次印刷
定　　价：46.00 元

凡所购买电子工业出版社图书有缺损问题，请向购买书店调换。若书店售缺，请与本社发行部联系，联系及邮购电话：（010）88254888，88258888。

质量投诉请发邮件至 zlts@phei.com.cn，盗版侵权举报请发邮件至 dbqq@phei.com.cn。

本书咨询联系方式：dujun@phei.com.cn。

前　言

通信电子线路是通信与信息系统专业的一门重要的专业基础课程，也是集测试测量与工程应用于一体的课程。它的特点是概念多、电路多、要求基础知识多及采用非线性分析方法等。随着通信技术的飞速发展，各类通信系统越发先进，但是关于通信系统的实践方面的图书较少，原有的实验内容较陈旧，各大院校对本部分的学习课时也在缩减，不利于教学和现代通信发展的需要。为了适应这种变化，使读者能够从通信电子线路的角度深入理解通信及电子通信系统的含义，编者根据多年教学经验和实践研究编写了本书。

本书主要讨论通信系统中通信电子线路的基本原理、电路组成、分析方法及对应于前期所学理论基础知识的实验内容。全书共 13 章，理论基础模块包含第 1~8 章的内容，其中，第 1 章"绪论"，从整体上介绍通信系统的组成、无线通信的原理和传输方式，以及各类电子通信系统；第 2 章"信号的选频与滤波"，着重介绍谐振回路的特性及应用；第 3 章"信号产生电路"，主要分析各类振荡器的工作原理及电路结构；第 4 章"振幅调制与解调"，重点介绍调幅波的性质、振幅调制电路及调幅信号的解调；第 5 章"角度调制与解调"，主要介绍调角波的性质，以及实现调频的方法及电路；第 6 章"混频电路"，重点介绍混频电路的类型、参数及分析方法；第 7 章"高频功率放大器"，重点介绍谐振功率放大器的特点，并分析其特性及电路组成；第 8 章"高频小信号放大器"，主要介绍高频小信号的等效电路参数及晶体管谐振放大器。

实验模块包含第 9~13 章的内容，其中，第 9 章"放大类实验"，包含音频功率放大器实验、双调谐小信号放大实验、非线性丙类功率放大器实验和集成选频放大器实验；第 10 章"混频实验"，主要测试二极管双平衡混频器；第 11 章"发射与接收"，包含模拟乘法器调幅实验、音频信号调频实验、三极管包络检波实验和正交鉴频实验；第 12 章"幅度的调制与解调"，包含调幅接收机实验、中波调幅发射机的组装与调试实验；第 13 章"综合实验"，包含基于锁相环的本振源实验、增益可控射频放大器实验、数字程控衰减器实验、LC 带通滤波器实验和声表滤波器实验。基于基础实验部分，读者可以独立通过软件仿真或设计外围电路，完成测试及系统替代验证实验。

本书以通信电子线路的实验测试为出发点，以实现通信过程中各模块的功能为目的，讨论了各章节的内容在通信系统中的作用，融入了最新的数字电路技术，在完成测试各模块参数的基础上，为读者提供二次开发的接口，可以满足当下通信电子线路的教学需求。

本书的部分研究工作得到陕西省自然科学基金重点研发计划项目（2024GX-YBXM-033）的资助。基础理论模块由刘智芳编写，实验模块由田磊编写。由于编著者水平有限，书中存在疏漏在所难免，欢迎读者批评指正。

编著者

2022 年 12 月

目 录

实 验 模 块

理论基础模块

第1章

绪 论

近百年来，在自然科学方面，有很多重大发现和发明，无线通信系统是其中很重要的一种。它从被发明到现在的一百多年中，已广泛应用于国民经济、国防建设和人们日常生活的各个领域。

通信的目的与任务是传递信息，信息类型很多，包括语言、音乐、图像、文字和数据等；传输信息的方法也很多，而无线通信系统是其中一种重要的方法。无线通信形式最能体现高频电子线路的应用，尽管现代各种无线通信系统在传递信息的形式、工作方式和设备体制组成上有很大的差异，但高频信号的基本电路基本相同。

本书以无线通信系统为主要对象，阐述利用高频信号和高频电子线路传递信息的过程及其中的一些问题。本章首先介绍无线通信系统中无线电信号的发射和接收过程，以及传输特点和相关电路；然后介绍电子通信系统的基本类型和特点，使读者对电子通信系统有较全面的认识，对其各组成部分之间的联系有所了解。

1.1 无线电通信技术

1.1.1 无线通信系统的组成和特点

无线电通信是指把声音、图像等信息以"无线电"为手段进行传送。现代无线电通信类型很多，在传递方式、频率范围、用途和设备组成上都有所不同，但它们的基本组成不变。图 1.1 是无线通信系统的基本组成框图。

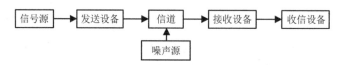

图 1.1　无线通信系统的基本组成框图

信号源是指所需传输的信息，如语言、文字、图像等，一般是非电物理量，这些信息在变换成电信号后被送入发送设备，以无线电形式送入传输媒质（信道），这里的传输媒质就是大气层或自由空间。信号在传输过程中不可避免地会受到噪声干扰。在接收端，通过接收设备把无线电信号接收下来，恢复成原始信息，送给收信设备，完成无线通信过程。

1. 无线电信号的传输方法

无线电信号是怎样把信息传输出去的呢？人耳听到的语音信号频率为 20Hz～20kHz，要把这样的信号传输出去，使用的方法是先把它变成电信号。而交变的电振荡可以利用天线向空中辐射，但天线尺寸必须与电信号的波长为同一数量级，只有这种辐射才有效。语音信号的波长为 $15×10^3～15×10^6$m，要制造出如此大的天线是很困难的，因此将语音信号直接辐射到空中是很不容易的。即使这样的天线被制造出来，各个电台发出的信号频率都相同，它们在空中混在一起，收听者也无法选择所要接收的信号。为了有效地传输，就必须利用频率更高的电振荡，把高频振荡信号作为载体，首先将携带信息的低频电信号"装载"到高频振荡信号上，然后由天线辐射出去。这样，天线尺寸就可以比较小。在接收端，把低频电信号从高频振荡信号上"取"下来。同时，不同的发射台可以采用不同的高频振荡频率，使彼此互不干扰。

高频信号也称射频信号，广义上讲就是适宜无线电发射和传输的信号。

把高频振荡信号称为载波信号、低频电信号称为调制信号，将低频电信号装载到高频振荡信号上的过程称为调制，将低频电信号从高频振荡信号上取下来的过程称为解调，经过调制的高频振荡信号称为已调波信号。

所谓调制，就是指用调制信号控制载波信号的某一参数，使之随调制信号的变化规律而变化。当载波信号是正弦波信号时，其主要参数是振幅、频率和相位，调制分为 3 种基本方式，分别是振幅调制、频率调制、相位调制，分别用 AM、FM、PM 表示，后两种也称为角度调制。当调制信号为数字信号时，也称为键控，键控的基本方式为振幅键控（ASK）、频率键控（FSK）和相位键控（PSK）。一般情况下，载波信号为单一频率的正弦波，对应的调制称为正弦调制。若载波信号为一脉冲信号，则称为脉冲调制。本书中主要讨论模拟调制信号和正弦载波信号的模拟调制。

2. 无线电波（无线电信号）的频谱

我们已经知道，在无线通信系统中，研究的信号有调制信号、载波信号和已调波信号。这些信号有多方面的特性，其中频谱特性是描述和分析它们的重要手段。对于周期性信号，可以用求傅里叶级数的方法得到其频谱；对于非周期信号，可以用傅里叶变换的方法将其分解为连续谱，信号为连续谱的积分。另外，任何信号都会占据一定的带宽，从频谱特性方面来看，带宽就是信号能量主要部分所占据的频率范围。不同信号的带宽不同，语音信号的频率一般在 6kHz 以内，而无线电波的主要能量集中在 300Hz 到 400kHz 之间，电视频谱宽度约为 6MHz。无线电波的发射频率越高，可利用的频带宽度越宽，可用的通信信道越多，也越易于实现频分复用和频分多址。这也是无线通信采用高频的原因之一。

3. 无线电波的频段

无线电通信是通过电磁辐射实现的。电磁波的频率和波长结构如图 1.2 所示。

从图 1.2 中可以看出，无线电波是一种波长比较长的电磁波，占据的频率范围也较大。在自由空间中，波长和频率之间存在以下关系：

$$\lambda = \frac{c}{f} \qquad (1\text{-}1)$$

式中，c 为光速，其值为 $3 \times 10^8 \text{m/s}$；f 和 λ 分别为频率和波长。无线电波可以按频率或波长进行分段，称为频段或波段。

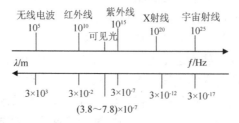

图 1.2　电磁波的频率和波长结构

不同的频段在用途上有一定的差别。目前，低频（LF）频段主要用于航海和航空导航领域，中频频段（MF）主要用于 AM 广播（535～1605kHz），高频频段主要用于短波电台和短波无线电广播，其高频（VHF）频段主要用于移动无线电、航海航空通信、调频广播（88～108MHz）、电视 2～13 频道；特高频（UHF）频段主要用于电视 14～83 频道、移动通信蜂窝电话、雷达等，超高频（SHF）频段主要用于微波和卫星通信系统。应当指出，不同频段信号具有不同的分析和实现方法，从使用元器件、线路结构及工作原理方面来讲，中波、短波和米波基本相同，但它们和微波明显不同，前者采用集总参数元件，如电阻、电容和电感等；后者采用分布参数元件，如同轴线、波导等。在器件方面，前者使用一般的二极管、三极管和线性组件；后者还需要使用特殊器件，如速调管、行波管、磁控管等。

本书主要讨论的"高频"频段是指频率为 3～30MHz，波长为 10～100m 的短波波段。

4. 无线电波的传播

无线电波的传输媒质是大气层和自由空间。无线电波在自由空间的传播方式主要有直射传播、绕射传播、反射传播和散射传播，如图 1.3 所示。其中，绕射传播也称地波传播，直射传播、反射传播和散射传播也称天波传播。

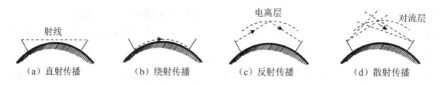

图 1.3　无线电波的传播方式

无线电波的直射传播就是指从发射天线发出的无线电波沿直线传播到接收天线。由于地球表面是一个曲面，所以在地面上直射传播的无线电波所能达到的距离只能在视距范围内，故也称视距传播。实践表明，当发射天线和接收天线的高度为 50m 时，传播的通信距离约为 50km。直射传播主要是超短波、微波和更高频率无线电波的传播方式。它主要用于中继通信、调频广播、电视和卫星通信等。

绕射传播可以绕地球的弯曲面传播，由于地面是不理想导体，所以无线电波在绕射时，会有一部分能量损耗，通常是波长越长，吸收越少，损耗越低。因此中长波主要采用绕射传播。另外，由于地面电性能在较短时间内的变化不大，所以绕射传播比较稳定。中长波多用作远距离通信与导航。粗略地估计，辐射功率为几十千瓦的长波信号可以用于几千千米之间的通信，不过它的天线要求很大，应用受到限制。

无线电波传播的另一种重要方式就是利用电离层的反射传播。地球表面有一层厚厚的大气层，由于受到太阳等星际空间的辐射，大气层上部的气体将发生电离，产生自由电子和离子，形成电离层。电离层主要有两层：一层距离地面 100～130km，叫 E 层；另一层距离地面 200～400km，叫 F 层。当无线电波辐射到电离层时，其传播方向会发生变化，一部分能量被电离层吸收而损失；另一部分被电离层反射回地球表面，形成电波通信。电离层的电离程度越大，对无线电波的反射和吸收的作用越强。无线电波的波长越长，电离层的作用越强，无线电波越容易反射回地球表面。而波长较短的无线电波较容易穿过电离层而辐射到宇宙空间。另外，电离层的高度及自由电子和离子密度与太阳有密切的关系。白天、夏天，以及在太阳活动性较强的期间，电离层中的自由电子密度较大，电离层的作用较强。例如，对于中波广播，白天电离层的作用很强，中波在白天基本上不能依靠电离层的反射传播，传播距离只有100km 左右；晚上电离层的作用减弱，可以传播较远的距离，某些位于远处的电台在白天是收听不到的，而晚上就能听清楚，就是这个原因。

另外，电离层也是一层介质。它对无线电波的折/反射情况还与无线电波的入射角有关。入射角即入射波的传播方向与铅垂线的夹角。入射角越大，越易产生反射；入射角越小，越易产生折射。由于 F 层距离地面 200～400km，所以一次反射的跳跃距离可达 4000km 左右。短波可以利用这种电离层的反复折射传播很远的距离，几乎可到达地球的每个角落。因此短波是国际无线电广播的主要手段，也是现代各种无线电台通信的重要工具。上面讲过，电离层的物理特性受太阳等的影响而经常变化，因此其传播不稳定。实际中应根据电离层的情况经常更换工作波长，只有这样才能有较好的通信效果。

距离地面 10～16km 的大气层称为对流层，大气现象（如风、雨、雪、雷电等）发生在这一层。在对流层中，大气密度比较大，物理特性也不均匀，当波长较短的无线电波照射到不均匀介质上时，会产生杂乱反射，这种现象叫散射。散射的无线电波可以避免地球曲面的限制，传播到直射传播不能到达的地方。利用散射传播，可以使超短波和微波的通信距离增加，一般可达 100～500km。

从以上可看出，长波以绕射传播为主，中波和短波以天波传播为主，超短波以直射传播为主。

现代无线通信系统按照其中关键部分的不同特性来分类，有较多类型，按照通信方式来分类，主要有单工方式、半双工方式和全双工方式。单工通信指的是只能发或只能收的通信方式，实际中的例子就是广播和电视，发射台总是发送者，接收台总是接收者。半双工通信是一种既可以发又可以收但不能同时收发的通信方式，实际中有些电台和对讲机属于这种通信方式。全双工通信是一种可以同时收发的通信方式，无线电话系统就属于全双工通信方式。近年来又出现了多址无线通信方式，如宽带无线接入网和 LMDS 技术等，同时可传输语音数据等宽带业务。

按照发射和接收信号的工作频率来分类，有中波通信、短波通信、超短波通信、微波通信和卫星通信等；按照调制方式的不同来分类，有调幅、调频、调相、混合调制等。无论哪种类型的无线通信系统，组成系统的设备可能有较大的不同，但组成设备的基本电路及其原理都是相同的，遵循同样的原理和规律。本节主要研究模拟通信的基本电路、原理和分析方法。

1.1.2　无线电发射和接收机的基本组成

知道了无线通信系统的基本组成、通信过程和特点，现在来看具体的无线电发射和接收机的组成。图 1.4 是无线电发射机和接收机组成框图。

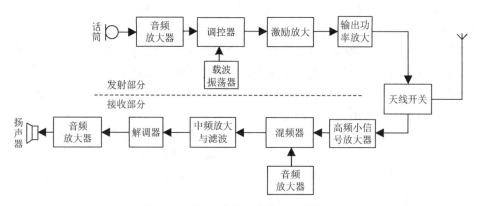

图 1.4　无线电发射和接收机组成框图

在图 1.4 中，音频放大器、话筒和扬声器属低频部件，本书不讨论。在发射部分，载波振荡器产生高频正弦波，在通信过程中作为载波信号。若载波频率不够高，则可以通过倍频器进行倍频，提高载波频率。由低频放大器输出的调制信号控制正弦载波的某个参数，实现调制。最终经过发射前功率放大，通过天线把无线电波辐射出去。在有些无线电发射机中，根据需要，在发射前还可进行倍频或上变频，以提高发射频率。

无线电接收机的工作过程恰好与无线电发射机相反，它将天空中传来的无线电波接收下来（由接收天线完成），并把它恢复成原来的信号。由于电台很多，所以接收天线收到的将不仅是希望收听到的信号，还包含有许多不同电台、不同载频的信号。为了收听到所需的信号，在接收天线之后，应有一个选择电路。它的作用就是把所要接收的信号挑选出来，而把不要的信号滤掉，以免产生干扰。选择电路由电感线圈 L 和电容 C 组成，称为振荡回路，也叫谐振回路，将在第 2 章中介绍。选择电路输出的就是某个电台的高频信号，由于刚接收的信号很微弱，所以需要经过高频小信号放大器进行放大，如图 1.4 所示。利用选择电路输出的高频信号还无法推动耳机或收信设备，必须把它恢复成原来的调制信号。这种从已调波中检取出原调制信号的过程叫检波或解调，相应的部件叫检波器或解调器。把检波器获得的调制信号送入耳机或收信设备，就可得到所需信息。这种最简单的接收方式称为直接检波式接收。但这种接收方式输出的信号很小，要把从天线接收的高频信号放大到几百 mV，一般需要几级高频小信号放大器，而每级高频小信号放大器都需要有一个 LC 选择电路。当被接收信号的频率改变时，所有 LC 选择电路需要重新调谐，很不方便。为了克服该缺点，实际无线电接收机都采用超外差式电路：把接收的高频信号经过选择放大后，先把已调波的载波频率 f_s 变成频率较低的且固定不变的中频频率 f_i，取出中频后进行中频放大，如图 1.4 所示，然后检波。

把高频信号变为中频信号由混频器来完成，混频是超外差接收的核心，这将在后面章节中介绍。混频后的中频信号的频率是固定不变的，收音机中的中频频率大都是 465kHz，电视接收机中的图像中频频率是 37MHz。从图 1.4 中还可以看出，为了获得中频信号，还需要外加一个正弦信号，称本地振荡信号，由音频放大器产生。由于变频后的中频频率是固定的，所以中频放大器的选择回路不需要随时调整，选择性容易做好。当信号频率改变时，只要改变本地振荡频率即可，这就是超外差接收的优点。

上面扼要地介绍了广播电台发射和接收信号的基本原理与电路组成，讲的是语音广播的特殊情况，但它具有典型意义。根据这种原理，同样可以传输诸如图像、数据等其他信息，对其他通信系统也基本适用。从中也可以看出高频电子通信电路的基本内容应该主要包括以下几点。

（1）高频信号产生电路（信号源、载波和本振的产生）。

（2）高频放大电路（高频小信号放大和高频功率放大）。

（3）高频信号变换（调制、解调和混频）。

因此，高频电子通信电路就是研究高频信号的产生、放大和变换的电路。

在以后的章节中，就是把这些具体的高频电子线路作为研究对象的。除此以外，还要考虑信道或无线电接收机中的干扰与噪声问题。这些都会在后面章节中给予讨论。应该注意的是，这些电路既有线性电路，又有非线性电路。

1.2 电子通信系统的组成

在介绍了无线通信系统电路的组成及工作过程后，为了更好地理解通信过程，下面来看一般现代电子通信系统的组成。一个电子通信系统工作的基本过程就是从一个地方向另一个地方传输信息。电子通信系统概括起来就是在两点或多点之间用电子电路手段对信息进行传输、接收和变换的过程。原始信息可以是连续信号，如人的声音等；也可以是数字信号，如二进制码等。无论是什么样的信息形式，在传播前，都要通过电子通信系统将其转换为电磁能量来传输。传输媒质可以是铜线电缆、光纤或大气。图 1.5 所示为电子通信系统框图。

图 1.5 电子通信系统框图

电子通信系统主要包括发送设备、传输媒质和接收设备。发送设备主要用电子部件和电路把原始信息转换为适于传输媒质传输的信息。传输媒质提供了一个由发送者到接收者的信息传输通道。所传输信息的传输形式可以是铜线电缆中的电流、光纤中的光信号或前面介绍的无线电波。接收设备用电子部件和电路接收从传输媒质中传输过来的信息，并将其恢复成原始信息。现代电子通信系统主要包括数字通信系统、光纤通信系统、微波卫星通信系统和移动通信系统等。

1.3 本课程的特点与学习安排

本章在着重介绍无线通信系统和无线电广播技术的组成与特点的基础上介绍了现代电子通信系统的基本组成，目的是让读者清楚，任何通信系统的基本原理都是一致的，要完成一个通信过程，需要由能够实现各种功能的单元电路组成。而能够实现各种功能的单元电路就是本书后面各章讨论的内容（有些功能的单元电路在后面可能未讲到）。读者应首先从通信系统和通信过程方面理解各种功能的单元电路的作用与意义，这样，当学习完各种功能的单元电路后，就可以更好地理解通信过程及其意义。本书各章节内容的顺序就是按照通信过程实现的顺序来安排的。

在通信系统和设备中的各种功能的单元电路都是高频电子通信电路，这些电路几乎都是由线性器件和非线性器件组成的，而具有非线性器件的电路都是非线性电路，只是在不同的使用条件下，非线性器件表现的非线性程度不同而已。例如，对于高频小信号放大器，在输入小信号的情况下，其非线性可以用线性等效电路来表示。本书的绝大部分电路都是非线性电路，非线性是本课程的重要特点。

在分析非线性电路时，不能采用线性电路的分析方法，即叠加定理在非线性电路中不适用，而必须求解非线性方程（包括微分方程等）。在实际中，想精确求解非线性方程比较困难，一般采用近似方法。在非线性电路中，物理概念很多，读者应注重其物理意义并在实际情况下进行合理的近似，而不必过分追求理论的严格性。

高频电子通信电路能够实现的功能和单元电路很多，实现每种功能的电路形式更多。随着微电子技术的发展和各类高频集成电路的不断出现，各类现代电子通信系统和相关设备中的各种电路更是千差万别。但它们都是由基本非线性器件实现的，也都是在分立器件和为数不多的基本电路的基础上发展起来的。因此，在学习过程中，应抓住各种电路之间的共性，把握基本电路的基本分析方法和物理意义，把握各种功能之间的内在联系，把握高频电子通信电路的系统性，这样对提高电路的系统设计能力和对通信过程的理解是非常有意义的。

高频电子通信电路是在科学技术和实践中发展起来的，具有很强的实践性和工程性，只有通过实践，才能得到深入理解。因此，在本课程的学习中，应注重实践和实验环节，在实践中积累经验，深化理解。

思考题与习题

1.1　画出无线电广播发射调幅系统的组成框图及各框对应的波形。

1.2　画出无线电接收设备的组成框图及各框对应的波形。

1.3　无线电通信为什么要进行调制？

1.4　FM 广播、电视及导航移动通信均属于哪一频段的通信？

1.5　非线性电路的主要特点是什么？

第2章

信号的选频与滤波

2.1 概述

选频网络在高频电子通信电路中有广泛的应用，其主要作用是从不同频率信号中选出需要的频率分量，滤除不需要的频率分量，还完成作为负载和变换阻抗等任务。

选频网络也称为振荡回路，是由电感元件和电容串联或并联组成的回路，具有谐振特性和选择性。图 2.1 是串联振荡回路，图 2.2 是并联振荡回路。

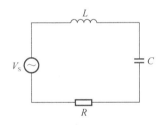

图 2.1 串联振荡回路

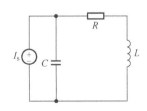

图 2.2 并联振荡回路

2.2 串联谐振回路

2.2.1 谐振阻抗、谐振频率与品质因数

在图 2.1 中，R 是电感的等效串联电阻，电容等效串联电阻可忽略不计，回路阻抗 Z 为

$$Z = R + \mathrm{j}\left(\omega L - \frac{1}{\omega C}\right) = R + \mathrm{j}X = |Z|\,\mathrm{e}^{\mathrm{j}\phi} \tag{2-1}$$

回路电抗 X 为

$$X = \omega L - \frac{1}{\omega C} \tag{2-2}$$

由式（2-1）可以得到阻抗的模值和相角分别为

$$|Z| = \sqrt{R^2 + X^2} = \sqrt{R^2 + \left(\omega L - \frac{1}{\omega C}\right)^2} \qquad (2\text{-}3)$$

$$\phi = \arctan \frac{X}{R} = \arctan \frac{\omega L - \dfrac{1}{\omega C}}{R} \qquad (2\text{-}4)$$

可见，$|Z| \sim \omega$、$\phi \sim \omega$、$X \sim \omega$，即均与 ω 有关。$|Z|$、ϕ、X、ω 的关系如图 2.3 所示。

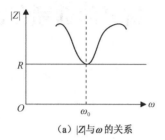

（a）$|Z|$ 与 ω 的关系

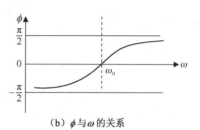

（b）ϕ 与 ω 的关系

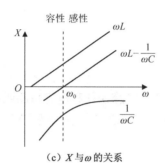

（c）X 与 ω 的关系

图 2.3　$|Z|$、ϕ、X 与 ω 的关系

根据图 2.3 中的曲线，可得出以下结论。

（1）当 $\omega < \omega_0$ 时，$X < 0$，串联振荡回路阻抗是容性的，且 $|Z| > R$，幅角 $\phi < 0$。

（2）当 $\omega > \omega_0$ 时，$X > 0$，串联振荡回路阻抗是感性的，且 $|Z| > R$，幅角 $\phi > 0$。

（3）当 $\omega = \omega_0$ 时，$X = 0$，串联振荡回路阻抗是纯阻性的，且 $|Z| = R$，幅角 $\phi = 0$。

可以看出，在某一特殊频率 ω_0 处，$X = 0$，电路的阻抗最低，电流最大，此时回路称为谐振回路，因此，谐振条件是 $X = 0$，即 $\omega L = \dfrac{1}{\omega C}$，有

$$\omega_0 = \frac{1}{\sqrt{LC}},\ f_0 = \frac{1}{2\pi\sqrt{LC}} \qquad (2\text{-}5)$$

式中，ω_0 称为谐振角频率；f_0 称为谐振频率。当回路谐振时，有

$$\omega_0 L = \frac{1}{\omega_0 C} = \frac{\sqrt{LC}}{C} = \sqrt{L/C} \qquad (2\text{-}6)$$

令 $\rho = \sqrt{L/C}$，称为谐振回路的特性阻抗。

谐振时，回路的感抗值和容抗值相等，把谐振时回路的感抗值与回路电阻 R 的比值或谐振时回路的容抗值与回路电阻 R 的比值称为品质因数，一般用 Q 表示：

$$Q = \frac{\omega_0 L}{R} = \frac{1}{\omega_0 CR} = \frac{1}{R}\sqrt{L/C} \tag{2-7}$$

2.2.2　谐振曲线、相频特性曲线和通频带

1. 谐振曲线

回路电流幅值与外加电压频率之间的关系曲线称为谐振曲线，设回路电流为 $\dot I$，谐振时电流为 $\dot I_0$，即找出 $\frac{I}{I_0} \sim \omega$ 的关系，而已知回路电流为

$$\dot I = \frac{\dot V_{\text{S}}}{R + \text{j}\left(\omega L - \dfrac{1}{\omega C}\right)} \tag{2-8}$$

谐振时电流为 $\dot I_0 = \dot V_{\text{S}}/R$，因此有

$$\frac{\dot I}{\dot I_0} = \frac{R}{R + \text{j}\left(\omega L - \dfrac{1}{\omega C}\right)} = \frac{1}{1 + \text{j}\dfrac{\omega L - \dfrac{1}{\omega C}}{R}}$$

$$= \frac{1}{1 + \text{j}\dfrac{\omega_0 L}{R}\left(\dfrac{\omega}{\omega_0} - \dfrac{\omega_0}{\omega}\right)} = \frac{1}{1 + \text{j}Q\left(\dfrac{\omega}{\omega_0} - \dfrac{\omega_0}{\omega}\right)} \tag{2-9}$$

它的模为

$$\frac{I}{I_0} = \frac{1}{\sqrt{1 + Q^2\left(\dfrac{\omega}{\omega_0} - \dfrac{\omega_0}{\omega}\right)^2}} \tag{2-10}$$

根据式（2-10）可画出相应的谐振曲线，如图 2.4 所示。从图 2.4 中可以看出，对于同样的角频率偏移，Q 值越大，$\dfrac{I}{I_0}$ 越小，曲线越尖锐，对外加电压的选频作用越显著，回路选择性越好。因此，Q 值的大小可说明回路选择性的好坏。

在实际应用中，经常用外加电压的角频率 ω 与回路谐振角频率 ω_0 之差 $\Delta\omega = \omega - \omega_0$ 表示角频率偏移程度，将 $\Delta\omega$ 称为失谐频率。在式（2-10）中，当 ω 与 ω_0 很接近时，有

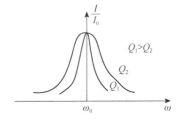

图 2.4　串联谐振回路的谐振曲线

$$\frac{\omega}{\omega_0} - \frac{\omega_0}{\omega} = \frac{\omega^2 - \omega_0^2}{\omega_0\omega} = \left(\frac{\omega + \omega_0}{\omega}\right)\left(\frac{\omega - \omega_0}{\omega_0}\right) \approx \frac{2\omega}{\omega}\left(\frac{\omega - \omega_0}{\omega_0}\right) = \frac{2\Delta\omega}{\omega_0} \tag{2-11}$$

因此，式（2-10）可写为

$$\frac{I}{I_0} = \frac{1}{\sqrt{1 + Q^2\left(\dfrac{\omega}{\omega_0} - \dfrac{\omega_0}{\omega}\right)^2}} = \frac{1}{\sqrt{1 + \left(Q\dfrac{2\Delta\omega}{\omega_0}\right)^2}} \tag{2-12}$$

故有

$$\frac{\omega L - \dfrac{1}{\omega C}}{R} = \frac{X}{R} = \frac{\omega L \omega_0}{R \omega_0} - \frac{\omega_0}{\omega C R \omega_0} = Q\left(\frac{\omega}{\omega_0} - \frac{\omega_0}{\omega}\right) \approx Q\frac{2\Delta\omega}{\omega_0} \qquad (2\text{-}13)$$

式中，$Q\dfrac{2\Delta\omega}{\omega_0}$ 仍旧具有失谐的含义，因此称 $Q\dfrac{2\Delta\omega}{\omega_0}$ 为广义失谐，用 ξ 表示。

2. 相频特性曲线

串联谐振回路的相频特性曲线是指回路的电流相角 ϕ 随角频率 ω 变化的曲线。由式（2-9）和式（2-12）可求得回路电流相角 ϕ 的表达式为

$$\frac{\dot{I}}{\dot{I}_0} = \frac{1}{1 + \mathrm{j}\dfrac{X}{R}} = \frac{1 - \mathrm{j}\dfrac{X}{R}}{1 + \left(\dfrac{X}{R}\right)^2} \qquad (2\text{-}14)$$

$$\phi = -\arctan\frac{X}{R} \approx -\arctan Q\frac{2\Delta\omega}{\omega_0} = -\arctan\xi \qquad (2\text{-}15)$$

根据式（2-15）画出不同 Q 值时的相频特性曲线，如图 2.5 所示。由图 2.5 可知，Q 值越大，电流相频特性曲线在谐振频率 ω_0 附近的变化越陡峭。

3. 通频带

为了衡量谐振回路的选择性，引入通频带的概念。当回路外加电压保持不变，频率改变为 $\omega = \omega_1$ 或 $\omega = \omega_2$ 时，回路电流值减小为谐振值 I_0 的 $\dfrac{1}{\sqrt{2}}$。$\omega_2 - \omega_1$ 称为回路的通频带，如图 2.6 所示。

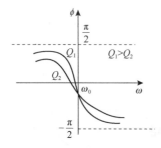

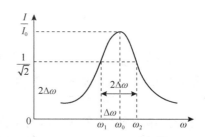

图 2.5　串联谐振回路的相频特性曲线　　图 2.6　串联谐振回路的通频带

通频带可表示为 $2\Delta\omega = \omega_2 - \omega_1$，$\omega_1$ 和 ω_2 称为通频带的边界角频率。在边界角频率 ω_1 和 ω_2 上，$I / I_0 = 1/\sqrt{2}$。这时，回路中损耗的功率为谐振时的一半，因此 ω_1 和 ω_2 也称为半功率点。

由式（2-12）可知，$\dfrac{I}{I_0} = \dfrac{1}{\sqrt{1 + \xi^2}}$，故在边界角频率点上有 $\dfrac{1}{\sqrt{1 + \xi^2}} = \dfrac{1}{\sqrt{2}}$，即广义失谐 $\xi = \pm 1$。根据广义失谐的定义，有 $\xi_2 = 2\dfrac{\omega_2 - \omega_0}{\omega_0}Q = 1$，而 $\omega_2 > \omega_0$，可知 $\omega_2 - \omega_0 = \dfrac{\omega_0}{2Q}$；

$\xi_1 = 2\dfrac{\omega_1 - \omega_0}{\omega_0}Q = -1$，而 $\omega_1 < \omega_0$，可知 $\omega_1 - \omega_0 = -\dfrac{\omega_0}{2Q}$。将上述两式相减，可得通频带为

$$2\Delta\omega = (\omega_2 - \omega_0) - (\omega_1 - \omega_0) = \omega_2 - \omega_1 = \frac{\omega_0}{Q} \text{ 或 } 2\Delta f = \frac{f_0}{Q}$$

由此可得出结论：通频带与回路的 Q 值成反比，Q 值越大，选择性越好，但通频带越窄。

4．有载品质因数

Q 为无载品质因数（不考虑负载和信号源内阻），若信号源内阻为 R_S，负载为 R_L，则电路中的总电阻为 $R + R_S + R_L$，此时的品质因数称为有载品质因数：

$$Q_L = \frac{\omega_0 L}{R + R_S + R_L} \tag{2-16}$$

可见，由于 R_S 和 R_L 的存在，回路的有载品质因数 Q_L 比无载品质因数 Q 要小。

2.3　并联谐振电路

2.3.1　阻抗及谐振频率

并联振荡回路如图 2.7 所示。在实际应用中，由于 R 为电感内阻，比较小，通常都满足 $\omega L \gg R$ 的条件，因此有

$$Z \approx \frac{L/C}{R + j\left(\omega L - \dfrac{1}{\omega C}\right)} = \frac{1}{\dfrac{CR}{L} + j\left(\omega C - \dfrac{1}{\omega L}\right)} = R_e + jX_e \tag{2-17}$$

$$Z = \frac{(R + j\omega L)\dfrac{1}{j\omega C}}{R + j\omega L + \dfrac{1}{j\omega C}} \tag{2-18}$$

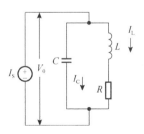

图 2.7　并联振荡回路

当电抗 X_e 为 0 时，回路达到谐振状态，即当 $\omega_p C = \dfrac{1}{\omega_p L}$ 时，并联振荡回路谐振，可求出并联谐振角频率 ω_p 为

$$\omega_p = \frac{1}{\sqrt{LC}} \tag{2-19}$$

此时并联谐振回路呈现纯阻性且谐振电阻 R_p 最大、谐振电导 G_p 最小：

$$Z = Z_{max} = R_p = \frac{1}{G_p} = \frac{L}{CR} = \frac{\omega_p^2 L^2}{R} \tag{2-20}$$

与串联谐振回路一样，并联谐振回路的品质因数 Q_p 定义为

$$Q_p = \frac{\omega_p L}{R} = \frac{1}{\omega_p CR} = \frac{1}{R}\sqrt{\frac{L}{C}} \tag{2-21}$$

式（2-21）也可表示为

$$R_p = \frac{\omega_p^2 L^2}{R} = Q_p \omega_p L = \frac{1}{\omega_p^2 C^2 R} = Q_p \frac{1}{\omega_p C} \tag{2-22}$$

并联振荡回路的等效阻抗 Z 及电阻 R_e、电抗 X_e 随频率的变化曲线如图 2.8 所示。

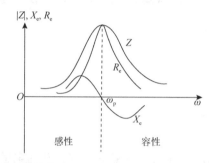

图 2.8　并联振荡回路的等效阻抗 Z 及电阻 R_e、电抗 X_e 随频率的变化曲线

从图 2.8 中可以看出以下几点。

（1）谐振时阻抗最高，且回路呈纯阻性。

（2）失谐时，Z 包含 R_e 和 X_e 且当 $\omega < \omega_p$ 时，$X_e > 0$，回路呈感性；当 $\omega > \omega_p$ 时，$X_e < 0$，回路呈容性，这些特性与串联振荡回路刚好相反。

（3）谐振时，回路端电压 $\dot{V}_0$ 与 $\dot{I}_S$ 同相，电容支路电流 $\dot{I}_{CF}$ 超前 $\dot{I}_S$ 90°，电感支路电流 $\dot{I}_{LP}$ 滞后 $\dot{I}_S$ 90°，其相位相反，且满足矢量和 $\dot{I}_{CP} + \dot{I}_{LP} = \dot{I}_S$。此外，在谐振时，有

$$\dot{V}_0 = \dot{I}_S \cdot \frac{L}{CR} = \dot{I}_S R_p = Q_p^2 R \cdot \dot{I}_S = Q_p \omega_p L \cdot \dot{I}_S = Q_p \frac{1}{\omega_p C} \cdot \dot{I}_S \tag{2-23}$$

$$\dot{I}_{CP} = \dot{V}_0 / \frac{1}{j\omega_p C} = j\omega_p C \cdot \dot{V}_0 = j\omega_p C \cdot \dot{I}_S Q_p \frac{1}{\omega_p C} = jQ_p \dot{I}_S \tag{2-24}$$

$$\dot{I}_{LP} = \dot{V}_0 / (j\omega_p L) = \dot{V}_0 / j\omega_p L = \frac{Q_p \omega_p L I_S}{j\omega_p L} = -jQ_p \dot{I}_S \tag{2-25}$$

可以看出，电感支路和电容支路的电流相位相反，且大小都等于信号源电流的 Q_p 倍，故并联谐振又称为电流谐振。

2.3.2　谐振曲线、相频特性曲线和通频带

由并联振荡电路图可知，回路输出电压 $\dot{V}$ 可表示为

$$\dot{V} = \dot{I}_s Z = \frac{\dot{I}_s L / C}{R + j\left(\omega L - \dfrac{1}{\omega C}\right)} = \frac{\dot{I}_s L / CR}{1 + j\left(\omega L - \dfrac{1}{\omega C}\right) / R} \tag{2-26}$$

又由于

$$\frac{\omega L - \dfrac{1}{\omega C}}{R} = \frac{1}{R}\left(\omega L - \frac{1}{\omega C}\right) = \frac{\sqrt{L / C}}{R}\left(\omega L \cdot \frac{\sqrt{C}}{\sqrt{L}} - \frac{1}{\omega C} \cdot \frac{\sqrt{C}}{\sqrt{L}}\right)$$

$$= Q_p\left(\omega \sqrt{LC} - \frac{1}{\omega \sqrt{LC}}\right) = Q_p\left(\frac{\omega}{\omega_p} - \frac{\omega_p}{\omega}\right) \tag{2-27}$$

所以式（2-26）可整理为

$$\dot{V} = \frac{\dot{I}_s R_p}{1 + jQ_p\left(\dfrac{\omega}{\omega_p} - \dfrac{\omega_p}{\omega}\right)} \tag{2-28}$$

而谐振时回路两端电压 $\dot{V}_0 = \dot{I}_s R_p$，即

$$\frac{\dot{V}}{\dot{V}_0} = \frac{1}{1 + jQ_p\left(\dfrac{\omega}{\omega_p} - \dfrac{\omega_p}{\omega}\right)} \tag{2-29}$$

由此可得并联谐振回路的谐振曲线表达式和相位特性曲线表达式：

$$\frac{V}{V_0} = \frac{1}{\sqrt{1 + Q_p\left(\dfrac{\omega}{\omega_p} - \dfrac{\omega_p}{\omega}\right)^2}} \tag{2-30}$$

$$\phi = -\arctan Q_p\left(\frac{\omega}{\omega_p} - \frac{\omega_p}{\omega}\right) \tag{2-31}$$

当外加信号频率与回路谐振频率很接近时，有

$$\frac{V}{V_0} = \frac{1}{\sqrt{1 + \left[Q_p\dfrac{2\Delta\omega}{\omega_p}\right]^2}} = \frac{1}{\sqrt{1 + \xi^2}} \tag{2-32}$$

$$\phi = -\arctan\frac{2\Delta\omega}{\omega_p} = -\arctan\xi \tag{2-33}$$

将式（2-32）和式（2-33）分别与式（2-29）及式（2-30）进行比较，可以看出，并联谐振回路的谐振曲线和相频特性与串联谐振回路相同，只不过纵坐标由串联谐振回路的 $\dfrac{I}{I_0}$ 换成了并联谐振回路的 $\dfrac{V}{V_0}$；在串联谐振回路中，ϕ 是指回路电流 $\dot{I}_s$ 与信源电压 $\dot{V}_s$ 的相位差，在并联谐振回路中，ϕ 是指端电压 $\dot{V}$ 与信源电流 $\dot{I}_s$ 的相位差。

同样，并联谐振回路的通频带为

$$2\Delta\omega = \frac{\omega_{\mathrm{p}}}{Q_{\mathrm{p}}} \text{ 或 } 2\Delta f = \frac{I_{\mathrm{p}}}{Q_{\mathrm{p}}} \tag{2-34}$$

2.4 滤波器概述与设计

陶瓷滤波器是由锆钛酸铅$\left[\mathrm{P_b(ZrTi)O_3}\right]$陶瓷材料制成的滤波器，把这种陶瓷材料制成片状，将两面涂上银浆作为电极，经过直流高压极化后就会具有压电效应。陶瓷滤波器具有稳定、抗干扰性能良好的特点，广泛应用于电视、录像机、收音机等各种电子产品中（作为选频元件），取代了传统的 LC 滤波（选频）网络。陶瓷滤波器的等效电路如图 2.9 所示。

在陶瓷滤波器中，C_0 为压电陶瓷谐振子的固定电容，L_{q}' 为机械振动的等效质量，C_{q}' 为机械振动的等效弹性模数，R_{q}' 为机械振动的等效阻尼。可见，其等效电路与晶体振荡器的等效电路类似，因此也存在串联谐振频率和并联谐振频率。

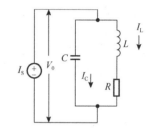

图 2.9　陶瓷滤波器的等效电路

串联谐振频率为

$$W_{\mathrm{q}} = \frac{1}{\sqrt{L_{\mathrm{q}}'C_{\mathrm{q}}'}} \tag{2-35}$$

并联谐振频率为

$$W_{\mathrm{p}} = \frac{1}{\sqrt{L_{\mathrm{q}}'\dfrac{C_{\mathrm{q}}'C_0}{C_{\mathrm{q}}'+C_0}}} = \frac{1}{\sqrt{L_{\mathrm{q}}'C'}} \tag{2-36}$$

式中，C' 为 C_0 和 C_{q}' 串联后的电容。

陶瓷滤波器的 Q_{L} 一般为几百，比石英晶体的 Q 值要小，比 LC 滤波器的 Q 值要大。因此，它在作为滤波器时，通频带没有石英晶体那样窄，选择性也比石英晶体差。

表面声波滤波器是采用表面声波器件实现的滤波器，其工作频率为 10MHz～1GHz。表面声波利用局部扰动产生一种通过固体介质内和沿表面传送的波，由换能器将电信号转换而成。表面声波滤波器的结构如图 2.10 所示。

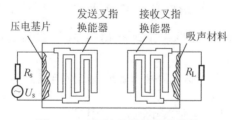

图 2.10　表面声波滤波器的结构

表面声波滤波器的中心频率高、相对带宽大、体积小、性能稳定、制造重复性好。它可以制成分立器件，也可以与电子电路集成在一个芯片上，广泛应用于雷达、通信、广播、电子对抗和电视系统中，用于频率滤波、匹配滤波和自适应滤波等。

思考题与习题

2.1 给定串联谐振回路的 $f_0 = 1.5\text{MHz}$，$C=100\text{pF}$，谐振电阻 $R=5\Omega$，试求 Q_0 和 L。若信号源的电压幅值为 $U_S = 1\text{mV}$，求串联谐振回路中的电流 I_0，以及回路元件上的电压 U_{L0} 和 U_{C0}。

2.2 给定并联谐振回路的谐振频率 $f_0 = 5\text{MHz}$，$C=50\text{pF}$，通频带 $2\Delta f_{0.7} = 150\text{kHz}$。试求电感 L、品质因数 Q_0，以及信号源频率为 5.5MHz 时的衰减 $\alpha(\text{dB})$。若把 $2\Delta f_{0.7}$ 加宽到 300kHz，则应在回路两端并联一个多大的电阻？

2.3 并联谐振回路如图 2.11 所示。已知通频带 $2\Delta f_{0.7}$ 和电容 C，若回路总电导为 G_Σ（$G_\Sigma = G_S + G_0 + G_L$）。试证明：$G_\Sigma = 4\pi\Delta f_{0.7}C$。若给定 $C=20\text{pF}$，$2\Delta f_{0.7} = 6\text{MHz}$，$R_0=13\text{k}\Omega$，$R_S=10\text{k}\Omega$，试求 R_L 为多少？

2.4 回路如图 2.12 所示。已知 $L=0.8\mu\text{H}$，$Q_0 = 100$，$C_1 = C_2 = 20\text{pF}$，$C_S = 5\text{pF}$，$R_S = 10\text{k}\Omega$，$C_L = 20\text{pF}$，$R_L = 5\text{k}\Omega$。试计算回路谐振频率、谐振电阻（不计 R_L 与 R_S）、有载品质因数 Q_L 和通频带。

2.5 在如图 2.13 所示的电路中，已知回路谐振频率为 $f_0 = 465\text{kHz}$，$Q_0 = 100$，信号源内阻 $R_S = 27\text{k}\Omega$，负载 $R_L=2\text{k}\Omega$，$C=200\text{pF}$，$n_1 = 0.31$，$n_2 = 0.22$。试求电感 L 及通频带 B。

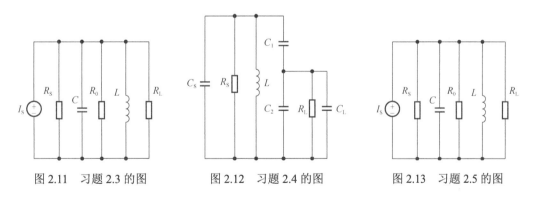

图 2.11 习题 2.3 的图　　　　图 2.12 习题 2.4 的图　　　　图 2.13 习题 2.5 的图

第 3 章

信号产生电路

3.1 概述

振荡器是指不需要外加信号激励，自身将直流电能转换为交流电能的装置。凡是可以达到这一目的的装置都可以作为振荡器，如无线电发明初期所用的火花发射极、电弧发生器等都是振荡器。但是现代用电子管、晶体管等器件与电感、电容、电阻等元件组成的振荡器完全取代了以往所有产生振荡的方法，因为它有如下优点。

（1）它将直流电能转换成交流电能，而本身静止不动，不需要做机械转动或移动。如果用高频交流发动机，则其旋转速度必须很高，并且最高频率也只能够达到 50kHz，却需要很坚实的机械构造。

（2）它产生的是等幅振荡，而火花发射极等产生的是阻尼振荡。

（3）它使用方便，灵活性很高，其功率可自 mW 级至几百 kW，工作频率可自极低频率至微波波段频率。

电子振荡器的输出波形可以是正弦波，也可以是非正弦波，视电子元器件的工作状态和所用的电路元件如何组合而定。振荡器的用途十分广泛。它是无线电发送设备的心脏部分，也是超外差接收机的主要部分。

正弦波振荡器按工作原理可分为反馈式振荡器与负阻式振荡器两大类。反馈式振荡器是指在放大器电路中加入正反馈，当正反馈足够大时，放大器产生振荡，变成振荡器。所谓产生振荡，就是指这时放大器不需要外加激励信号的作用。负阻式振荡器将一个呈现负阻特性的有源器件直接与谐振电路相接，产生振荡。本书只讨论反馈式振荡器。根据振荡器产生的波形，又可以把振荡器分为正弦波振荡器和非正弦波振荡器，本书只介绍正弦波振荡器。

常用的正弦波振荡器主要由决定振荡频率的选频网络和维持振荡的正反馈放大器组成，这就是反馈振荡器。按照选频网络采用元件的不同，正弦波振荡器可分为 LC 振荡器、RC 振荡器和晶体振荡器等类型。其中，LC 振荡器和晶体振荡器用于产生高频正弦波，RC 振荡器用于产生低频正弦波。正反馈放大器既可以由晶体管、场效应管等分立器件组成，又可以由集成电路组成，但前者的性能可以比后者做得好些，且工作频率也可以做得更高。

频率稳定度是振荡器的一个重要指标，按频率稳定度分类，振荡器可分为高稳定度振荡器、中稳定度振荡器和低稳定度振荡器。其中，高稳度振荡器的频率稳定度可达到$10^{-9} \sim 10^{-12}$，中稳定度振荡器的稳定度为$10^{-6} \sim 10^{-8}$，低稳定度振荡器的频率稳定度一般在10^{-6}以下。

本章主要讨论正弦波振荡器的基本原理，因此，在以下各节中将详细分析各种正弦波振荡器的振荡与稳频原理，并对几种典型振荡电路进行分析。

3.2 反馈振荡器

3.2.1 反馈振荡器的原理

我们在模拟电路中学习过反馈的概念，其框图如图 3.1 所示。假设放大器的初始输入为V_i，输出为V_o，在某个时刻，开关 S 从 1 打到 2，将放大器的输入由V_i切换至反馈电压V_f。

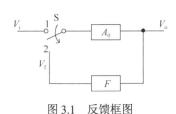

图 3.1 反馈框图

我们知道，反馈有负反馈和正反馈之分，若要输出电压V_o保持大小不变（相位变化），则反馈电压V_f和输入电压V_i的大小与相位必须一样，即此时的反馈必须是正反馈。

假设放大器的放大倍数为A_0，则当开关 S 位于输入信号V_i端（在 1 处）时，其输出信号V_o为

$$V_o = A_0 V_i \tag{3-1}$$

开关 S 切换至 2 后，假设反馈网络的反馈系数为F，则有

$$V_f = F V_o \tag{3-2}$$

即

$$V_f = F A_0 V_i \tag{3-3}$$

当V_f与V_i信号同幅同相时，将开关 S 从 1 打到 2，输出信号V_o的幅度不变。这样，放大器即使没有输入信号V_i也会继续工作。也就是说，$V_f = F A_0 V_i = V_i$，有

$$A_0 F = 1 \tag{3-4}$$

从上面可以看出，当$A_0 F = 1$时，输出信号V_o为等幅振荡；当$A_0 F > 1$时，反馈信号$V_f > V_i$，输出信号V_o的幅度会不断变大，此时输出信号必然为增幅振荡；② $A_0 F < 1$时，反馈信号$V_f < V_i$，输出信号V_o的幅度会不断变小，此时输出信号必然为减幅振荡。

3.2.2 反馈振荡器的组成

从上面的分析可以看出，反馈振荡器应由如图 3.2 所示的几部分组成。

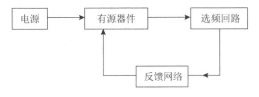

图 3.2 反馈振荡器的组成

（1）选频网络决定振荡频率。

（2）反馈网络实现正反馈，必须有实现正反馈的电感、电容和互感等。

（3）有源器件具有功率增益，是能量转换器件，如放大器。

3.2.3 反馈振荡器的平衡条件与起振条件

由前述可知，振荡器起振之后，振荡器的振幅便会由小到大增长起来，但不可能无限制地增长，而是在达到一定数值后自动稳定下来。

1. 振荡器的平衡条件

由前面的分析可以得到反馈放大器的框图，如图 3.3 所示，设 A 为无反馈时的放大倍数，A_f 为正反馈时的放大倍数，$\dot{F}$ 为反馈系数。

由反馈放大器可得

$$A_f = \frac{V_o}{V_i} = \frac{A}{1 - AF} \qquad (3-5)$$

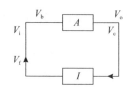

图 3.3　反馈放大器的框图

由前面的分析可知，当 $\dot{A}\dot{F} = 1$ 时，振荡器将产生等幅振荡。此时，$\dot{A}_f \to \infty$，意味着在没有输入信号时，放大器仍有输出，即产生了振荡。因此把

$$\dot{A}\dot{F} = 1 \qquad (3-6)$$

称为振荡器的平衡条件。振荡器的平衡条件又可以分为振幅平衡条件和相位平衡条件。

1）用 V_f 与 V_b 表示

因为振荡时必须满足 $V_f = V_b$ 的条件，即 $V_f / V_b = 1$，所以其振幅平衡条件为

$$V_f / V_b = 1 \qquad (3-7)$$

相位平衡条件为

$$\phi = 2n\pi \quad (n=0,1,2,\cdots) \qquad (3-8)$$

如果 $V_f = V_b$，则输出振荡信号维持等幅振荡。

如果 $V_f > V_b$，则输出振荡信号的幅度会越来越大，即输出信号为增幅振荡。

如果 $V_f < V_b$，则输出振荡信号的幅度会越来越小，即输出信号为减幅振荡。

如果 $\phi = 2n\pi$，则反馈信号的相位和原输入信号的相位一致，因此输出信号频率不变，即 f 保持稳定。

若 $\phi > 0$，则反馈信号的相位超前于原始输入信号，因此输出频率 f 会升高。

若 $\phi < 0$，则反馈信号的相位滞后于原始输入信号，因此输出频率 f 会降低。

2）用放大倍数 $\dot{A}$ 和反馈系数 $\dot{F}$ 表示

设放大器的平均放大倍数（折合放大倍数）为 $\dot{A}$，反馈系数为 $\dot{F}$，则有

$$\left. \begin{aligned} \dot{A} &= \frac{V_c}{V_b} \\ \dot{F} &= \frac{V_f}{V_c} \end{aligned} \right\} \qquad (3-9)$$

显然，其平衡条件为

$$\dot{A}\dot{F} = 1 \qquad (3-10)$$

又因为 $\dot{A}\dot{F} = AFe^{\partial(\phi_A + \phi_F)}$，所以可以得振幅平衡条件为

$$AF = 1 \tag{3-11}$$

相位平衡条件为

$$\phi_A + \phi_F = 2n\pi \quad (n=0,1,2,\cdots) \tag{3-12}$$

如果 $AF = 1$，则输出信号维持等幅振荡。

如果 $AF > 1$，则输出振荡信号的幅度会越来越大，即输出信号为增幅振荡。

如果 $AF < 1$，则输出振荡信号的幅度会越来越小，即输出信号为减幅振荡。

如果 $\phi_A + \phi_F = 2n\pi$，则反馈信号的相位和原始输入信号的相位一致，因此输出信号频率不变，即 f 保持稳定。

若 $\phi_A + \phi_F > 0$，则反馈信号的相位超前于原始输入信号，输出频率 f 会升高。

若 $\phi_A + \phi_F < 0$，则反馈信号的相位滞后于原始输入信号，输出频率 f 会降低。

3）用放大电路和反馈电路参数表示

由于放大器在信号大时处于非线性状态，所以可以用等效参数来考虑谐振回路的基波谐振阻抗，I_{c1} 为集电极基波电流，反馈网络为无源器件，y_f 为晶体管平均正向传输导纳：

$$Z_p = \frac{V_{c1}}{I_{c1}} = \left| Z_p \right| e^{j\phi_Z} \tag{3-13}$$

$$\dot{F} = \frac{\dot{V}_f}{\dot{V}_c} = Fe^{j\phi_F} \tag{3-14}$$

$$y_f = Y_f e^{j\phi_Y} = \frac{\dot{I}_{c1}}{\dot{V}_b} \tag{3-15}$$

根据输入输出关系可以得增益为

$$\dot{A} = \frac{\dot{V}_c}{\dot{V}_b} = \frac{\dot{I}_{c1}\dot{Z}_p}{\dot{V}_b} = y_f \dot{Z}_p \tag{3-16}$$

由 $AF = 1$，可以得到平衡条件为

$$y_f \dot{Z}_p \dot{F} = 1 \tag{3-17}$$

将式（3-17）中的复数展开可得

$$Y_f e^{j\phi_Y} \cdot Z_p e^{j\phi_Z} \cdot F e^{j\phi_F} = 1 \tag{3-18}$$

即振幅平衡条件为

$$Y_f \dot{Z}_p \dot{F} = 1 \tag{3-19}$$

相位平衡条件为

$$\phi_Y + \phi_Z + \phi_F = 2n\pi \quad (n=0,1,2,\cdots) \tag{3-20}$$

2．振荡器的起振条件

必须指出，在振荡建立过程中，放大倍数 A 和反馈系数 F 的乘积不应等于 1，必须要大于 1。在电路刚上电时，输出信号的幅度很小，随着不断地反馈放大，幅度不断地增大，直到 $V_b = V_f$ 时，$AF = 1$，振荡器维持等幅振荡。

容易想到，如果用上面的其他表示方式，可以看出，起振条件可以写为

$$\dot{V}_f > \dot{V}_b \qquad AF > 1 \qquad Y_f Z_{p1} F > 1 \tag{3-21}$$

从前述分析可以看出反馈振荡器的平衡过程，如图3.4所示。当反馈振荡器接通电源后，电路中会存在瞬变电流。瞬变电流中包含的频带极宽，但由于谐振回路的选择性，它只选出了本身谐振频率的信号，其他频率的信号被电路滤掉，不被放大，逐渐消失。由于正反馈作用，谐振频率信号越来越强，形成稳定的振荡。

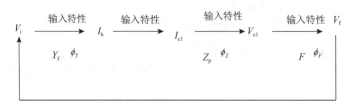

图3.4 反馈振荡器的平衡过程

3.2.4 反馈振荡器的稳定条件

平衡是稳定的必要条件，但不是充分条件，即平衡并不一定稳定。振荡平衡条件只能说明振荡能够在某一状态平衡，但不能说明这个平衡状态是否稳定。平衡状态只是建立振荡的必要条件，但不是充分条件。已建立的振荡能否维持，还必须看状态是否稳定。下面介绍两个例子来说明稳定平衡与不稳定平衡的概念。图 3.5 分别给出了将一个小球放在凸面上的平衡位置与将小球置于凹面的平衡位置。在图 3.5（a）中，小球处于不稳定平衡状态，主要是因为只要外力使小球稍稍偏离平衡点，小球即离开原来位置而落下，不可能再回到原来的平衡状态。在图 3.5（b）中，小球处于稳定平衡状态，外力一消除，它就自动回到原来的平衡位置。因此，振荡器的稳定平衡是指在外力作用下，振荡器在平衡点附近可重建新的平衡状态，即一旦外力消失，它就能自动恢复到原来的平衡状态。

（a）不稳定平衡　　　　　（b）稳定平衡

图3.5 两种平衡状态举例

振荡器的稳定条件可分为振幅稳定条件和相位稳定条件。

1．振幅稳定条件

式（3-11）所示的振幅稳定（平衡）条件可以写为

$$A = \frac{1}{F} \tag{3-22}$$

我们知道，放大倍数 A 是振幅 V_{om} 的非线性函数。在起振时，$A > \frac{1}{F}$。当振幅达到一定程度后，晶体管的工作状态发生变化，进入截止区或饱和区，放大倍数 A 会迅速减小。反馈系数 F 仅取决于外电路参数，与振幅无关。由此可以画出 A 与 $\frac{1}{F}$ 随振幅 V_{om} 变化的曲线，如图 3.6 所示，$\frac{1}{F}$ 呈现线性，与 V_{om} 无关，A 呈现非线性，两者的交点 Q 为振荡器的平衡点，

点 Q 满足 $AF=1$ 的条件。那么 Q 点是否是稳定平衡点呢？需要考虑在此点附近振幅发生变化后是否能恢复原来的状态。

假定由于某种因素而使振幅增大，超过了 Q 点对应的振幅 V_{omQ}，则此时的增益 $A < \dfrac{1}{F}$，即出现了 $AF < 1$ 的情况，振荡器的振幅将会自动减小，回到 V_{omQ} 的位置。反之，假设由于某种因素而使振幅减小，小于 Q 点对应的振幅 V_{omQ}，则出现 $AF > 1$ 的情况，振荡器的振幅将会自动增大，回到 V_{omQ} 的位置。因此，Q 点为稳定平衡点。

形成稳定平衡点的根本原因是什么呢？由上述可知，关键就在于平衡点附近的放大倍数随振幅的变化特性具有负的斜率。这个条件说明，在反馈振荡器中，放大器的放大倍数随振荡幅度的增大而减小，只有这样，振幅才能处于稳定平衡状态。工作于非线性状态的有源器件正好具有这一性能，因而具有稳定振幅的功能。

一般只要偏置电路和反馈网络设计正确，$A = f_1(V_{om})$ 曲线就是一条单调下降的曲线，且与 $\dfrac{1}{F} = f_2(V_{om})$ 曲线仅有一点相交，如图 3.6 所示。在起振时，$A_0 F > 1$，振荡处于增幅振荡状态，振荡幅度从小到大，直到达到 Q 点。这就是软自激状态，不需要外加激励，振荡便可以自激。

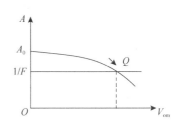

图 3.6　软自激的振荡特性

如果晶体管的静态工作点取得太低，甚至为反向偏置，而且反馈系数 F 又较小，则可能会出现如图 3.7 所示的情况。这时，$A = f_1(V_{om})$ 的变化曲线不是单调下降的，而是先随 V_{om} 的增大而上升，达到最大值后，又随 V_{om} 的增大而下降。因此它与 $\dfrac{1}{F}$ 可能会有两个交点 B 与 Q。这两点都是平衡点，其中，平衡点 Q 满足 $\left.\dfrac{\partial A}{\partial V_{om}}\right|_{V_{om}=V_{omQ}} < 0$ 的条件，是稳定平衡点；而平衡点 B 则与上述情况相反，因为在此处，$\left.\dfrac{\partial A}{\partial V_{om}}\right|_{V_{om}=V_{omB}} > 0$，当振幅稍大于 V_{omB} 时，$A > \dfrac{1}{F}$，为增幅振荡，振幅越来越大。反之，若振幅小于 V_{omB}，则振幅将继续减小，直到停止。因此 B 点的平衡位置是不稳定的。也就是说，这种振荡器不能够自行起振，除非在起振时外加一个大于 V_{omB} 的冲激信号，使其冲过 B 点，只有这样才有可能激起稳定于 Q 点的平衡状态，像这样要预加一个一定幅度的信号才能够起振的现象称为硬自激。通常应该使振荡电路工作于软自激状态，尽量避免硬自激。

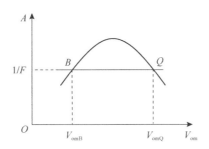

图 3.7　硬自激的振荡特性

从以上分析可以看出，振幅稳定条件为使增益曲线对输出信号幅度呈现负斜率特性，即

$$\frac{\partial A}{\partial V_{\text{om}}}\bigg|_{V_{\text{om}}=V_{\text{omQ}}} < 0 \tag{3-23}$$

2. 相位稳定条件

相位稳定实质为频率稳定。因为振荡器的角频率就是相位的变化率（$\omega = \dfrac{\mathrm{d}\phi}{\mathrm{d}t}$），所以当振荡器的相位变化时，频率也必然变化。

根据前面的分析，相位平衡条件为

$$\Delta\phi = \phi_Y + \phi_Z + \phi_F = 2n\pi \quad (n=0,1,2,\cdots)$$

当 $\Delta\phi = 0$ 时，反馈信号的相位和输入信号的相位一致，没有相位差，输出信号的波形为连续正弦波，频率保持不变，如图 3.8（a）所示；当 $\Delta\phi > 0$ 时，反馈信号的相位超前于输入信号，输出信号的波形如图 3.8（b）所示，输出信号的频率升高；当 $\Delta\phi < 0$ 时，反馈信号的相位滞后于输入信号，输出信号的波形如图 3.8（c）所示，输出信号的频率降低。

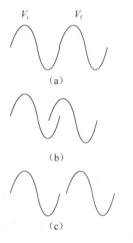

为了保持振荡器相位平衡点稳定，振荡器本身应该具有恢复相位平衡的能力。也就是说，当振荡频率发生变化时，振荡电路能够产生一个新的相位变化，以抵消外因产生的 $\Delta\phi$ 的变化，因而相位稳定条件应为

$$\frac{\partial\phi}{\partial\omega} < 0 \tag{3-24}$$

或

$$\frac{\partial(\phi_Y + \phi_Z + \phi_F)}{\partial\omega} < 0 \tag{3-25}$$

但是在实际中，ϕ_Y 和 ϕ_F 一般对频率的敏感性远低于 ϕ_Z 对频率的敏感性，因此，式（3-24）又可以近似写为

$$\frac{\partial\phi_Z}{\partial\omega} < 0 \tag{3-26}$$

图 3.8 振荡器输出信号频率变化

式（3-26）即振荡器的相位稳定条件，即只有谐振回路的相频特性曲线 $\phi_Z = f(\omega)$ 在振荡频率附近具有负斜率特性时，可以满足相位稳定条件。

在图 3.9 中，以频率 f 为横坐标、ϕ_Z 为纵坐标，画出了具有一定 Q 值的并联谐振回路的相频特性曲线。同时，由于在相位平衡时，$\Delta\phi = 0$，$\phi_Z = -(\phi_Y + \phi_F) = -\Delta\phi_{YF}$，所以，纵坐标也表示与 ϕ_Z 等值异号的 $\Delta\phi_{YF}$ 相位的尺度。在一般情况下，振荡器存在着一定的正向传输导纳相位 ϕ_Y 和反馈系数相位 ϕ_F。因此，只有在 A 点，即 $\Delta\phi = 0$，$\phi_Z = -(\phi_Y + \phi_F)$ 时，相位才平衡，对整个振荡器而言，从图 3.9 中可以看出，若由于外界某种因素使振荡器相位发生了变化，如 ϕ_{YF} 增加到了 ϕ'_{YF}，则由于这个增量，导致振荡器的输出频率 f 升高，因此谐振回路会产生一个负的相位增量 $-\phi_Z$。当 $-\phi_Z$ 抵消掉由外界因素导致的相位增量 $\Delta\phi_{YF}$ 时，振荡器将重新达到平衡，因此 A 点符合相位稳定条件——$\dfrac{\partial\phi_Z}{\partial f}\bigg|_{f=f_0} < 0$，为稳定平衡点。

注意：

（1）若相频特性曲线如图 3.10 所示，则 B 点不是稳定平衡点，这是因为，若由于外界某

种因素而使振荡器相位发生了变化,如 ϕ_{YF} 增加到了 ϕ_{YF}',则由于这个增量导致振荡器的输出频率 f 升高,而此时谐振回路会产生一个正的相位增量 ϕ_Z。当 ϕ_Z 抵消不了由外界因素导致的相位增量 $\Delta\phi_{YF}$ 时,振荡器就无法重新达到平衡状态。

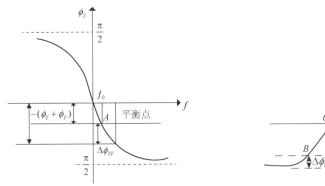

图 3.9　并联谐振回路的相频特性曲线　　图 3.10　不稳定平衡相频特性曲线

（2）由于 $\phi_Y + \phi_F \neq 0$,所以回路必然有一个失谐 $\phi_Z = -(\phi_Y + \phi_F)$,只有这样才能满足 $\phi_Y + \phi_F + \phi_Z = 0$。

（3）一般当 Q 值较大时,认为 $f = f_0 = \dfrac{1}{2\pi\sqrt{LC}}$。

（4）振荡电路是否能振荡的 3 个条件:①为正反馈;②回路满足起振条件;③平衡点是稳定点。

3.3　频率稳定问题

振荡器的频率稳定度是指由于外界条件的变化,引起振荡器的实际工作频率偏离标称频率的程度,是振荡器的一个很重要的指标。我们知道,振荡器一般是作为某种信号源使用的,振荡频率不稳定将有可能使设备和系统的性能恶化。例如,在通信中所用的振荡器,频率不稳定将有可能使所接收的信号部分甚至完全收不到,还有可能干扰原来正常工作的邻近频道的信号。

频率稳定度在数量上通常用频率偏差来表示,频率偏差是指振荡器的实际频率和指定频率之间的偏差,可以分为绝对频差和相对频差。

3.3.1　频率准确度与频率稳定度

频率准确度是指振荡器的实际工作频率与标称频率之间的偏差,又可以分为绝对频率准确度和相对频率准确度。

绝对频率准确度是指实际振荡频率 f 与标称频率 f_0 之间的偏差 Δf:

$$f - f_0 = \Delta f \tag{3-27}$$

相对频率准确度是绝对频率准确度与标称频率之间的比值:

$$\frac{\Delta f}{f_0} = \frac{f - f_0}{f_0} \qquad (3\text{-}28)$$

频率稳定度是指在一定的时间间隔内，频率准确度变化的最大值，一般采用相对频率准确度/时间间隔的表示方式。频率稳定度按照时间间隔的长短，可以分为以下几种。

短期稳定度——1 小时内的相对频率准确度，一般用来评价相对噪声对频率准确度影响的大小。

中期稳定度——1 天之内的相对频率准确度。

长期稳定度——1 天以上的相对频率准确度。

频率稳定度一般用 10 的负几次方表示，次方绝对值越大，稳定度越高。中波广播电台发射机的中期稳定度一般为 $(10^{-5} \sim 10^{-6})$/日，天文台的守时时钟的中期稳定度为 10^{-12}/日，一般 LC 振荡器的中期稳定度为 $(10^{-3} \sim 10^{-4})$/日，克拉泼和西勒振荡器的中期稳定度为 $(10^{-4} \sim 10^{-5})$/日，晶体振荡器的中期稳定度为 $(10^{-4} \sim 10^{-6})$/日。

3.3.2 不稳定因素分析

振荡器的频率主要取决于回路的参数，也与晶体管的参数有关，由于这些参数会随时间、温/湿度等条件发生变化，所以振荡频率也不会绝对稳定。造成频率不稳定的主要原因如下。

1．LC 回路参数不稳定

温度变化是使 LC 回路参数不稳定的主要因素。温度改变会使电感线圈和回路电容的几何尺寸变化，因而会改变电感 L 和电容 C 的数值。一般 L 具有正温度系数，即 L 随温度的升高而增大；而电容由于介电材料和结构的不同，其温度系数可正可负。

另外，机械振动也可使电感和电容产生形变，使 L 和 C 的数值改变，从而引起振荡频率的变化。

2．晶体管参数不稳定

当温度变化或电源变化时，必定引起静态工作点和晶体管结电容的改变，从而使振荡频率不稳定。

3．相位变化

当各种电路参数发生变化时，必然会引起 ϕ_F、ϕ_Y、ϕ_Z 的变化，下面结合相位平衡条件，利用图解法讨论不稳定因素对振荡频率的影响。

由前述放大器的稳定条件可知，当 $\phi_Z = -(\phi_Y + \phi_F)$ 时，相位平衡，任何引起 ϕ_Z 或 ϕ_{YF} 变化的因素均会使频率发生变化。因此，当不稳定因素改变了相位 ϕ_{YF} 时，ϕ_Z 必然产生相反的变化，使相位平衡条件成立，而 ϕ_Z 是 LC 回路的相移，其变化必然引起频率的变化。

外界或 LC 回路的参数本身发生变化都会导致振荡回路的谐振频率 ω_0 发生变化，相应的相频特性曲线会沿频率轴由 ω_0 向 $\omega_0 - \Delta\omega_0$ 平移，从图 3.11 中可以看出，回路的振荡频率将由 ω_1 变为 ω_1'，因此，为了稳定振荡频率，必须保持 LC 回路的参数不变，稳定回路谐振频率 ω_0。

下面讨论回路 Q 值变化对频率稳定度的影响。LC 回路的相移 ϕ_Z 与 Q 之间的关系为

$$\phi_Z = -\arctan 2Q\left(\frac{\omega}{\omega_0} - 1\right) \qquad (3\text{-}29)$$

ϕ_Z 对 ω 的变化率为

$$\frac{\partial \phi_Z}{\partial \omega} = -\frac{1}{1+\left[2Q\left(\dfrac{\omega}{\omega_0}-1\right)\right]^2} \times \frac{2Q}{\omega_0} = -\frac{2Q}{\omega_0}\cos^2 \phi_Z \qquad (3\text{-}30)$$

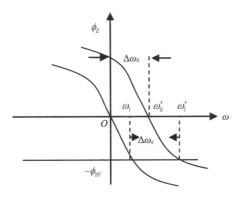

图 3.11　谐振频率变化导致振荡频率的变化

由式（3-30）可知，当 Q 增大时，ω_0 附近的相频特性曲线斜率的绝对值 $\left|\dfrac{\partial \phi_Z}{\partial \omega}\right|$ 增大。设有 Q 值不同的两个 LC 回路，其相频特性曲线如图 3.12 所示。在 ω_0 附近，Q 值大的 LC 回路的相频特性变化快，Q 值小的 LC 回路的相频特性变化慢。设回路原来的相移为 ϕ_{YF}，外界不稳定因素引起的相移变化使得相移变为 ϕ'_{YF}。可见，Q 值大的 LC 回路的相频特性曲线的斜率大，频率变化小；Q 值小的 LC 回路的频率变化大。因此，谐振回路的 Q 值越大，越有利于频率的稳定。

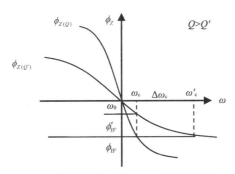

图 3.12　Q 值不同的两个 LC 回路的相频特性曲线

3.4　反馈式 LC 振荡器电路

3.4.1　三端式振荡器的组成原则

三端式振荡器都具有如图 3.13 所示的等效电路原理图。在图 3.13 中，X_1、X_2、X_3 为电抗，分别与晶体管的 3 极连接，组成并联振荡回路。显然，要构成振荡，振荡回路的电抗和为零，即必须满足如下条件：

$$X_1 + X_2 + X_3 = 0 \tag{3-31}$$

而根据振荡器的组成条件，必须要满足正反馈，设谐振回路的电流为 $\dot{I}$，则可知反馈电压为

$$\dot{V}_f = \dot{V}_b = \dot{I}jX_2 \tag{3-32}$$

输出电压为

$$\dot{V}_c = -\dot{I}jX_1 \tag{3-33}$$

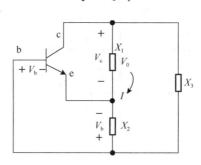

图 3.13　三端式振荡器的等效电路原理图

根据电路结构可知，只有 $\dot{V}_b$ 与 $\dot{V}_c$ 反相才能满足正反馈，即 X_1、X_2 必须为同性电抗元件，又由式（3-33）可知，X_3 必然是与 X_1、X_2 异性的电抗元件。也就是说，X_1 和 X_2 可以同为电感元件，或者同为电容元件，而此时 X_3 为另一性质的电抗，即电容或电感元件。

由此得到三端式振荡器的组成原则为射同余异，即晶体管发射极（e）所接的电抗元件必须是同性质的，而余下的基极（b）和集电极（c）所接的电抗元件必须是不同性质的，只有这样才能够满足起振条件。

利用这个原则，可以很容易地判断振荡电路的组成是否合理，也可以用于分析复杂电路与寄生振荡现象。

3.4.2　电感反馈式振荡器

电感反馈式振荡器的原理电路如图 3.14（a）所示，其中 C_b 为隔直电容，隔直流通交流；去掉为晶体管提供静态工作点的直流通路，可以得到交流等效电路，如图 3.14（b）所示。

从图 3.14（b）中可以很清楚地看到，与发射极相连的电抗元件均为电感，与基极和集电极相连的电抗元件为电容与电感，即满足射同余异的条件。

图 3.14（b）中的电压电流的矢量图如图 3.15 所示，画出的次序是：以输入电压 $\dot{V}_i$ 为基准，回路电压 $\dot{V}_c$ 与 $\dot{V}_i$ 的相位相差 $180°$，$\dot{V}_0$ 与输入 $\dot{V}_i$ 反相，$\dot{I}$ 超前 $\dot{V}_0$ $90°$，L_2 上的 $\dot{V}_f$ 超前 $\dot{I}$ $90°$。可见，$\dot{V}_i$ 于 $\dot{V}_f$ 同相，即满足振荡器的相位平衡条件。

回路中的总电感为 $L = L_1 + L_2 + 2M$（M 表示互感），如果不计互感，则有

$$L = L_1 + L_2 \tag{3-34}$$

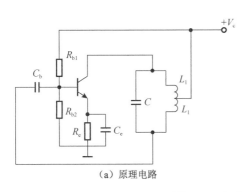
（a）原理电路

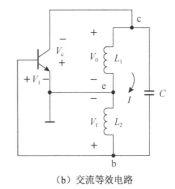
（b）交流等效电路

图 3.14 电感反馈式振荡器

此时，回路的振荡频率为

$$f = \frac{1}{2\pi\sqrt{LC}}$$ （3-35）

振荡器的反馈系数为

$$F = \frac{\dot{V}_f}{\dot{V}_c} = \frac{X_{C_2}}{X_{C_1}} = \frac{\dfrac{1}{j\omega C_2}}{\dfrac{1}{j\omega C_1}} = \frac{L_2}{L_1}$$ （3-36）

如果考虑互感，则有

$$F = \frac{L_2 + M}{L_1 + M}$$ （3-37）

可以证明，电感反馈式振荡器的起振条件为

$$\frac{h_{fe}}{h_{fe}h'_{oe}} > \frac{L_1 + M}{L_2 + M} > \frac{1}{h_{fe}}$$ （3-38）

式中，h'_{oe} 为考虑振荡回路阻抗后的晶体管等效输出导纳，$h'_{oe} = h_{oe} + (1/R'_p)$，$R'_p$ 为输出回路谐振阻抗。

由于 $\dfrac{h_{fe}}{h_{ie}h_{oe}} \gg \dfrac{1}{h_{fe}}$，因此式（3-38）表示这种电路的反馈系数可供选取的范围很宽。

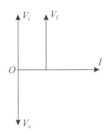

图 3.15 图 3.14（b）中的电压电流的矢量图

电感反馈振荡电路的优点是：首先，由于 L_1 与 L_2 之间有互感存在，所以容易起振；其次，在改变回路电容来调整振荡频率时，基本上不影响电路的反馈系数，比较方便。这种电路的缺点是：首先，与电容反馈振荡电路相比，其振荡波形不够好，这是因为反馈支路为感性支路，对高次谐波呈现高阻抗，故对 LC 回路中的高次谐波反馈较强，波形失真较大；其次，当工作频率较高时，由于 L_1 与 L_2 上的分布电容和晶体管的极间电容均并联于 L_1 与 L_2 的两端，所以反馈系数 F 将随频率的变化而改变，工作频率越高，分布参数的影响越大，甚至可能使 F 减小到满足不了起振条件。

例 3-1：振荡器电路图如图 3.16 所示，试用电抗曲线判断相位条件和确定振荡频率。

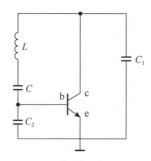

图 3.16 振荡器电路图

解：根据三端式振荡器的振荡的相位平衡条件，即射同余异的原则，可知 LC 串联回路需要呈现感性，且电路中的总电抗为零，即

$$1/\mathrm{j}\omega C_1 + 1/\mathrm{j}\omega C_2 + 1/\mathrm{j}\omega C + \mathrm{j}\omega L = 0$$

式中，ω 为回路振荡频率，可得

$$\omega = \sqrt{\frac{C_1 C_2 + C C_1 + C C_2}{L C C_1 C_2}} \tag{3-39}$$

根据如图 2.3（c）所示的串联谐振回路的电抗曲线可知，当 ω 大于串联谐振回路的谐振频率 $\omega_0 = \sqrt{\dfrac{1}{LC}}$ 时，串联谐振回路呈现感性，此时能满足三端式振荡器的相位平衡条件。

3.4.3 电容反馈式振荡器

电容反馈式振荡器的原理电路如图 3.17（a）所示，其中 C_b 和 C_c 为隔直电容，隔直流通交流；去掉为晶体管提供静态工作点的直流通路，可以得到交流等效电路，如图 3.17（b）所示。

从图 3.17（b）中可以很清楚地看到，与发射极相连的电抗元件均为电容，与基极和集电极相连的电抗元件为电容与电感，即满足射同余异的条件。

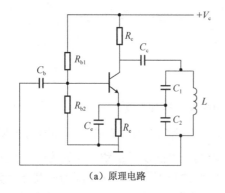

（a）原理电路

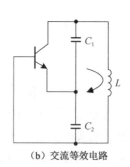

（b）交流等效电路

图 3.17 电容反馈式振荡器

电容反馈式振荡器的电压电流的矢量图如图 3.18 所示,画出的次序是：以输入电压 $\dot{V}_i$ 为基准，回路电压 $\dot{V}_c$ 与 $\dot{V}_i$ 的相位相差 180°，即 $\dot{V}_0$ 与输入 $\dot{V}_i$ 反相，$\dot{i}$ 滞后 $\dot{V}_0$ 90°，C_2 上的 $\dot{V}_f$ 滞后 $\dot{i}$ 90°。可见，$\dot{V}_i$ 于 $\dot{V}_f$ 同相，即满足振荡器的相位平衡条件。

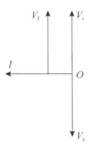

图 3.18　电容反馈式振荡器的电压电流的矢量图

该振荡器的振荡频率由谐振回路的谐振频率决定，即

$$f = \frac{1}{2\pi\sqrt{LC}} \tag{3-40}$$

式中，L 为回路电感；C 为电容 C_1 和 C_2 串联后的总电容，即

$$C = \frac{C_1 C_2}{C_1 + C_2} \tag{3-41}$$

该振荡器的反馈系数为

$$F = \frac{\dot{V}_f}{\dot{V}_c} = \frac{X_{C_2}}{X_{C_1}} = \frac{\dfrac{1}{j\omega C_2}}{\dfrac{1}{j\omega C_1}} = \frac{C_1}{C_2} \tag{3-42}$$

根据 3.2.4 节的推导，可知起振条件为 $AF > 1$，即 $A > \dfrac{1}{F}$，而回路增益为

$$A = \frac{h_{fe} R'_p}{h_{ie}} \tag{3-43}$$

式中，R_p 为输出回路谐振阻抗；h_{fe} 和 h_{ie} 为晶体管的参数。

由此可以求得

$$\frac{h_{fe} R'_p}{h_{ie}} > \frac{C_2}{C_1} > \frac{1}{h_{fe}} \tag{3-44}$$

在实际中，为了满足起振条件，$\dfrac{1}{F}$ 的取值有一定的范围，一般为 $\dfrac{1}{8} \sim \dfrac{1}{2}$。

电容反馈式振荡器的优点是输出波形比较好，这是因为集电极和基极电流可通过对谐波呈现低阻抗的电容支路回到发射极，所以高次谐波的反馈减弱，输出的谐波分量减小，波形更加接近于正弦波。另外，该电路中的不稳定电容都是与该电路并联的，因此适当加大回路电容量，可以减小不稳定因素对振荡频率的影响，从而提高频率稳定度。当工作频率较高时，它甚至可以只利用器件的输入和输出电容作为回路电容。因而本电路适用于较高的工作频率。

这种电路的缺点是在调节 C_1 或 C_2 来改变振荡频率时，反馈系数 F 会随之改变。

3.4.4 改进型电容反馈式振荡器

从前面的分析知，晶体管参数包括结电容等不稳定因素，易受外界干扰，影响频率稳定度，且在反馈系数一定的情况下，频率不易改变，为此提出改进型电容反馈式振荡器。

1. 克拉泼振荡器

克拉泼振荡器电路如图 3.19 所示，该电路是由电感 L 和可变电容 C_3 的串联电路代替原来电容反馈式振荡器中的电感构成的，且 $C_3 \ll C_1, C_2$，只要将 L 和 C_3 的串联电路等效为一个电感，该电路就满足振荡器的组成原则，而且属于电容反馈式振荡器。并且可知回路的总电容主要由 C_3 决定，而极间电容与 C_1、C_2 并联，因此级间电容对总电容的影响很小。此外，C_1、C_2 只是电路的一部分，晶体管以部分接入的形式与回路连接，减弱了晶体管与回路之间的耦合。

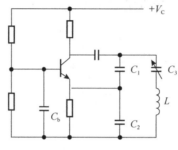

图 3.19　克拉泼振荡器电路

根据三端式振荡器的相位平衡条件，可知振荡器的谐振频率为 $f = \dfrac{1}{2\pi\sqrt{LC}}$，其中，$C$ 为 C_1、C_2 和 C_3 串联后的总电容，即

$$C = \frac{1}{\dfrac{1}{C_1} + \dfrac{1}{C_2} + \dfrac{1}{C_3}} \approx C_3$$

此时，回路的谐振频率为

$$f = \frac{1}{2\pi\sqrt{LC_3}} \tag{3-45}$$

反馈系数为

$$F = \frac{\dfrac{1}{\mathrm{j}\omega C_2}}{\dfrac{1}{\mathrm{j}\omega C_1}} = \frac{C_1}{C_2} \tag{3-46}$$

这样，管子（晶体管）和回路之间的相互影响小，频率稳定度高。

可以看出，克拉泼振荡器的起振条件与电容反馈式振荡器的起振条件是一致的，如式（3-44）所示，因此，克拉泼振荡器尽管具有在改变谐振频率时反馈系数不变的优点，但仍然具有不易起振的缺点。

2. 西勒振荡器

西勒振荡器的原理电路和等效电路分别如图 3.20（a）、（b）所示。它的主要特点是与电感 L 并联一个可变电容 C_4，串联一个电容 C_3。与克拉泼振荡器一样，在图 3.20 中，$C_3 \ll C_1$，C_2。因此晶体管与回路之间的耦合较弱，频率稳定度较高。与电感 L 并联的可变电容 C_4 是用来改变振荡器的工作波段的，而电容 C_3 起微调频率的作用。通过这样的手段，可以起到解决振幅的平稳问题和提高振荡频率范围的作用。

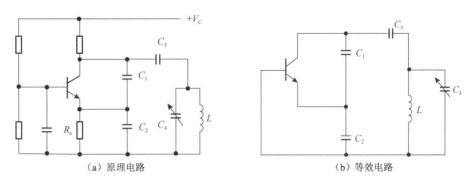

（a）原理电路　　　　　　　　　　　　　　（b）等效电路

图 3.20　西勒振荡器

根据三端式振荡器的相位平衡条件，可知振荡器的谐振频率为 $f = \dfrac{1}{2\pi\sqrt{LC}}$，其中 C 由 C_1、C_2 和 C_3 串联，并并联 C_4 的总电容决定，即

$$C = \frac{1}{\dfrac{1}{C_1} + \dfrac{1}{C_2} + \dfrac{1}{C_3}} + C_4 \approx C_3 + C_4$$

此时，回路的谐振频率为

$$f = \frac{1}{2\pi\sqrt{L(C_3 + C_4)}} \tag{3-47}$$

反馈系数为

$$F = \frac{\dfrac{1}{\mathrm{j}\omega C_2}}{\dfrac{1}{\mathrm{j}\omega C_1}} = \frac{C_1}{C_2} \tag{3-48}$$

这样，管子和回路之间的相互影响小，频率稳定度高。西勒振荡器的特点如下。

（1）频率范围提高，易起振。

（2）频率覆盖系数为 1.6～1.8。

（3）频率稳定度好。

3.5　晶体振荡器

晶体振荡器是利用石英晶体谐振器作为滤波元件构成的振荡器，其振荡频率由石英晶体谐振器决定。与 LC 谐振回路相比，石英晶体谐振器具有极高的品质因数，因此晶体振荡器具有较高的频率稳定度，采用高精度和稳频措施后，晶体振荡器可以达到 $10^{-10} \sim 10^{-11}$ 数量级的频率稳定度。

3.5.1 石英晶体的特性与等效电路

石英晶体是硅石的一种，其化学成分是二氧化硅（SiO_2）。在石英晶体上按一定方位角切下薄片，用在薄片（晶片）的两个对应表面上喷涂一层金属的方法装上一对金属极板，就构成了石英晶体振荡元件。

石英晶体在形状上是各向异性的六角锥形体结晶，有 X、Y、Z 3 条轴线。其中，X 轴为电轴，电荷在 X 轴表面，当沿着 X 轴对压电晶片施加力时，将在垂直于 X 轴的表面上产生电荷，称为压电效应；Y 轴为机械轴，只能加力，产生的电荷分布在 X 轴表面；Z 轴为光轴，光沿 Z 轴入射会产生偏振现象。

石英晶体的基本特性是它具有压电效应。压电效应是指当晶体受到机械力时，其表面会产生电荷。如果机械力由压力变为张力，那么晶体表面的电荷极性就会反过来，这种效应称为正压电效应。反之，如果在晶体表面加上一定的电压，产生电场，则晶体会产生弹性形变。如果外加交流电压，则晶体会产生机械振动，振动的大小正比于外加电压幅度，这种效应称为反压电效应。当加到晶体两端的高频电压频率等于晶体的固有机械振动频率时，称为晶体谐振，使机械振动与电振荡相互转换。

石英晶体有基频振动和泛音振动，在不同的振荡电路下，可以驱动石英晶体的基频振动或泛音振动，故区分出了基频晶振和泛音晶振。一般在低频频段（<20MHz）采用基频晶振，在高频频段（>20MHz）采用泛音晶振。图 3.21 给出了石英晶体的符号、一般等效电路和高频回路等效电路。为什么用石英晶体作为振荡回路元件就能使振荡器的频率稳定度大大提高呢？有以下几点原因。

（1）石英晶体的物理性能和化学性能都十分稳定，因此，其等效谐振回路有很高的标准性。

（2）它具有正/反压电效应，而且在谐振频率附近，晶体的等效参数 L_q 很大，C_q 很小，r_q 也不大。因此，晶体的 Q 值高达数百万量级。

（3）在串/并联谐振频率之间很狭窄的工作频带内，石英具有极其陡峭的电抗特性曲线，因而对频率变化具有极其灵敏的补偿能力。

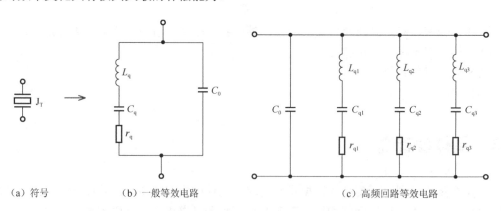

（a）符号　　　（b）一般等效电路　　　　　　　（c）高频回路等效电路

图 3.21　石英晶体的符号、一般等效电路和高频等效电路

根据如图 3.21（b）所示的石英晶体的一般等效电路，可以得到其串联谐振频率 f_s 为

$$f_s = f_q = \frac{1}{2\pi\sqrt{L_q C_q}} \tag{3-49}$$

并联谐振频率 f_p 为

$$f_p = \frac{1}{2\pi\sqrt{L_q \dfrac{C_0 C_q}{C_0 + C_q}}} = \frac{1}{2\pi\sqrt{L_q C_q}}\sqrt{1 + \frac{C_q}{C_0}} = f_s\sqrt{1 + \frac{C_q}{C_0}} \tag{3-50}$$

当 $\dfrac{C_q}{C_0} \ll 1$ 时，根据级数展开的近似式 $\sqrt{1+x} \approx 1 + \dfrac{x}{2}$（当 $x \ll 1$ 时），有

$$f_p \approx f_s(1 + \frac{C_q}{2C_0}) \tag{3-51}$$

可见，串联谐振频率和并联谐振频率很接近，并且相对频差为

$$\frac{\Delta f}{f_p} = \frac{f_p - f_s}{f_p} = \frac{C_q}{2C_0} \tag{3-52}$$

即相对频差小，只有千分之一数量级。

在晶体振荡器中，石英晶体谐振器用作等效感抗，振荡频率必须处于 f_p 与 f_s 之间的狭窄频率范围内，且 Q 值大，曲线陡峭，利于稳频。注意：石英晶体不应工作在容性区，若将石英晶体作为容性元件使用，则当压电效应失效时，仍呈容性，C_0 存在仍可能满足平衡，振荡会维持，但起不到稳频的作用。

晶体振荡器的缺点是只能产生单频振荡。

3.5.2　并联型晶体振荡器

把晶体作为电感，与其他元件按三端式原则组成电路，称为并联型晶体振荡器。这类晶体振荡器的振荡原理与一般反馈式 LC 振荡器相同，只是把晶体置于反馈网络的振荡回路中，作为一个感性元件，并与其他回路元件一起按照三端式原则组成三端式振荡器。根据这个原理，理论上可以构成 3 种类型的基本电路，但实际常用下面两种：图 3.22（a）所示的相当于电容三端振荡电路，图 3.22（b）所示的属于电感三端振荡电路。

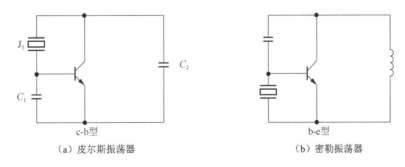

（a）皮尔斯振荡器　　　　　　　　　（b）密勒振荡器

图 3.22　并联型晶体振荡器

皮尔斯振荡器的实际电路及其等效电路如图 3.23 所示。晶体等效为电感，与外接电容 C_3

串联，并与 C_1、C_2 组成并联回路，其振荡频率应该在晶体的串联谐振频率 f_s 和并联谐振频率 f_p 之间，下面来具体确定振荡频率 f_0。

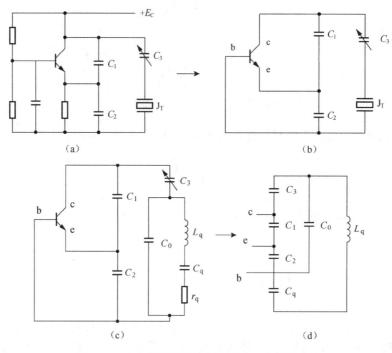

图 3.23　皮尔斯振荡器的实际电路及其等效电路

根据图 3.23（d），可以得到谐振回路中的电感为 L_q，而总电容 C_Σ 应由 C_0、C_q，以及外接电容 C_1、C_2、C_3 组合而成，且存在

$$\frac{1}{C_\Sigma} = \frac{1}{C_q} + \cfrac{1}{C_0 + \cfrac{1}{\cfrac{1}{C_1} + \cfrac{1}{C_2} + \cfrac{1}{C_3}}} \tag{3-53}$$

而在选择电容时，$C_3 \ll C_1, C_2$，因此式（3-53）可近似为

$$\frac{1}{C_\Sigma} \approx \frac{1}{C_q} + \frac{1}{C_0 + C_3} = \frac{C_0 + C_3 + C_q}{(C_0 + C_3)C_q} \tag{3-54}$$

故

$$f_0 = \frac{1}{2\pi\sqrt{L_q \dfrac{C_0 + C_3 + C_q}{(C_0 + C_3)C_q}}} \tag{3-55}$$

调节电容 C_3 可使 f_0 产生很微小的变动。如果 C_3 很大，则取 $C_3 \to \infty$，代入式（3-55），可得 f_0 的最小值为

$$f_0 \approx \frac{1}{2\pi\sqrt{L_q C_q}} = f_s \tag{3-56}$$

即晶体串联谐振频率；若 C_3 很大，则取 $C_3 \approx 0$，代入式（3-55），可得 f_0 的最大值为

$$f_0 \approx \frac{1}{2\pi\sqrt{L_q \dfrac{C_0 C_q}{C_0 + C_q}}} = f_p \qquad (3\text{-}57)$$

即晶体并联谐振频率。可见，无论怎样调节 C_3，f_0 总是处于晶体的串联谐振频率 f_s 和并联谐振频率 f_p 之间。只有在 f_p 附近，晶体才具有并联谐振回路的特点。

回路的反馈系数为

$$F = \frac{C_1}{C_2} \qquad (3\text{-}58)$$

密勒振荡器的实际电路及其等效电路如图 3.24 所示。在该电路中，晶体连接在基极和发射极之间。LC_2 并联回路连接在集电极和发射极之间，只要晶体呈现感性即可构成电感三点式电路。由于晶体并联在输入阻抗较低的晶体管的基极和发射极之间，所以降低了有载品质因数，与皮尔斯振荡器相比，其频率稳定度较低。

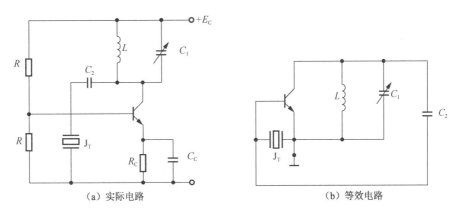

（a）实际电路　　　　　　　　　　（b）等效电路

图 3.24　密勒振荡器的实际电路及其等效电路

3.5.3　串联型晶体振荡器

当晶体工作在串联谐振频率附近时，可看作短路线，晶振的作用是选频短路线，在谐振频率上，晶体呈现极低的阻抗，可以看作短路，实现的正反馈最强。串联型晶体振荡器的电路图如图 3.25 所示。

可以看出，在并联型晶体振荡器中，晶体是谐振回路的一部分；而在串联型晶体振荡器中，晶体是反馈回路的一部分。

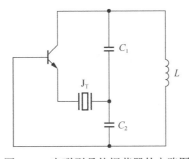

图 3.25　串联型晶体振荡器的电路图

思考题与习题

3.1　为什么 LC 振荡器中的谐振放大器一般工作在失谐状态？它对振荡器的性能指标有何影响？

3.2　LC 振荡器的振幅不稳定是否会影响频率稳定度？为什么？

3.3　在如图 3.26（b）、（c）、（e）所示的电容反馈式振荡器电路中，C_1=100pF，C_2=300pF，L=50μH，求该电路的振荡频率和维持振荡所必需的最小放大倍数 A_{min}。

3.4　利用相位平衡条件的判断准则判断图 3.26 中的三端式振荡器交流等效电路中哪个是错误的（不可能振荡），哪个是正确的（有可能振荡），属于哪种类型的振荡电路，有些电路应说明在什么条件下能振荡。

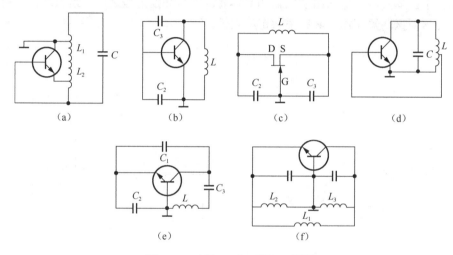

图 3.26　习题 3.3 和习题 3.4 的图

3.5　图 3.27 所示为三端式振荡器的交流等效电路，假定有以下 6 种情况。试问在哪几种情况下可能振荡？等效为哪种类型的振荡电路？其振荡频率与各回路的固有频率之间有什么关系？

（1）$L_1C_1 > L_2C_2 > L_3C_3$。

（2）$L_1C_1 < L_2C_2 < L_3C_3$。

（3）$L_1C_1 = L_2C_2 = L_3C_3$。

（4）$L_1C_1 = L_2C_2 > L_3C_3$。

（5）$L_1C_1 < L_2C_2 = L_3C_3$。

（6）$L_2C_2 < L_3C_3 < L_1C_1$。

3.6　图 3.28 是哈特莱振荡器的改进电路原理图。

（1）试根据相位判别规则说明它可能产生振荡。

（2）画出它的实际电路。

3.7　在如图 3.29 所示的电路中，已知振荡频率 f_0 =100kHz，反馈系数 F=1/2，电感 L=50mH。

（1）画出其交流通路（设电容 C_b 很大，对交流可视为短路）。

（2）计算电容 C_1、C_2 的值（设放大电路对谐振回路的负载效应可以忽略不计）。

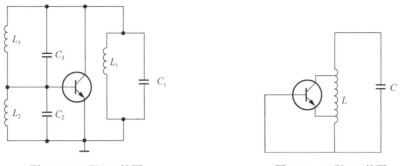

图 3.27　习题 3.5 的图　　　　　　　图 3.28　习题 3.6 的图

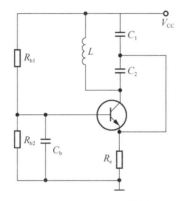

图 3.29　习题 3.7 的图

第4章

振幅调制与解调

4.1 概述

传输信息是人类生活的重要内容之一，传输信息的手段很多，利用无线电技术进行信息传输在这些手段中占有极其重要的地位。广播、电视、导航、雷达等都是利用无线电技术传输各种不同信息的方式。无线电通信传送语音、图像、音乐等；导航利用一定的无线电信号指引飞机或船舶安全航行，以保证它们能平安到达目的地；雷达发射无线电信号，利用反射的回波来测定某些目标的方位；遥控遥测利用无线电技术量测远处或运动体上的某些物理量，控制远处机件的运行。所谓调制，就是指传送信号的一方将要发送的信号"附加"在高频振荡波上，由天线发射出去。这里的高频振荡波就是携带信号的"运载"工具，因此也叫载波。接收信号的一方经过解调把载波携带的信号取出来，得到原有的信息，解调也叫检波。调制与解调都是频谱变换的过程，只有用非线性器件才能够完成。

4.1.1 调制简述

1. 定义

用调制信号控制载波某个参数的过程称为调制。调制信号为原始信息，载波为高频振荡信号，受调后的振荡波为已调波。

2. 调制分类

按照调制信号的波形，调制可以分为连续波调制和脉冲波调制。在连续波调制中，按照改变载波参数的不同，又可以分为振幅调制、频率调制和相位调制，其中频率调制和相位调制通常统称为角度调制；脉冲波调制按照改变载波参数的不同，又可以分为脉冲振幅调制、脉宽调制、脉冲位置调制、脉冲编码调制等。

3. 调制技术指标

（1）抗干扰性。

（2）实现调制的简便程度。

（3）已调波所占的频带宽度。

（4）电子元器件的效率和输出功率。

（5）保真度。

4. 实现调幅的方法

振幅调制是指由调制信号控制载波的振幅，使之按调制信号的规律变化。按照调制信号的频谱不同，振幅调制又可以分为普通调幅（AM）波、抑制载波双边带调制（DSB）和单边带调制（SSB）3 种。

实现调幅的方法大约有以下两种。

（1）低电平调幅。低电平调幅是指调制过程是在低电平级进行的，因此需要的调制功率小。属于这种类型的调制方法有：①平方律调幅，利用电子元器件伏安特性曲线平方律部分的非线性作用调幅；②斩波调幅，先将所要传送的音频信号按照载波频率斩波，然后通过中心频率等于载波频率的带通滤波器滤波，取出调幅成分。

（2）高电平调幅。高电平调幅的调制过程在高电平级进行，通常在丙类放大器中进行。属于这种类型的调制方法有：①集电极调幅；②基极调幅。

4.1.2　检波简述

1. 定义

检波是指从已调信号中还原出原调制信号，是调制的逆过程。由于还原得到的原调制信号与已调高频信号的包络变化规律一致，所以检波器又可以称为包络检波器。

2. 组成

检波器一般由 3 部分组成：① 高频信号输入电路；② 非线性器件；③ 低通滤波器。

3. 检波器的质量指标

下面简要介绍一下检波器的几个质量指标。

（1）电压传输系数（检波效率），一般用 K_d 表示：

$$K_d = \frac{\text{检波器输出的音频电压}}{\text{输入调幅波包络振幅}} \qquad (4\text{-}1)$$

（2）检波器的失真。

在理想情况下，检波器的输出应与调幅波包络的形状完全一致。但实际上，二者会有一些差别，这些差别就叫作检波器的失真。根据产生原因的不同，失真可以分为频率失真、非线性失真、惰性失真和负峰切割失真等。

① 频率失真是由于检波器对于不同调制频率的信号，其电压传输系数 K_d 不同造成的，如图 4.1 所示。因此，经过检波后，便会产生频率失真。为了使不同的输入信号检波后的电压传输系数基本上相同，一般要求在规定的调制频率范围（$\Omega_{min} \sim \Omega_{max}$）内，电压传输系数 K_d 的变化不超过 3dB。

② 非线性失真是由二极管伏安特性曲线的非线性引起的。由于非线性的存在，检波器输

出的音频电压不能完全和调幅波的包络成正比。但如果负载电阻 R 选得越大，则二极管的非线性特性的影响越小，此时引起的非线性失真可以忽略。

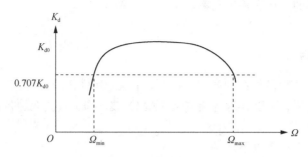

图 4.1　电压传输系数随频率变化的曲线

（3）检波器等效输入电阻。

检波器的输入端通常与高频回路的输出端连接，因此检波器要吸收一部分高频能量，这就提升了高频回路的损耗，使其 Q 值减小。这种影响可以看成是由一个等效电阻 R_{id} 并联到高频回路两端引起的，把 R_{id} 称为检波器等效内阻：

$$R_{id} = \frac{V_{im}}{I_{im}} = \frac{P_{id}}{I_i^2 / 2} \qquad (4-2)$$

在设计实际的检波电路时，为了减小对高频回路的影响，要求 R_{id} 应该尽量大。

（4）高频滤波系数。

检波器输出电压中的高频分量应该尽量滤掉，以免产生高频寄生反馈，导致整机工作不稳定。但在实际中，要把高频分量完全滤掉是有困难的事，因此通常用滤波系数来衡量滤波情况。滤波系数 F 定义为输入高频电压的振幅 V_{im} 与输出高频电压的振幅 V_{om} 之比：

$$F = \frac{V_{im}}{V_{om}} \qquad (4-3)$$

在实际中，滤波系数 F 一般为 50～100。

4.2　调幅波的性质

调制过程就是波形和频谱变换的过程，下面利用数学工具对调幅波的波形和频谱进行一些理论分析。

4.2.1　调幅波的分析与表达式

我们已经知道，调幅就是指使载波的振幅随调制信号的变化规律而变化。当调制信号为正弦波形时，调幅波的形成过程如图 4.2 所示。其中，图 4.2（a）所示为调制信号，图 4.2（b）所示为载波，图 4.3（c）所示为已调波（调幅波）。由图 4.2 可以看出，调幅波是载波振幅按照调制信号的幅度大小线性变化的高频振荡。调幅波的载波频率维持不变，即每个高频波的周期都是相等的，因而波形的疏密程度均匀一致，与载波波形的疏密程度相同。

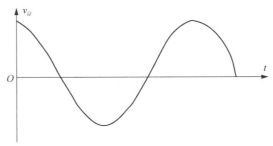

（a）调制信号

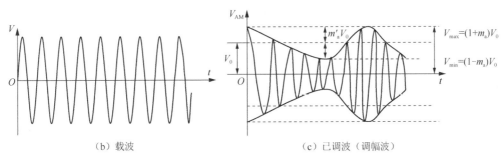

（b）载波　　　　　　　　　　（c）已调波（调幅波）

图 4.2　调幅波的形成过程

应当说明的是，通常需要传送的信号的波形是很复杂的，包含了许多频率分量。但为了简化分析过程，在以后分析调制时，可以认为信号的波形是正弦波形。因为复杂的信号可以分解为许多正弦波分量，所以只要已调波能够同时包含多个不同调制频率的正弦调制信号，那么复杂的调制信号也就如实地被传送出去了。

下面对调幅波的波形进行分析。

假设调制信号为正弦波 v_Ω，且存在

$$v_\Omega = V_{\Omega_m} \cos \Omega t \tag{4-4}$$

载波信号为 V，可表示为

$$V = V_0 \cos \omega_0 t \tag{4-5}$$

通常情况下，载波信号频率远大于信号频率，即 $\omega \gg \Omega$。

根据调幅波的性质，可以知道已调波的幅度与调制信号存在线性关系，即有

$$V(t) = V_0 + K_a V_\Omega \tag{4-6}$$

由此可以得到调幅波的表达式为

$$V_{AM} = \left(V_0 + K_a V_{\Omega_m} \cos \Omega t\right) = V_0 \left(1 + \frac{K_a V_{\Omega_m}}{V_0} \cos \Omega t\right) \cos \omega_0 t$$
$$= V_0 \left(1 + m_a \cos \Omega t\right) \cos \omega_0 t \tag{4-7}$$

式中，$m_a = \dfrac{K_a V_{\Omega_m}}{V_0}$，称为调制度、调制指数或调幅度，通常用百分数来表示；K_a 为比例系数。

一般情况下，m_a 的取值为 0（未调幅）到 1（100%调幅）。如果 $m_a > 1$，则会得到如图 4.3 所示的波形，可见，此时的包络已经不再是正弦波了，产生了严重的失真，我们把这种情况称为过调制。这样的已调波经过检波后，不能恢复出原来的调制信号的波形，而且它所占据的频带较宽，会对其他电台产生干扰。因此，在实际过程中应尽量避免过调幅。

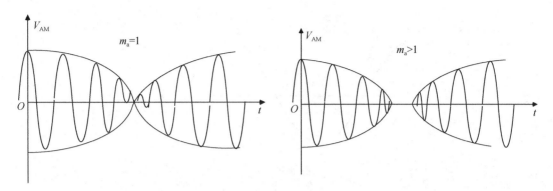

图 4.3 过调幅的波形

将式（4-7），即调幅波的表达式展开，可得

$$V_{AM} = V_0 \left(1 + m_a \cos \Omega t \right) \cos \omega_0 t = V_0 \cos \omega_0 t + V_0 m_a \cos \Omega t \cos \omega_0 t \qquad (4-8)$$

由此可知，调幅波是由两部分组成的，利用加法和乘法运算就可以得到调幅波，且有两种方法：第 1 种方法是将调制信号与一个常数相加后与载波相乘，如图 4.4（a）所示；第 2 种方法是将载波和调制信号直接相乘后加上载波信号，就可以得到已调波（调幅信号），如图 4.4（b）所示。

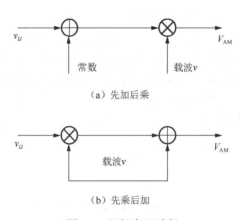

（a）先加后乘

（b）先乘后加

图 4.4 调幅实现过程

4.2.2 频谱与功率关系

下面对频谱与功率关系进行分析。

1. 频谱

对如式（4-8）所示的调幅波的表达式中的乘法运算进行积化和差，可得

$$V_{AM}(t) = V_0 \cos \omega_0 t + \frac{m_a}{2} V_0 \cos \left(\omega_0 + \Omega \right)t + \frac{m_a}{2} V_0 \cos \left(\omega_0 - \Omega \right)t \qquad (4-9)$$

可见，由正弦波调制的调幅波由 3 个不同频率的正弦波组成。它含有 3 个频率分量，分别为载波频率 ω_0、载波频率和调制信号频率之和 $\omega_0 + \Omega$（上边频）、载波频率和调制信号频率之差 $\omega_0 - \Omega$（下边频），其频谱图如图 4.5 所示。可以看出，调幅波产生了新的谐波分量，并且调幅波的幅度及频率信息只含于边频分量中。

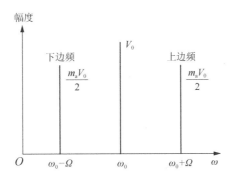

图 4.5　调幅波的频谱图

若调制信号包含两个频率分量 Ω_1 和 Ω_2，则调幅波表达式可以写为

$$V_{AM} = (V_0 + K_a V_{\Omega_1} \cos \Omega_1 t + K_a V_{\Omega_2} \cos \Omega_2 t) \cos \omega_0 t$$
$$= V_0 \left(1 + m_1 \cos \Omega_1 t + m_2 \cos \Omega_2 t\right) \cos \omega_0 t$$

（4-10）

同理可知调幅波中含有的频率分量有 ω_0、$\omega_0 \pm \Omega_1$、$\omega_0 \pm \Omega_2$。调制前后频谱变化如图 4.6 所示。

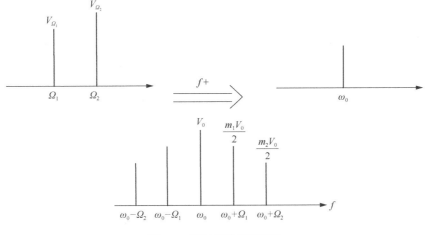

图 4.6　调制前后频谱变化

可见，如果调制信号不是单一频率的正弦信号，而是包含多种频率的混合信号，那么经过调幅后，调幅波的频谱中将会包含上、下两个边频带。

通过上面的分析可以发现，经过调幅后，调制信号的频谱发生了变化，但仅仅是原来频谱的线性搬移。经过调制后，调制信号的频谱被搬移到了载频附近，形成了上边带和下边带。并且，调幅波所占的频谱宽度等于调制信号最高频率的 2 倍。例如，设调制信号最高频率为 5kHz，则调幅波的频谱宽度为 10kHz。为了避免电台之间互相干扰，对不同频段与不同用途的电台所占的频谱宽度都有严格的规定。例如，过去允许广播电台占用的频谱宽度为 10kHz；自 1978 年 11 月 23 日起，我国广播电台所允许占用的频谱宽度已改为 9kHz，即将最高调制频率限制在 4.5kHz 以内。

2. 功率关系

如果将式（4-10）代表的调幅波输送至负载电阻 R 上，则可以得到消耗在电阻 R 上的载波和两个边频的功率。

载波功率：

$$P_{0T} = \frac{1}{2\pi}\int_{-\pi}^{\pi}\frac{V^2}{R}\mathrm{d}\omega_0 t = \frac{V_0^2}{2R} \tag{4-11}$$

下边频功率：

$$P_{(\omega_0-\Omega)} = \frac{1}{2R}\left(\frac{m_a V_0}{2}\right)^2 = \frac{1}{4}m_a^2 P_{0T} \tag{4-12}$$

上边频功率：

$$P_{(\omega_0+\Omega)} = \frac{1}{4}m_a^2 P_{0T} \tag{4-13}$$

因此，调幅波的平均输出总功率（在调制信号一周期内）为

$$P_{AM} = P_0 = P_{0T} + P_{(\omega_0-\Omega)} + P_{(\omega_0+\Omega)} = P_{0T}\left(1+\frac{m_a^2}{2}\right) \tag{4-14}$$

可以看出，两个边频的总功率与载波功率的比值为

$$\frac{边频功率}{载波功率} = \frac{m_a^2}{2} \tag{4-15}$$

可见，调制度 m_a 越大，边频功率越大，且边频功率与载波功率的比值越大。当 $m_a=1$（100%调幅）时，边频功率与载波功率的比值最大，此时边频功率为载波功率的 1/2，占整个调幅波功率的 1/3；当 $m_a<1$ 时，边频功率占总功率的比例减小。也就是说，用这种调制方式，发送端发送的功率被不携带信息的载波占了很大的比例，显然，这是很不经济的。但由于这种调制方式的设备简单，特别是解调更简单，便于接收，所以仍在某些领域中广泛应用。

4.2.3 双边带信号和单边带信号

由于载波不携带信息，但是占据大部分的发送功率。因此，为了节省发射功率，可以只发送含有信息的上、下两个边频，而不发送载波，这种调制方式称为抑制载波的双边带调幅，简称双边带调幅，用 DSB 表示。可将调制信号 v_Ω 和载波 v 直接加到乘法器两端，即可得到双边带调幅信号。双边带调幅信号可以表示为

$$v_{DSB} = Kv_\Omega v = KV_{\Omega_m}V_0\cos\Omega t\cos\omega_0 t \tag{4-16}$$

式中，K 为由调幅电路决定的系数；$KV_{\Omega_m}V_0\cos\Omega t$ 是双边带调幅信号载波的振幅，与调制信号成正比。载波的振幅按调制信号的规律变化，但不是在载波幅度 V_0 的基础上变化的，而是在零值的基础上变化的，可正可负。因此，当调制信号从正半周进入负半周的瞬间（调幅包络线过零点时），相应高频振荡的相位发生 180°的突变。双边带调幅的调制信号、载波和调幅波的波形如图 4.7 所示。

对式（4-16）进行积化和差，可得

$$v_{DSB} = \frac{K}{2}V_{\Omega_m}V_0\left[\cos(\omega_0+\Omega)t+\cos(\omega_0-\Omega)t\right] \tag{4-17}$$

可见，对单频正弦波进行双边带调制后的调幅波由两个不同频率的正弦波组成。它仅含有两个频率分量，分别为载波频率和调制信号频率之和 $\omega_0+\Omega$（上边频）、载波频率和调制信号

频率之差 $\omega_0 - \Omega$（下边频），其频谱图如图 4.8 所示，与普通调幅波的频谱相比，去掉了载波频率分量。

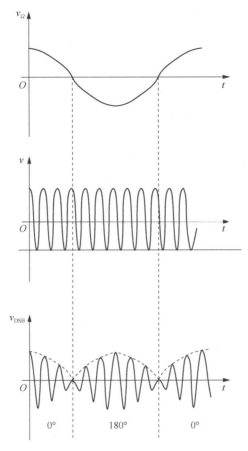

图 4.7　双边带调幅的调制信号、载波和调幅波的波形

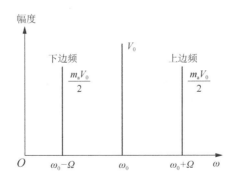

图 4.8　双边带调幅波的频谱图

由以上讨论可以看出双边带调幅信号有如下特点。

（1）双边带调幅信号的幅值仍随调制信号而变化，但与普通调幅波不同，其包络不再反映调制信号的形状，且在过零处会发生 180° 相位突变，在调制信号正半周内，已调波高频与载频同相；而在负半周内则反相。相位反映了调制信号的极性，双边带调幅已不是单纯的振幅调制了，它既调幅又调相。

（2）双边带调幅信号的频谱仅含有 $\omega_0 + \Omega$ 和 $\omega_0 - \Omega$ 两个频率分量，相当于把普通调幅波中的载频分量去掉，只有边频功率，无载频功率。

（3）双边带调幅信号的带宽与普通调幅信号的带宽一致：单频调制为 2Ω，多频调制为 $2\Omega_{max}$。

（4）由式（4-17），即双边带调幅信号的数学表达式可以得到其产生图，如图 4.9 所示。

下面对单边带信号进行分析。

进一步观察双边带调幅波的频谱结构可以发现，上边带和下边带都反映了调制信号的频谱结构，因而它们都含有调制信号的全部信息。从信息传输的角度看，可以进一步把其中一个边带抑制掉，只保留一个边带（上边带或下边带）。这样无疑不但可以进一步节省发送功率，而且频带宽度缩小了一半，这对于波道特别拥挤的短波通信是很有利的。这种既抑制载波又只传送一个边带的调制方式称为单边带调幅，用 SSB 表示。

单边带调幅信号可以由双边带调幅信号经边带滤波器滤除一个边带或在调制过程中直接将一个边带抵消而成，其产生图如图 4.10 所示。

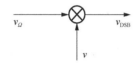

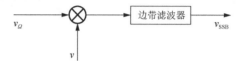

图 4.9　双边带调幅信号的产生图　　　　　　图 4.10　单边带调幅信号的产生图

由于双边带调幅信号的表达式为

$$v_{DSB} = \frac{K}{2} V_{\Omega_m} V_0 \left[\cos(\omega_0 + \Omega)t + \cos(\omega_0 - \Omega)t \right] \tag{4-18}$$

因此，若保留上边带信号，则有

$$v_{SSB} = \frac{K}{2} V_{\Omega_m} V_0 \cos(\omega_0 + \Omega)t \tag{4-19}$$

若保留下边带信号，则有

$$v_{SSB} = \frac{K}{2} V_{\Omega_m} V_0 \cos(\omega_0 - \Omega)t \tag{4-20}$$

从式（4-19）和式（4-20）中可以看出，单频调制时的单边带调幅信号仍是等幅波，但它与原载波的频率是不同的。单边带调幅信号的振幅与调制信号的幅度成正比，并且其频率随调制信号频率的不同而不同，因此它含有信息的特征。单边带调幅信号的包络与调制信号的包络的形状相同。

单音调制时，单边带调幅的频谱如图 4.11 所示，单边带调幅波的波形如图 4.12 所示。

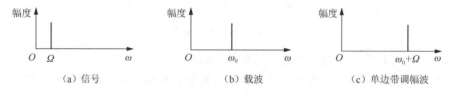

（a）信号　　　　　　　　（b）载波　　　　　　　（c）单边带调幅波

图 4.11　单边带调幅的频谱

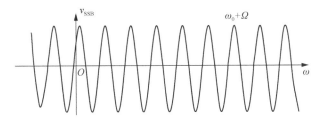

图 4.12　单边带调幅波的波形

根据前述，可以得到单边带调幅信号有如下 4 个特点。

（1）单边带调幅信号的包络正比于调制信号的包络，但是频率平移了 ω_0。

（2）单边带调幅实质上是调幅调频方式，但已调信号频率与调制信号频率之间是线性变换的关系。例如，在进行单音调制时，频率从 Ω 变为 $\omega_0 + \Omega$ 或 $\omega_0 - \Omega$。单边带调幅仍归于振幅调制，并且带宽为双边带调幅的一半，即 $B=\Omega$。

（3）普通调幅波、双边带调幅波和单边带调幅波的包络填充频率有所不同：普通调幅波的包络正比于调制信号，填充频率为载波频率 ω_0；双边带调幅波的包络正比于调制信号的绝对值，填充频率与原载波频率 ω_0 有同相的情况，也有反相的情况；单边带调幅波的包络与调制信号的包络相同，填充频率为载波频率 ω_0 移动 Ω。

（4）在进行双音频调制时，设双音频信号为

$$v_\Omega = V_\Omega \cos \Omega_1 t + V_\Omega \cos \Omega_2 t$$
$$= 2V_\Omega \cos \frac{\Omega_2 - \Omega_1}{2} t \cos \frac{\Omega_1 + \Omega_2}{2} t \tag{4-21}$$

式中，$\Omega_2 > \Omega_1$。

此时，双边带调幅信号为

$$v_{\mathrm{DSB}} = K v_\Omega v = K V_0 \left(V_\Omega \cos \Omega_1 t + V_\Omega \cos \Omega_2 t \right) \cos \omega_0 t$$
$$= \frac{K v_\Omega V_0}{2} \left[\cos\left(\omega_0 + \Omega_1\right) t + \cos\left(\omega_0 - \Omega_1\right) t + \cos\left(\omega_0 + \Omega_2\right) t + \cos\left(\omega_0 - \Omega_2\right) t \right] \tag{4-22}$$

取其上边带得

$$v_{\mathrm{SSB}} = \frac{K v_\Omega V_0}{2} \left[\cos\left(\omega_0 + \Omega_1\right) t + \cos\left(\omega_0 + \Omega_2\right) t \right]$$
$$= K v_\Omega V_0 \cos \frac{\Omega_2 - \Omega_1}{2} t \cos \frac{2\omega_0 + \Omega_1 + \Omega_2}{2} t \tag{4-23}$$

对比式（4-21）和式（4-23），可以看出，对双音频信号进行单边带调制得到的信号都可以看作调幅信号的形式，二者相比具有相同的包络，调制信号为 $2V_\Omega \cos \dfrac{\Omega_2 - \Omega_1}{2} t$，单边带调幅信号为 $K v_\Omega V_0 \cos \dfrac{\Omega_2 - \Omega_1}{2} t$；而二者的载波频率相差了一个 ω_0，调制信号的载波频率为 $\dfrac{\Omega_1 + \Omega_2}{2}$，单边带调幅信号的载波频率可以看作 $\omega_0 + \dfrac{\Omega_1 + \Omega_2}{2}$。双音频调制时的调制信号和单边带调幅波的波形如图 4.13 所示。

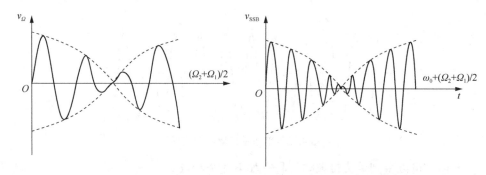

图 4.13　双音频调制时的调制信号和单边带调幅波的波形

例 4-1：已知 $U_1(t) = 1.5\cos 2000\pi t + 0.3\cos 1800\pi t + 0.3\cos 2200\pi t$，$U_2(t) = 0.3\cos 1800\pi t + 0.3\cos 2200\pi t$。求：①两者分别是什么调制信号？②它们的功率和带宽 B 分别为多少？

解：① 根据 $U_1(t)$ 的表达式，可知已调信号中有载波分量和上/下边频分量，可知 $U_1(t)$ 为普通调幅信号；根据 $U_2(t)$ 的表达式，可以发现没有载波分量，仅有上/下边频分量，因此 $U_2(t)$ 为双边带调幅信号。

② 根据 $U_1(t)$ 的表达式，可以知道边带信号分量为 0.3V，载波分量为 1.5V，由于 $0.3 = \dfrac{1}{2}m_a V_0$，所以可以得到调幅指数 $m_a = 0.4$。由此可得

$$P_{0T} = \frac{1}{2}\frac{V_0^2}{R} = \frac{1}{2}\times 1.5^2\,\mathrm{W} = 1.125\mathrm{W}$$

$$P_{上} + P_{下} = \frac{1}{2}m_a^2 P_{0T} = 0.09\mathrm{W}$$

$$P = P_{上} + P_{下} + P_{0T} = 1.215\mathrm{W}$$

对于 $U_2(t)$，有

$$P = P_{上} + P_{下} = 0.09\mathrm{W}$$

$$B = 2F = 2\frac{\Omega}{\pi} = 200\mathrm{Hz}$$

4.3　振幅调制电路

在无线电发射机中，振幅调制的方法按功率电平的高低分为高电平调制电路和低电平调制电路两大类。前者在发射机的最后一级直接产生达到输出功率要求的已调波；后者多在发射机的前级产生小功率的已调波，经过线性功率放大器放大，达到所需的发射功率电平。

普通调幅波的产生多用高电平调制电路实现。它的优点是不需要采用效率低下的线性功率放大器，有利于提高整机效率。但它必须兼顾输出功率、效率和调制线性的要求。低电平调制电路的优点是调幅器的功率小，电路简单。由于它输出功率小，所以常用于双边带调制和低电平输出系统，如信号发生器等。

4.3.1　单个二极管和平衡电路调幅

由前面的讨论可知，能产生调幅波的电路应具有相乘运算的功能，具有这种功能的器件和电路有很多。下面介绍几种常用的低电平调制电路。

1．二极管调制电路

在低电平调制电路中，一般将调制信号 V_Ω 和载波 V 相加后，同时加入非线性器件中，通过非线性器件的非线性作用产生调制所需的新的频率分量，通过中心频率为载波频率 ω_0 的带通滤波器（BPF）取出输出电压中的调幅波成分，如图 4.14 所示。

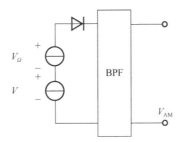

图 4.14　二极管调制电路

若非线性器件二极管的特性可表示为

$$V_0 = a_0 + a_1 V_i + a_2 V_i^2 \tag{4-24}$$

输入电压为

$$V_i = V + V_\Omega = V_0 \cos\omega_0 t + V_\Omega \cos\Omega t \tag{4-25}$$

将式（4-25）代入式（4-24），可得输出电压为

$$\overset{\text{直流分量}}{a_0 + \frac{1}{2}a_2\left(V_\Omega^2 + V_0^2\right)} + \overset{\text{载波频率}}{a_1 V_0 \cos\omega_0 t} + \overset{\text{调制信号基频}}{a_1 V_\Omega \cos\Omega t} +$$

$$\overset{\text{上、下边频}}{a_2 V_\Omega V_0 \left[\cos\left(\omega_0+\Omega\right)t + \cos\left(\omega_0-\Omega\right)t\right]} + \overset{\text{载波二次谐波}}{\frac{1}{2}a_2 V_0^2 \cos 2\omega_0 t} + \tag{4-26}$$

$$\overset{\text{调制信号二次谐波}}{\frac{1}{2}a_2 V_\Omega^2 \cos 2\Omega t}$$

可见，其中产生调幅作用的是 $a_2 V_i^2$ 项，因此又称为平方律调幅。将上述信号经过带通滤波器，滤掉通频带外的频率，输出电压为

$$\begin{aligned}
v(t) &= a_1 V_0 \cos\omega_0 t + a_2 V_\Omega V_0 \left[\cos\left(\omega_0+\Omega\right)t + \cos\left(\omega_0-\Omega\right)t\right] \\
&= a_1 V_0 \cos\omega_0 t + 2a_2 V_\Omega V_0 \cos\Omega t \cos\omega_0 \\
&= a_1 V_0 \left[1 + \frac{2a_2}{a_1}V_\Omega \cos\Omega t\right]\cos\omega_0 t
\end{aligned} \tag{4-27}$$

由式（4-27）可知调幅指数为

$$m_a = \frac{2a_2}{a_1} V_\Omega \qquad (4-28)$$

由此可以得到以下结论。

（1）m_a 的大小由调制信号电压振幅 V_Ω 及调制器的特性曲线决定，即由 a_1、a_2 决定。

（2）通常 $a_2 \ll a_1$，因此用这种方法所得的调幅指数不大。

对于如图 4.14 所示的电路，在实际中一般满足载波信号幅度远大于调制信号幅度的条件，这样，可以认为二极管工作在开关状态，并且在载波信号的正半周导通、负半周截止，即可以采用开关函数分析法对电路进行分析。二极管两端的电压为

$$V_D = V_\Omega + v \qquad (4-29)$$

由二极管混频原理可得

$$\dot{I}_D = g_D S(t) V_D = g_D \left(\frac{1}{2} + \frac{2}{\pi} \cos\omega_0 t - \frac{2}{3\pi} \cos 3\omega_0 t + \cdots \right)(V_0 \cos\omega_0 t + V_\Omega \cos\Omega t) \quad (4-30)$$

可见，电流中的频率分量有 ω_0 和载波的偶数倍频 $2\Omega\omega_0$。因此，如果取带通滤波器的中心频率为 $\omega_c = \omega_0$，带宽 $B_{0.707} = 2\Omega$，就能取出频率分量 ω_0 和 $\omega_0 \pm \Omega$，完成调幅。

2. 平衡电路

将两个二极管按照如图 4.15 所示的对称形式连接，就构成了二极管平衡调制器。采用平衡方式，可以将载波抑制掉，从而获得抑制载波的 DSB（双边带调幅）信号，仅音频信号 V_Ω 的相位不同，故电流 I_{D1} 和 I_{D2} 仅音频包络反向。

二极管的端电压为

$$V_{D1} = v + V_\Omega$$
$$V_{D2} = v - V_\Omega \qquad (4-31)$$

输出电流为

$$I_0 = I_{D1} - I_{D2} = g_D S(t) V_{D1} - g_D S(t) V_{D2} = 2g_D S(t) V_\Omega \qquad (4-32)$$

可见，电流中的频率分量有 Ω 和载波的奇数倍频 $\pm\Omega$。因此，如果取带通滤波器的中心频率为 $\omega_c = \omega_0$，带宽 $B_{0.707} = 2\Omega$，就能取出频率分量 $\omega_0 \pm \Omega$，得到的输出为 DSB 信号。

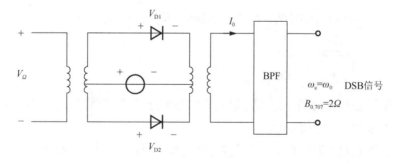

图 4.15　二极管平衡调制器电路

需要注意的是，在二极管平衡调制器中，如果需要把载波完全抑制掉，那么需要的假定是两个二极管的特性完全相同，电路完全对称。事实上，电子元器件的特性不可能完全相同，所用的变压器也难以做到完全对称。这就会有载波漏到输出中，形成载漏。因此，电路中往往要加平衡装置，以使载漏减到最小。

对二极管平衡调制器的主要要求是调制线性好、载漏小，同时希望调制效率高及阻抗匹配等。

在如图 4.15 所示的电路中，如果把载波 v 和调制信号 V_Ω 位置互换，则得到如图 4.16 所示的二极管平衡调制电路，同时保持载波幅度 $V_0 \gg$ 调制信号 V_Ω 的条件不变，那么输出信号此时会如何变化呢？下面进行具体分析。

二极管的端电压为

$$V_{D1} = v + V_\Omega$$
$$V_{D2} = -v + V_\Omega \tag{4-33}$$

输出电流为

$$\dot{I}_0 = \dot{I}_{D1} - \dot{I}_{D2} = g_D S(t) V_{D1} - g_D S(t) V_{D2}$$
$$= g_D V + g_D V_\Omega [S(t) - S(t+\pi)] \tag{4-34}$$

可见，电流中的频率分量有载波分量 ω_0 和载波的奇数倍频 $\pm\Omega$。因此，如果取带通滤波器的中心频率为 $\omega_c = \omega_0$，带宽 $B_{0.707} = 2\Omega$，就能取出频率分量 ω_0 和 $\omega_0 \pm \Omega$，得到的输出为 DSB 信号。

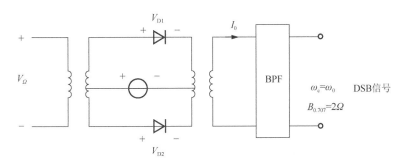

图 4.16 二极管平衡调制电路

4.3.2 二极管环形电路调幅

如果将 4 个一样的二极管组成如图 4.17 所示的二极管环形电路，载波幅度 $V_0 \gg$ 调制信号 V_Ω，这 4 个二极管的导通和截止也完全由载波 v 决定，当 $v>0$，即处于载波的正半周时，VD1 与 VD3 导通，VD2 与 VD4 截止；当 $v<0$，即处于载波的负半周时，VD1 与 VD3 截止，VD2 与 VD4 导通。这里的 4 个二极管起到了双刀双掷开关的作用，因此实现了调幅。

具体分析过程如下。

4 个二极管的端电压和流经它们的电流分别为

$$
\begin{aligned}
V_{D1} &= v + V_\Omega & i_{D1} &= g_D S(t) V_{D1} \\
V_{D2} &= v - V_\Omega & i_{D2} &= g_D S(t) V_{D2} \\
V_{D3} &= -v - V_\Omega & i_{D3} &= g_D S(t+\pi) V_{D3} \\
V_{D4} &= -v + V_\Omega & i_{D4} &= g_D S(t) V_{D4}
\end{aligned} \tag{4-35}
$$

因此，输出电流为

$$i_0 = i_{D1} - i_{D2} + i_{D3} - i_{D4} = 2g_D V_\Omega S(t) - 2g_D V_\Omega S(t+\pi)$$
$$= 2g_D V_\Omega \left[S(t) - S(t+\pi) \right]$$

(4-36)

可见，电流中的频率分量仅含有载波的奇数倍频 $\pm\Omega$。因此，如果取带通滤波器的中心频率为 $\omega_c = \omega_0$，带宽 $B_{0.707} = 2\Omega$，就能取出频率分量 $\omega_0 \pm \Omega$，得到的输出为 DSB 信号。并且可以证明，即使改变载波和调制信号的位置，输出仍为 DSB 信号。

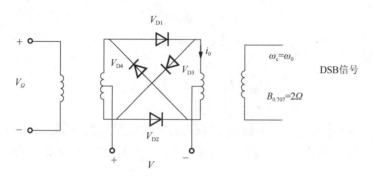

图 4.17   二极管环形电路

二极管环形电路又称为电桥电路，过去常用氧化亚铜或晶体二极管制成，现在也可以做成集成电路。这种调幅电路的优点是维护简易、稳定、寿命长；缺点是输出功率小，不适用于大功率电路。

4.3.3   SSB 信号的产生和传输

前面提到，SSB 信号（单边带调幅信号）是将 DSB 信号去掉一个边带，只发射一个边带。因此，要获得 SSB 信号，首先就要产生 DSB 信号，然后在此基础上抑制一个边带，就可以得到 SSB 信号，常用的方法有滤波器法和相移法。

1. 滤波器法

在平衡调制器后面加上合适的滤波器，把不需要的边带滤除，只让一个边带输出，如图 4.18 所示，这就叫滤波器法。这种方法是最早出现的获得 SSB 信号的方法，其原理是很简单的。但实际上，这种方法对滤波器的要求很高。这是因为 Ω 低，载波频率 ω_0 比较高，导致 Ω/ω_0 很小，边带滤波器实现不易。所以，在实际中一般是将 ω_0 逐步提高到所需的工作频率上，这样就需要经过多次的平衡调幅和滤波，因此整个设备复杂、昂贵。但这种方法的性能稳定、可靠，因此仍然是目前干线通信采用的标准形式。

图 4.18   滤波器法原理

2. 相移法

相移法是指利用移相的方法消去不需要的边带，如图 4.19 所示，其中两个平衡调制器的调制信号电压和载波电压都是互相移相 90°形成的。因此，如果用 V_1 和 V_2 分别代表两个平衡调制器的输出电压，则输出电压幅值为信号电压幅值与载波电压幅值的相乘项：

$$V_1 = V\cos\Omega t\cos\omega_0 t = \frac{1}{2}V\left[\cos(\omega_0 - \Omega)t + \cos(\omega_0 + \Omega)t\right] \tag{4-37}$$

$$V_2 = V\sin\Omega t\sin\omega_0 t = \frac{1}{2}V\left[\cos(\omega_0 - \Omega)t - \cos(\omega_0 + \Omega)t\right] \tag{4-38}$$

$$V_3 = K(V_1 + V_2) = KV\cos(\omega_0 - \Omega)t \tag{4-39}$$

从频率分量看，输出为 SSB 信号。

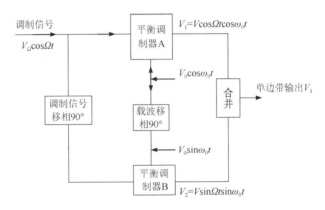

图 4.19　移相法单边带调制器方框图

由上述可知，V_3 就是所需的 SSB 信号。由于它不是依靠滤波器来抑制另一个边带的，所以这种方法原则上能把相距很近的两个边带分开，而不需要多次重复调制和复杂的滤波器。这就是相移法的突出优点，但这种方法要求调制信号的移相网络和载波的移相网络在整个频带范围内都要准确地移相 90°，这点在实际中是很难做到的。

4.4　调幅信号的解调

对于振幅调制信号，解调就是从它的幅度变化上提取出调制信号的过程。前面提到，解调是调制的逆过程，实质上是将高频信号搬移到低频段，这种搬移正好与调制的搬移过程相反。由于搬移是线性搬移，故所有的线性搬移电路均可用于解调。

振幅解调方法可分为包络检波和同步检波两大类。包络检波是解调器输出电压与输入已调波的包络成正比的检波方法。由于 AM 信号的包络与调制信号存在线性关系，因此包络检波只适用于 AM 波，由非线性器件产生新的频率分量，用低通滤波器选出所需分量。根据电路和工作状态的不同，包络检波又分为峰值包络检波和平均包络检波。DSB 和 SSB 信号的包络不同于调制信号，不能够用包络检波，必须用同步检波。为了正常地解调，恢复载波应与调制端的载波电压完全同步，这就是同步检波名称的由来。

4.4.1 二极管峰值包络检波的原理及要求

二极管峰值包络检波器的原理电路如图 4.20 所示。它是由输入回路、二极管和 RC 低通滤波器组成的。输入回路提供信号源，在超外差接收机中，检波器的输入回路通常是末级中放的输出回路。RC 低通滤波器有两个作用：一是作为检波器的负载，在其两端产生调制频率电压；二是起到高频电流的旁路作用。

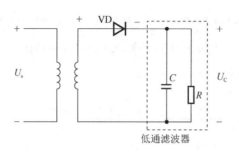

图 4.20　二极管峰值包络检波器的原理电路

二极管峰值包络检波要求输入信号为大信号，一般情况下，输入信号 U_s 的电压幅值要求在 500mV 以上。假设输入 U_s 为等幅波，电容上的电压 U_C 的初始值为 0。下面对检波过程进行说明。当输入信号 U_s 为正且高于 U_C 时，二极管导通，信号通过二极管为电容充电，此时 U_C 随输入电压的上升而升高。当 U_s 下降且低于 U_C 时，二极管反向截止，此时停止充电，U_C 通过电阻放电，U_C 随放电而下降。二极管峰值检波原理如图 4.21 所示。

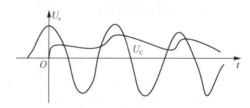

图 4.21　二极管峰值检波原理

充电时，二极管的正向电阻 R_D 较小，充电较快，U_C 以接近于 U_s 的上升速率升高。放电时，因电阻 R 比 R_D 大得多（通常 R 取 5～10kΩ），放电慢，故 U_C 的波动小，并保证基本上接近于 U_s 的幅值。

由于 U_s 为高频等幅波，所以 U_C 是大小为 U_0 的直流电压（叠加少量高频成分），经过 RC 低通滤波器后，会得到近似的直流分量，刚好就是输入信号 U_s 的包络。

当输入信号 U_s 的幅度增大或减小时，U_C 也将随之近似成比例地升高或降低。由于输出电压的高低与输入电压的峰值近似相等，故把这种检波器称为峰值包络检波器。

通过峰值检波后的信号中会存在一些高频分量，因此在后端可以加上一个如图 4.20 所示的低通滤波电路 2，作用为让 U_Ω 完全通过，将载波完全滤掉。考虑到 RC 低通滤波器的截止频率为 $\omega_c = \dfrac{1}{RC}$，因此对该低通滤波器的设计要求为

$$\frac{1}{\omega_0 C} \ll R \ll \frac{1}{\Omega C} \tag{4-40}$$

若输入 U_s 为调幅波，则与上述等幅波原理一样，可以取出调幅波的包络，即可以在接收端恢复出调制信号。

如果电容 C 固定，改变电阻 R，则当增大 R 时，放电时间常数会增大，二极管导通时间缩短，二极管的导通角会减小，同样会导致电容上的电压 U_C 的幅度减小。

4.4.2 二极管峰值包络检波器的几个质量指标

下面讨论二极管峰值包络检波器的几个主要质量指标：检波效率（电压传输系数）、等效输入电阻和失真。

1. 检波效率（电压传输系数）

检波效率为

$$K_d = \frac{\text{检波器音频输出电压}}{\text{输入调幅波包络振幅}} = \frac{V_{S2}}{V_{in}m_a}$$

式中，V_{in} 为调幅波的载波振幅，利用折线分析法，可证得

$$K_d = \cos\theta \qquad (4\text{-}41)$$

式中，θ 为电流导通角，且有

$$\theta = \sqrt[3]{\frac{3\pi R_D}{R}} \qquad (4\text{-}42)$$

式中，R 为检波器负载电阻；R_D 为检波器二极管内阻。

因此，大信号检波的检波效率 K_d 是不随信号电压而变化的常数，它取决于二极管内阻 R_D 与负载阻值 R 的比值，当 $R \gg R_D$ 时，导通角 $\theta \to 0$，K_d 接近于 1，这就是二极管峰值包络检波的主要优点。

2. 等效输入电阻 R_{id}

二极管峰值包络检波电路的等效输入电阻定义为从输入端看进去检波器的等效电阻，如图 4.22 所示，可以定义为

$$R_{id} = \frac{V_{im}}{I_{im}} \qquad (4\text{-}43)$$

式中，V_{im} 为输入载波电压振幅；I_{im} 为输入高频电流的基波振幅。

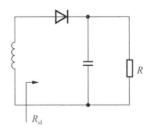

图 4.22 等效输入电阻示意图

如果忽略 R_D 上的功耗，输入为等幅波，则输入的高频功率为 $\dfrac{V_{im}^2}{2R_{id}}$，全部转换为输出的平

均功率 V_0^2 / R，且 $K_d \approx 1$，根据能量守恒定律，有

$$\frac{V_{im}^2}{2R_{id}} = \frac{V_0^2}{R}$$

$$R_{id} \approx \frac{R}{2}$$

(4-44)

即二极管峰值包络检波电路的输入电阻约等于负载电阻的一半。

由于二极管输入电阻的影响，输入电阻会作为前级负载，并接入输入回路，使回路 Q 值减小，并会消耗一些高频功率。这是二极管峰值包络检波的主要缺点。

3. 失真

在理想情况下，二极管峰值包络检波器的输出波形应与调幅波包络线的形状完全相同。但实际上，二者之间总会有一些差别，即二极管峰值包络检波器存在失真。产生的主要失真有惰性失真和负峰切割失真，下面分别讨论。

1）惰性失真

为了提高检波效率和改善滤波效果，希望选取大的 RC 值。但当 RC 时间常数太大时，在二极管截止期间，放电将很慢，当输入信号为已调波时，在 AM 波的包络下降区段会出现放电速率跟不上包络的变化的情况，以至于在这一段时间内，二极管始终截止，输出电压将随 RC 放电波形变化，而与输入信号无关，只有在输入信号振幅重新超过输出电压时，电路才恢复正常，从而造成输出失真，如图 4.23 所示。这种失真叫惰性失真，也叫对角线失真。

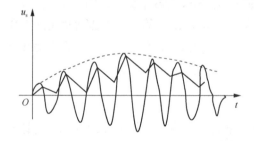

图 4.23 惰性失真的波形

为了防止惰性失真，需要选取合适的 RC 数值，使 C 的放电加快，从而在任何一个高频周期内，电容 C 通过 R 放电的速度大于或等于包络的变化速度。

设调幅波振幅按下式变化（ $t = t_1$ ）：

$$V_{im}' = V_{im}\left(1 + m_a \cos \Omega t\right)$$

(4-45)

则其变化速度为

$$\frac{\mathrm{d}V_{im}'}{\mathrm{d}t}\bigg|_{t=t_1} = -m_a \Omega V_{im} \sin \Omega t_1$$

(4-46)

若电容从 $t = t_1$ 时刻开始放电，则电容电压为

$$V_C(t) = v_C(t_1) \mathrm{e}^{\frac{t-t_1}{RC}}, \quad t \geqslant t_1$$

(4-47)

由此可知电容电压的变化率为

$$\left.\frac{dv_C}{dt}\right|_{t=t_1} = -\frac{V_C(t_1)}{RC} \tag{4-48}$$

在 $t = t_1$ 时刻，认为 V_C 近似为输入电压包络值，则有

$$\left.\frac{dV_C}{dt}\right|_{t=t_1} = -\frac{V_{im}(1 + m_a \cos \Omega t_1)}{RC} \tag{4-49}$$

要使电容 C 通过 R 放电的速度大于或等于包络的变化速度，即

$$\left.\frac{dV_C}{dt}\right|_{t=t_1} \geqslant \left.\frac{dV'_{im}}{dt}\right|_{t=t_1} \tag{4-50}$$

令 $A = \dfrac{\dfrac{dV'_{im}}{dt}}{\dfrac{dV_C}{dt}}$，并将式（4-46）和式（4-49）代入，可得

$$A = \left|\frac{RC\Omega m_a \sin \Omega t_1}{1 + m_a \cos \Omega t_1}\right| \leqslant 1 \tag{4-51}$$

显然，要满足不失真，必须满足 $A < 1$。并且由式（4-51）可知，A 为 t_1 的函数，当 t_1 为某一数值时，A 值最大，为 A_{max}，只要 $A_{max} \leqslant 1$，不管 t_1 为何值，惰性失真都不会产生。

将 A 对 t_1 求导，并令 $\dfrac{dA}{dt_1} = 0$，可得

$$A_{max} = RC \frac{m_a \Omega}{\sqrt{1 - m_a^2}} \tag{4-52}$$

即 RC 必须满足以下关系：

$$RC \leqslant \frac{\sqrt{1 - m_a^2}}{m_a \Omega} \tag{4-53}$$

式中，Ω 为调制信号的角频率，包含一个频率范围。可见，当 $\Omega = \Omega_{max}$ 时，A_{max} 最大。因此，对含有多种频率成分的调制信号来说，保证不产生惰性失真的条件为

$$RC \leqslant \frac{\sqrt{1 - m_a^2}}{m_a \Omega} \tag{4-54}$$

工程上为了减少计算量，一般运用下面的公式来大致估计 RC 值：

$$\Omega_{max} RC \leqslant 1.5 \tag{4-55}$$

如果 RC 满足式（4-55），则可保证在任何情况下都不产生惰性失真。另外，还要注意包络上升时不存在此问题。

2）负峰切割失真（底部切割失真）

底部切割失真是由于二极管峰值包络检波器的交直流负载不同，而调幅指数 m_a 又相当大引起的。在如图 4.24 所示的二极管峰值包络检波电路中，可以看出，该电路通过耦合电容 C_g 与输入电阻为 R_g 的下一级低频放大器相连接。C_g 的值很大，对音频来说，可以认为是短路；对直流来说是开路。因此直流负载电阻为 R，而交流负载电阻 $R_≈$ 等于直流负载电阻 R 与 R_g 的并联值，即

$$R_{\approx} = \frac{R \cdot R_g}{R + R_g} < R \qquad (4\text{-}56)$$

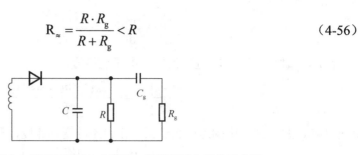

图 4.24　考虑耦合电容和下级输入电阻的二极管峰值包络检波电路

底部切割失真波形示意图如图 4.25 所示。

由于 C_g 较大，在音频的一个周期内，其两端直流电压保持不变，且为载波振幅值 V_C，因此可以看作一直流电压源，该电压源在 R 和 R_g 上产生串联分压：

$$V_R = \frac{R}{R + R_g} V_C \qquad (4\text{-}57)$$

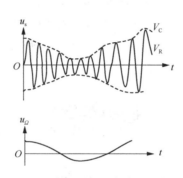

图 4.25　底部切割失真波形示意图

这样，如果低频包络负半周低于 V_R，那么输出会保持为 V_R，即会出现底部切割现象，即产生如图 4.25 所示的底部切割失真。

显然，如果 R_g 越小，则 V_R 分压值越大，越容易产生底部切割失真。另外，如果 m_a 越大，那么 $m_a V_{im}$ 越大，这种失真也越易产生。因此，为了防止这种失真，必须满足以下关系：

$$V_C (1 - m_a) \geqslant \frac{R}{R + R_g} V_C \qquad (4\text{-}58)$$

即

$$m_a \leqslant \frac{R_g}{R + R_g} = \frac{R_{\approx}}{R_{=}} \qquad (4\text{-}59)$$

因此，为了预防底部切割失真的产生，应该限制交直流负载的差别。在工程上，有多种方法可以限制交直流负载的差别，其中一种是尽量提高下一级的输入阻抗 R_g，如图 4.26 所示，在原电路和下级低频放大电路中增加一级高输入阻抗的射随器来防止底部切割失真的产生。

除了提高下一级电路的输入阻抗，在实际电路中，还可以采用其他措施来减小交直流负载的差别。例如，将电阻 R 分成 R_1 和 R_2，并通过隔直电容将 R_g 并接在 R_2 两端，如图 4.27 所示，当 R_2 维持一定时，R_1 越大，交直流负载的差别越小，但是输出音频电压也越低。为了折中地解决这个矛盾，在实用电路中，常取 $\dfrac{R_1}{R_2}$ 为 0.1～0.2 。电路中的 R_2 并联在电容 C_2 两端，这可以进一步滤除高频分量，增强检波器的高频滤波能力。

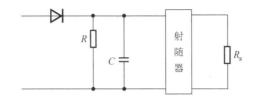

图 4.26　增加射随器的二极管峰值包络检波器改进电路

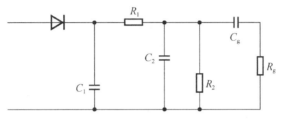

图 4.27　减小底部失真电路

当 R_2 过小时，减小交直流负载的差别的最有效的方法是在 R 和 R_2 之间插入高输入阻抗的射随器。

4.4.3　乘积型同步检波

同步检波器用于对载波被抑制的双边带或单边带调幅信号进行解调。它的特点是必须外加一个频率和相位都与被抑制的载波相同的电压，因此称为同步检波。

乘积型同步检波是指直接把本地恢复载波与接收信号相乘，用低通滤波器将低频信号提取出来。在这种检波器中，要求恢复载波与发射端的载波同频同相，如果其频率或相位有一定的偏差，则会使恢复出来的调制信号产生失真。乘积型同步检波框图如图 4.28 所示。

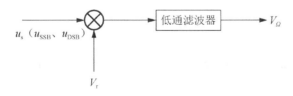

图 4.28　乘积型同步检波框图

（1）DSB 信号。

若 $v_{\mathrm{DSB}} = U\cos\omega_0 t\cos\Omega t$ ， $v_{\mathrm{r}} = V_{\mathrm{r}}\cos\omega_{\mathrm{r}}t$ ，则二者相乘后的信号为

$$u_0(t) = Kv_{\mathrm{DSB}}v_{\mathrm{r}} = KUV_{\mathrm{r}}\cos\Omega t\cos^2\omega_0 t = KUV_{\mathrm{r}}\cos\Omega t\frac{\cos 2\omega_0 t+1}{2} \qquad （4\text{-}60）$$

可见， u_0 中的频率分量除了 Ω ，还存在 $2\omega\pm\Omega$ ，如果使用低通滤波器滤除 $2\omega\pm\Omega$ 频率分量，则能恢复出原调制信号 V_{Ω} 。

（2）SSB 信号。

若 $v_{SSB} = U_S\cos(\omega_0 - \Omega)t$，$v_r = V_r\cos\omega_r t$，则二者相乘后的信号为

$$u_0(t) = Kv_{SSB}v_r = KU_SV_r\cos(\omega_0 - \Omega)t\cos\omega_0 t$$

$$= \frac{1}{2}KU_SV_r\left[\left(\cos\Omega t + \cos 2(\omega_0 - \Omega)t\right)\right] \tag{4-61}$$

可见，u_0 中的频率分量除了 Ω，还存在 $2(\omega_0 - \Omega)$，如果使用低通滤波器滤除 $2\omega_0 - \Omega$ 频率分量，则能恢复出原调制信号 v_Ω。

（3）AM 信号。

若 $v_{AM} = U(1 + m_a\cos\Omega t)\cos\omega_0 t$，$v_r = V_r\cos\omega_r t$，则二者相乘后的信号为

$$u_0(t) = KU(1 + m_a\cos\Omega t)\cos^2\omega_0 t \tag{4-62}$$

可见，u_0 中的频率分量除了 Ω，还存在 $2\omega_0$ 和 $2\omega_0 \pm \Omega$，如果使用低通滤波器滤除 $2\omega_0$ 和 $2\omega_0 \pm \Omega$ 频率分量，则能恢复出原调制信号 v_Ω。

可见，AM 信号也可用乘积型同步检波器检波。

前面的假设都是基于在接收端恢复出的载波与原载波同频同相的情况，若恢复出的载波信号与原载波不同频或不同相，则会引起失真，但对于具体的失真，本书不再讨论。如何在接收端恢复出与原载波同频同相的载波信号呢？一般有以下两种方法：在发射 SSB 信号时，附带发射一个载波信号，称为导频信号，在接收端，取出该信号作为载波 v_r；对于 DSB 信号，在接收端首先对收到的信号进行平方运算，得到 $2\omega_0$，然后进行二分频，就可以得到 ω_0。

思考题与习题

4.1　给定如下调幅波表示式，画出其波形和频谱。

（1）$(1 + \cos\Omega t)\cos\omega_c t$。

（2）$\left(1 + \dfrac{1}{2}\cos\Omega t\right)\cos\omega_c t$。

（3）$\cos\Omega t\cos\omega_c t$（假设 $\omega_c = 5\Omega$）。

4.2　有一调幅方程：

$$u = 25(1 + 0.7\cos 2\pi \times 5000t - 0.3\cos 2\pi t \times 10^4 t)\sin 2\pi \times 10^6 t$$

试求它所包含的各分量的频率和振幅。

4.3　按如图 4.29 所示的调制信号和载波频谱画出其调幅波频谱。

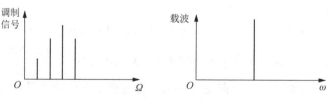

图 4.29　习题 4.3 的图

4.4　载波功率为 1000W，试求 $m_a = 1$ 和 $m_a = 0.7$ 时的总功率与两个边频的功率。

4.5　一台调幅发射机的载波输出功率为 5W，$m_a = 0.7$，被调级平均效率为 50%。求：

（1）边频功率。

（2）当电路为集电极调幅时，直流电源供给被调级的功率 P_{S1}。

（3）当电路为基极调幅时，直流电源供给被调级的功率 P_{S2}。

4.6　调制信号为 $u_\Omega(t) = U_{\Omega m} \cos\Omega t$，载波为 $u_c(t) = U_{cm}\omega_c t$。试画出叠加波、调幅波和抑制载波的双边带调幅波波形。

4.7　为什么调幅指数 m_a 不能大于 1？分别画出基极调幅和集电极调幅电路在 $m_a>1$ 时发生过调失真的波形图。

4.8　有两个已调波电压，其表示式分别为

$$u_1(t) = 2\cos100\pi t + 0.1\cos90\pi t + 0.1\cos100\pi t \quad （V）$$
$$u_2(t) = 0.1\cos90\pi t + 0.1\cos100\pi t \quad （V）$$

请说出 $u_1(t)$ 和 $u_2(t)$ 为何种已调波，并分别计算消耗在单位电阻上的边频功率、平均功率与频谱宽度。

4.9　采用集电极调幅，发射机载波输出功率为 $(P_0)_c = 50\text{W}$，调幅指数 $m_a = 0.5$，调幅级的平均效率为 $(\eta_c = 50\%)_{av}$，求集电极平均输出功率 $(P_0)_{av}$ 与平均损耗功率 $(P_c)_{av}$。当管子的集电极最大允许耗散功率多大时能满足要求？

4.10　在大信号基极调幅电路中，在调整到 $m_a = 1$ 时，改变 R_L，试说明输出波形的变化趋势如何（按 R_L 的变大和变小两种情况进行分析），并说明原因。

4.11　当非线性器件分别为以下伏安特性时，能否用它实现调幅与检波？

（1）$i = a_1\Delta u + a_3\Delta u^3 + a_5\Delta u^5$。

（2）$i = a_0\Delta u + a_0\Delta u^2 + a_4\Delta u^4$。

4.12　为什么检波电路中一定要有非线性器件？如果将大信号检波电路中的二极管反接，是否能起到检波作用？其输出电压波形与二极管正接时有什么不同？试绘图说明。

4.13　在大信号检波电路中，若提升调制频率 Ω，则会产生什么失真？为什么？

4.14　大信号二极管检波电路如图 4.30 所示。若给定 $R=10\text{k}\Omega$，$m_a=0.3$：

（1）载频 $f_c = 465\text{kHz}$，调制信号最高频率 $F=340\text{Hz}$，问电容 C 应如何选取？检波器输入阻抗大约是多少？

（2）$f_c = 30\text{MHz}$，$F=0.3\text{MHz}$，C 应选多少？检波器输入阻抗大约是多少？

4.15　在如图 4.31 所示的电路中，$R_1 = 4.7\text{k}\Omega$，$R_2 = 15\text{k}\Omega$，输入信号电压 $u_i = 1.2\text{V}$，检波效率设为 0.9。求：

（1）输出电压的最大值。

（2）估算检波器输入电阻 R_{in}。

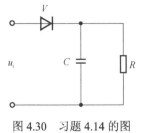

图 4.30　习题 4.14 的图

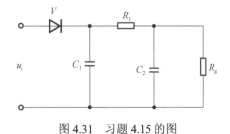

图 4.31　习题 4.15 的图

4.16 图 4.32 所示为一乘积检波器电路，恢复载波 $u_r(t) = U_{rm}(\cos\omega_c t + \phi)$。试求在下列两种情况下输出电压的表达式，并说明是否失真。

（1） $u_i(t) = U_{im}\cos\Omega t\cos\omega_c t$。

（2） $u_i(t) = U_{im}\cos(\omega_c + \Omega)t$。

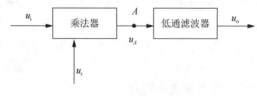

图 4.32 习题 4.16 的图

第 5 章

角度调制与解调

5.1 概述

在调制过程中，载波信号的频率随调制信号而变，称为频率调制或调频，用 FM（Frequency Modulation）表示；载波信号的相位随调制信号而变，称为相位调制或调相，用 PM（Phase Modulation）表示。在这两种调制过程中，载波信号的幅度都保持不变，而频率的变化和相位的变化都表现为相角的变化，因此，把调频和调相统称为角度调制或调角。

5.1.1 角度调制

1．定义

载波的瞬时频率或瞬时相位受调制信号的控制，变化的大小与调制信号的强度为线性关系，变化的周期由调制信号的频率决定。调频波和调相波的振幅不随调制信号而变化，为等幅疏密波。

调频与调相是紧密联系的，因为当频率改变时，相位也会发生变化，反之也是一样的。

2．特点

调频或调相是非线性调制，因此其频谱搬移不是线性的，其频谱结构不再保持原调制信号的频谱结构。与振幅调制相比，角度调制的主要优点是抗干扰性强，缺点是占用的带宽比较宽。

3．技术指标

（1）频谱宽度。

调频波的频谱从理论上来说是无限宽的，但实际上，如果略去很小的边频分量，则所占据的频谱宽度是有限的。根据频谱宽度的大小，调频可以分为宽带调频与窄带调频两大类。

（2）寄生调幅。

如上所说，调频波应该是等幅波，但实际上，在调频过程中，往往引起不需要的振幅调制，这称为寄生调幅。显然，寄生调幅应该越小越好。

（3）抗干扰能力。

与调幅相比，宽带调频的抗干扰能力要强得多。但在信号较弱时，宜采用窄带调频。

5.1.2　鉴频器

在接收调频和调相信号时，必须采用频率检波器或相位检波器。频率检波器又称鉴频器，要求输出信号与输入调频波的瞬时频率变化成正比。这样，经过鉴频器的输出信号就是原来传送的信息。

鉴频的方法有很多，但采用最多的是波形变换法。所谓波形变换法，就是首先将等幅调频波变换成幅度随瞬时频率变化的调幅（AM-FM）波，再用振幅检波的方法恢复出原来的信号，如图 5.1 所示。

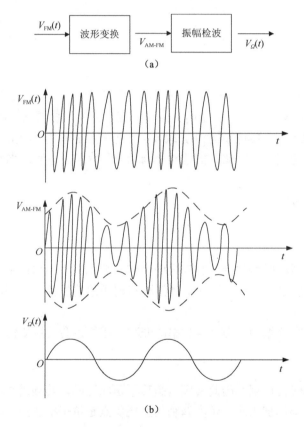

图 5.1　利用波形变换电路进行鉴频

对鉴频器的技术要求主要有以下 5 个。

（1）鉴频跨导。

鉴频器的输出电压与输入调频波的瞬时频率偏移成正比，其比例系数称为鉴频跨导。图 5.2 所示为鉴频器输出电压 V 与调频波的频偏 Δf 之间的关系曲线，称为鉴频特性曲线。它的中部接近直线部分的斜率即鉴频跨导。鉴频跨导表示单位频偏产生的输出电压的大小。我们希望鉴频跨导尽可能大。

（2）鉴频灵敏度。

在中心频率附近,中心频偏产生的解调输出电压的大小主要是指为使鉴频器正常工作所需的输入调频波的幅度,其值越小,鉴频器灵敏度越高。

（3）频带宽度。

从图 5.2 中可以看出,鉴频特性曲线只有中间一部分线性较好,称 $2\Delta f_{\mathrm{m}}$ 为频带宽度。一般要求鉴频器的频带宽度是输入调频波频偏的 2 倍以上,并留有一定的余量。

（4）对寄生调幅有一定的抑制能力。

（5）当电源和温度变化时,具有一定的稳定度。

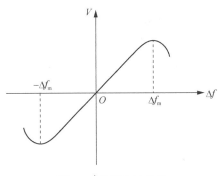

图 5.2　鉴频特性曲线

5.2　调角波的性质

5.2.1　调角波的数学表达式

1. 表达式

假设调制信号为 $v_{\Omega}(t) = U_{\Omega}\cos\Omega t$,载波频率为 ω_0,可写成 $v_0(t) = A_0\cos\theta_0(t)$,则根据调频波的定义,其频率变化率与调制信号的幅度成正比,可以得到,调频信号的瞬时频率 $\omega(t)$ 为

$$\omega(t) = \omega_0 + \Delta\omega = \omega_0 + K_{\mathrm{f}} v_{\Omega}(t) \tag{5-1}$$

根据瞬时相位和瞬时频率的关系,可知其瞬时相位为

$$\theta(t) = \int_0^t \omega(\tau)\mathrm{d}\tau = \int_0^t (\omega_0 + K_{\mathrm{f}} U_{\Omega}\cos\Omega\tau)\mathrm{d}\tau \tag{5-2}$$

即有

$$\theta(t) = \omega_0 t + \frac{K_{\mathrm{f}} U_{\Omega}}{\Omega}\sin\Omega t \tag{5-3}$$

调频波可以写为

$$v_{\mathrm{FM}}(t) = A_0\cos\left(\omega_0 t + K_{\mathrm{f}}\int_0^t v_{\Omega}(\tau)\mathrm{d}\tau = A_0\cos\left(\omega_0 t + \frac{K_{\mathrm{f}} U_{\Omega}}{\Omega}\sin\Omega t\right)\right.$$
$$= A_0\cos\left(\omega_0 t + m_{\mathrm{f}}\sin\Omega t\right) \tag{5-4}$$

式中,　$m_{\mathrm{f}} = \dfrac{K_{\mathrm{f}} U_{\Omega}}{\Omega}$ 称为调频波的调制指数。

2. 参数

根据前面的分析,当进行单音调制时,调频波的瞬时频率为

$$\omega(t) = \omega_0 + K_{\mathrm{f}} U_{\Omega}\cos\Omega t \tag{5-5}$$

可见,调频波的瞬时频率在载波频率 ω_0 附近变化,将瞬时频率与载波频率之间的偏差称为调频波的瞬时频偏 $\Delta\omega(t)$,有

$$\Delta\omega(t) = K_f U_\Omega \cos\Omega t \tag{5-6}$$

可见，调频波的最大频偏为

$$\Delta\omega_f = K_f \left| U_\Omega(t) \right|_{\max} = K_f U_\Omega \tag{5-7}$$

式中，K_f 称为调制系数或调制灵敏度。由式（5-7）可得

$$K_f = \frac{\Delta\omega_f}{U_\Omega} \tag{5-8}$$

前面提到，m_f 为调频指数，代表调制信号单位频率引起的最大频偏：

$$m_f = \frac{K_f U_\Omega}{\Omega} \tag{5-9}$$

3. 调相波

根据调相波的定义，调相时高频载波的瞬时相位随调制信号线性变化，因此，对于调相波，其瞬时相位除原来的载波相位 $\omega_0 t$ 外，又附加了一个变化部分 $\Delta\theta(t)$，这个变化部分与调制信号成比例关系，因此总相位可表示为

$$\theta(t) = \omega_0 t + \Delta\theta(t) = \omega_0 t + K_p v_\Omega(t) \tag{5-10}$$

式中，K_p 为比例系数；$\Delta\theta(t) = K_p v_\Omega(t)$ 是由调制信号引起的相位偏移，称为相偏或相移，其最大值称为最大相移，又称为调相指数，一般用 m_p 表示，因此有 $m_p = K_p \left| v_\Omega(t) \right|_{\max}$

将式（5-10）代入载波信号的表达式，可知，在进行单音调制时，可以得到调相波的数学表达式为

$$\begin{aligned} v_{PM}(t) &= A_0 \cos\left(\omega_0 t + K_p v_\Omega(t)\right) = A_0 \cos\left(\omega_0 t + K_p U_\Omega \cos\Omega t\right) \\ &= A_0 \cos\left(\omega_0 t + m_p \cos\Omega t\right) \end{aligned} \tag{5-11}$$

根据瞬时频率与瞬时相位的关系，可知瞬时频率为

$$\Delta\omega_p(t) = -K_p \Omega U_\Omega \sin\Omega t = -m_p \Omega \sin\Omega t \tag{5-12}$$

频偏为

$$\omega(t) = \frac{\mathrm{d}\theta(t)}{\mathrm{d}t} = \omega_0 + K_p \frac{\mathrm{d}v_\Omega(t)}{\mathrm{d}t}$$

调相指数为

$$m_p = K_p U_\Omega \tag{5-13}$$

最大频偏为

$$\Delta\omega_p = K_p \left| \frac{\mathrm{d}v_\Omega(t)}{\mathrm{d}t} \right|_{\max} = K_p \Omega U_\Omega \tag{5-14}$$

注意：

（1）在前面的分析中涉及 3 个频率概念，其中，ω_0 或 f_0 为载波频率；$\Delta\omega$ 或 Δf 为瞬时频率偏离中心频率的最大值；Ω 或 F 为调制信号频率，表示瞬时频率在 $f_0 + \Delta f$ 与 $f_0 - \Delta f$ 之间每秒的摆动次数。

（2）调频指数 $m_f = \dfrac{\Delta\omega_f}{\Omega} = \dfrac{\Delta f}{F}$，在 AM 调制中，调制指数 m_a 不能大于 1，但在 FM 调制中，m_f 可大于 1，且 m_f 越大，抗噪声效果越好，但是这是以占用的带宽比较宽为代价的。

调频时各信号的波形如图 5.3 所示，调相时各信号的波形如图 5.4 所示。

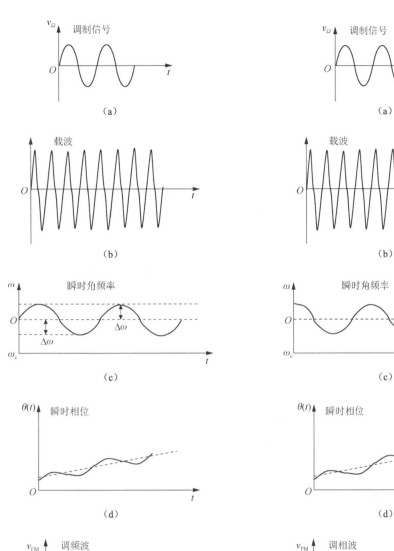

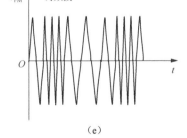

图 5.3　调频时各信号的波形

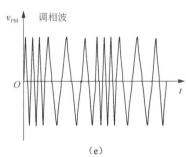

图 5.4　调相时各信号的波形

5.2.2　调角波的频谱与带宽

1. 频谱

由于调频波和调相波的表达式类似，所以其频谱也类似，下面分析调频波的频谱。已知调频波的表达式为

$$v_{\mathrm{FM}}(t) = A_0 \cos\left(\omega_0 + m_{\mathrm{f}} \sin \Omega t\right)$$

将上述表达式写成指数函数表达式：

$$v_{\mathrm{FM}}(t) = R_{\mathrm{e}}\left[A_0 \mathrm{e}^{\mathrm{j}\omega_0} \mathrm{e}^{\mathrm{j}m_{\mathrm{f}} \sin \Omega t}\right] \tag{5-15}$$

根据贝塞尔函数的性质，可知

$$\begin{cases} \mathrm{e}^{\mathrm{j}x \sin \Omega t} = \sum_{n=-\infty}^{n=\infty} J_n(x) \mathrm{e}^{\mathrm{j}n\Omega t} \\ \mathrm{e}^{\mathrm{j}x \cos \Omega t} = \sum_{n=-\infty}^{n=\infty} J_n(x) \mathrm{e}^{\mathrm{j}n\left(\Omega t + \frac{\pi}{2}\right)} \end{cases} \tag{5-16}$$

式中，n 为正整数；$J_n(x)$ 是以 x 为参数的 n 阶第一类贝塞尔函数，其数值均有表或曲线可查。

令 $A_0 = 1$，将式（5-16）代入式（5-15），可得

$$v_{\mathrm{FM}}(t) = R_{\mathrm{e}}\left[\mathrm{e}^{\mathrm{j}\omega_0 t} \sum_{n=-\infty}^{\infty} J_n(m_{\mathrm{f}}) \mathrm{e}^{\mathrm{j}n\Omega t}\right] = \sum_{n=-\infty}^{\infty} J_n(m_{\mathrm{f}}) \cos(\omega_0 + n\Omega)t = \tag{5-17}$$

载频
$$J_0(m_{\mathrm{f}}) \cos \omega_0 t +$$

第1对边频
$$J_1(m_{\mathrm{f}}) \cos(\omega_0 + \Omega)t - J_1(m_{\mathrm{f}}) \cos(\omega_0 - \Omega)t +$$

第2对边频
$$J_2(m_{\mathrm{f}}) \cos(\omega_0 + 2\Omega)t - J_2(m_{\mathrm{f}}) \cos(\omega_0 - 2\Omega)t +$$

第3对边频
$$J_3(m_{\mathrm{f}}) \cos(\omega_0 + 3\Omega)t - J_3(m_{\mathrm{f}}) \cos(\omega_0 - 3\Omega)t +$$

第4对边频
$$J_4(m_{\mathrm{f}}) \cos(\omega_0 + 4\Omega)t - J_4(m_{\mathrm{f}}) \cos(\omega_0 - 4\Omega)t +$$

根据式（5-17），可以看出调角波的频谱有如下特点。

（1）在进行单音调制时，调频波的频谱以载波为中心，由无穷多对边频分量组成。这些边频距 ω_0 为 $\pm n\Omega$，其频谱结构如图 5.5 所示。理论上，调频波的频带宽度趋近于无穷大，但在实际中，由于贝塞尔函数的衰减，导致有影响边频数有限。

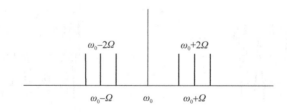

图 5.5 调频波的频谱结构

（2）因为每个分量的振幅等于 $J_n(m_{\mathrm{f}})$，所以频谱结构与 m_{f} 有关，m_{f} 越大，具有较大振幅的边频分量越多。而已知 $m_{\mathrm{f}} = \dfrac{K_{\mathrm{f}} U_\Omega}{\Omega} = \dfrac{\Delta \omega_{\mathrm{f}}}{\Omega}$，因此，当 m_{f} 增大时，频偏 Δm_{f} 也会增大。如果调制信号频率 Ω 不变，则最大频偏 $\Delta \omega_{\mathrm{f}}$ 增大，调频指数 m_{f} 也将增大，有影响边频数也增多，即调频波的频谱宽度得到展宽；如果最大频偏 $\Delta \omega_{\mathrm{f}}$ 不变，则当调制信号频率 Ω 降低时，调频指数 m_{f} 增大，有影响边频数增多，而此时的频谱宽度将不会展宽。调角波的频谱宽度的公式如下：

$$2m_{\text{f}}F = 2\frac{\Delta\omega_{\text{f}}}{\Omega}\frac{\Omega}{2\pi} = \frac{\Delta\omega_{\text{f}}}{\pi} = 2\Delta f_{\text{m}} \tag{5-18}$$

（3）当 n 增大到一定程度时，J_n 可忽略。可以证明，当 $n > m_{\text{f}}$ 时，$J_n(m_{\text{f}}) \gg J_{n+1}(m_{\text{f}})$，因此，在对频谱进行粗略估计时，$n$ 取到 m_{f} 即可。

（4）当调频指数 $m_{\text{f}} < 0.5$ 时，可以称为窄带调频。此时，对于 $|n| > 2$ 的情况，可以认为 $J_n(m_{\text{f}}) = 0$，即有影响的贝塞尔系数只有 J_0、J_1 和 J_{-1}，即有影响边频数只有 ω_0、$\omega_0 + \Omega$ 和 $\omega_0 - \Omega$。因此，对于窄带调制，其带宽为

$$\text{BW} = 2F \tag{5-19}$$

（5）由贝塞尔函数的性质 $\sum\limits_{n=-\infty}^{\infty} J_n^2(m_{\text{f}}) = 1$ 可知调频波的平均功率与未调载波的平均功率一致，与 m_{f} 无关，而调幅波平均功率为 $1 + \dfrac{m_a^2}{2}$，相对于调幅前的载波功率增加了 $\dfrac{m_a^2}{2}$。在调频时，只导致能量从载频分量转移，总能量未变。

2. 带宽

理论上，调频波的边频分量有无数多个，但是对于任一给定的 m_{f}，高到一定次数的边频分量的振幅已经小到可以忽略。在工程上一般规定，当 $n = N$ 时，给定某小值 ε，如果存在 $|J_N(m_{\text{f}})| \geqslant \varepsilon$，且 $|J_{N+1}(m_{\text{f}})| < \varepsilon$，则认为当 $n > N$ 时，各边频分量可以忽略。工程上 ε 的取值有以下 3 种。

第 1 种是取 $\varepsilon = 1\%$，可以证明，此时调频波的带宽为

$$\text{BW} = 2\left(m_{\text{f}} + \sqrt{m_{\text{f}}} + 1\right)F \tag{5-20}$$

第 2 种是取 $\varepsilon = 10\%$，此时调频波的带宽为

$$\text{BW} = 2\left(m_{\text{f}} + 1\right)F \tag{5-21}$$

第 3 种是取 $\varepsilon = 15\%$，此时调频波的带宽为

$$\text{BW} = 2m_{\text{f}}F \tag{5-22}$$

如果没有特别说明，那么一般取 $\varepsilon = 10\%$，即带宽 $\text{BW} = 2\left(m_{\text{f}} + 1\right)F$。

又因为调频指数 $m_{\text{f}} = \dfrac{K_{\text{f}}U_{\Omega}}{\Omega} = \dfrac{\Delta\omega}{\Omega} = \dfrac{\Delta f}{F}$，所以

$$\text{BW} = 2\left(\Delta f + F\right) \tag{5-23}$$

需要注意的是，Δf 说的是调频波的瞬时频率的最大变化范围，即 f 从 $f_0 - \Delta f$ 到 $f_0 + \Delta f$，而带宽 BW 说的是在对调频波解调后的不同失真要求下，如何将伸展到无限宽的调频波的带宽压缩到有限的带宽内。

在进行单音调制时，调频和调相两种已调信号中的 $\Delta\omega(t)$ 与 $\Delta\theta(t)$ 均为简谐波，不过它们的 $\Delta\omega$ 和 m_{f} 随 U_{Ω} 与 Ω 的变化规律不同。当 U_{Ω} 一定且 Ω 由小增大时，调频波中的 $\Delta\omega$ 不变，而 m_{f} 则成反比地减小；调相波中的 m_{p} 不变，而 $\Delta\omega$ 则成正比地增大，具体如图 5.6 所示。

例 5-1：已知当 $U_{\Omega_{\text{m}}} = 2.4\text{V}$ 时，调频信号的最大频偏 $\Delta f_m = 4.8\text{kHz}$，调相信号的调相指数 $m_{\text{p}} = 5$。求：当调制频率 $F = 500\text{Hz}$ 和 200Hz 时，调频信号及调相信号的调制指数。

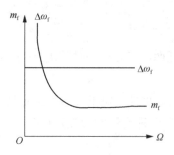 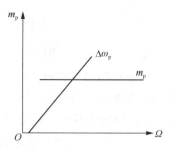

图 5.6　调制指数及频偏与调制信号频率的关系

解：对于调频信号，调频指数、最大频偏和调制信号频率存在关系式 $m_f = \dfrac{\Delta f_m}{F}$，因此当 $F = 500\text{Hz}$ 时，有

$$m_f = \frac{\Delta f_m}{F} = \frac{4.8}{0.5} = 9.6$$

当 $F = 200\text{Hz}$ 时，有

$$m_f = \frac{\Delta f_m}{F} = 24$$

对于调相信号，$m_p = K_p U_\Omega$，由于调制信号振幅不变，所以 $m_p = 5$ 不变。

例 5-2：上例中 $F = 200\text{Hz}$，但 U_{Ω_m} 由 2.4V 升高到 7.2V，求此时的调频指数 m_f 和调相指数 m_p。

解：对于调频信号，当 $U_{\Omega_m} = 2.4\text{V}$ 时，存在 $\Delta \omega_m = K_f U_{\Omega_m}$，因此

$$K_f = \frac{2\pi \times 4.8 \times 10^3}{2.4} = 4\pi \times 10^3$$

当 U_{Ω_m} 由 2.4V 升高到 7.2V 时，有

$$\Delta \omega'_m = K_f U'_\Omega = 28.8\pi \times 10^3 \ (\text{rad/s})$$

$$m'_f = \frac{\Delta \omega'_m}{2\pi F'} = 7.2$$

对于调相信号，当 $U_\Omega = 2.4\ \text{V}$ 时，存在 $m_p = K_p U_\Omega$，有

$$K_p = \frac{m_p}{U_\Omega} = \frac{5}{2.4}$$

当 U_{Ω_m} 由 2.4V 升高到 7.2V 时，有

$$m'_p = K_p U'_\Omega = \frac{5}{2.4} \times 7.2 = 15$$

例 5-3：已知某调角波的数学表达式为 $u(t) = 2\cos\left(10^7 \pi t + 5\cos 10^4 \pi t\right)$。

（1）若 $u(t)$ 为调相信号，$K_p = 2\text{rad/s}$，求调制信号 $u_\Omega(t)$。

（2）若 $u(t)$ 为调频信号，$K_f = 2000\text{rad/s}$，求调制信号 $u_\Omega(t)$。

解：（1）当 $u(t)$ 为调相信号时，已知其瞬时相位为

$$\theta(t) = \left(10^7 \pi t + 5\cos 10^4 \pi t\right)$$

因此相位偏移 $\Delta\theta(t) = 5\cos 10^4 \pi t$。

又因为

$$\Delta\theta(t) = K_{\mathrm{p}}u_{\Omega}(t)$$

所以

$$u_{\Omega}(t) = \frac{5\cos 10^4\pi t}{2} = 2.5\cos 10^4\pi t$$

（2）当 $u(t)$ 为调相信号时，已知其瞬时相位为

$$\theta(t) = \left(10^7\pi t + 5\cos 10^4\pi t\right)$$

其瞬时频率为

$$\omega(t) = \frac{\mathrm{d}\theta(t)}{\mathrm{d}t} = 10^7\pi - 5\times 10^4\pi\sin 10^4\pi t$$

其频率偏移为 $\Delta\omega(t) = K_f u_{\Omega}(t) = -5\times 10^4\pi\sin 10^4\pi t$，因此 $u_{\Omega}(t) = \dfrac{-5\times 10^4\pi\sin 10^4\pi t}{2000} = -25\pi\sin 10^4\pi t$。

例 5-4：调频波的瞬时频率 $f(t) = 5\times 10^6 + 2\times 10^4\sin\pi 10^3 t$，且载波振幅 $U_{\mathrm{cm}} = 3\mathrm{V}$。求：

（1）调频波的数学表达式。

（2）调频波的带宽 BW。

（3）若调制信号的振幅 $U_{\Omega_{\mathrm{m}}}$ 不变，调制信号的频率 Ω 提高为原来的 2 倍，那么带宽 BW 是多少？

（4）调制信号频率 Ω 不变，振幅 $U_{\Omega\mathrm{m}}$ 增加一倍，带宽是多少？

解：（1）根据题意可得

$$\omega(t) = 2\pi f(t) = 10^7\pi + 4\times 10^4\pi\sin 10^3\pi t$$

$$\theta(t) = \int_0^t \omega(\tau)\mathrm{d}\tau = 10^7\pi t - \frac{4\times 10^4\pi}{10^3\pi}\cos 10^3\pi t$$

$$u_{\mathrm{FM}}(t) = 3\cos(10^7\pi t - 40\cos 10^3\pi t)$$

（2）由瞬时频率表达式可知频率偏移为

$$\Delta f(t) = 2\times 10^4\sin\pi 10^3 t$$

最大频偏为

$$\Delta f_{\mathrm{m}} = 2\times 10^4\mathrm{Hz}$$

$$F = \frac{\pi\times 10^3}{2\pi} = 500\mathrm{Hz}$$

$$\mathrm{BW} = 2(\Delta f_{\mathrm{m}} + F) = 4.1\times 10^4\mathrm{Hz}$$

（3）最大频偏 $\Delta f_{\mathrm{m}} = \dfrac{\Delta\omega_{\mathrm{m}}}{2\pi} = \dfrac{K_f U_{\Omega_{\mathrm{m}}}}{2\pi}$ 不随 Ω 而变化，因此有

$$\mathrm{BW} = 2(\Delta f_{\mathrm{m}} + F) = 4.1\times 10^4\mathrm{Hz}$$

（4）当 Ω 不变而 $U_{\Omega_{\mathrm{m}}}$ 加倍时，Δf_{m} 会随 Ω 加倍，因此有

$$\mathrm{BW} = 2(\Delta f_{\mathrm{m}} + F) = 8.2\times 10^4\mathrm{Hz}$$

5.2.3　间接调频与间接调相

调频就是指用调制电压控制载波的频率。调频的方法有很多，常用的可分为两大类：直

接调频和间接调频。

用调制信号对载波的频率或相位进行调制的方式称为直接调频或直接调相。而由于调频和调相有一定的内在联系，所以只要附加一个简单的变换网络，就可以从调相变成调频。

相位与频率之间的相互变换是积分和微分的关系。对调制信号进行积分，用其值调相，便能得到所需的调频信号，通常将这种通过调相实现调频的方法称为间接调频。间接调频电路的组成框图如图 5.7（a）所示。同样，对调制信号进行微分，用其值调频，便能得到所需的调相信号，通常将这种通过调频实现调相的方法称为间接调相。间接调相电路的组方框图如图 5.7（b）所示。

间接调频的数学表达式如下：

$$u_\Omega(t) \int u_\Omega(t)\mathrm{d}t u_{\mathrm{FM}}(t) = A_0 \cos(\omega_0 t + K_{\mathrm{p}} \int u_\Omega(t)\mathrm{d}t)$$

$$u_{\mathrm{FM}}(t) = A_0 \cos\left[\omega_0 t + K \int u_\Omega(t)\mathrm{d}t\right]$$

间接调相的数学表达式如下：

$$\Delta\theta(t) = K_{\mathrm{f}} \int \frac{\mathrm{d}u_\Omega(t)}{\mathrm{d}t}\mathrm{d}t = K_{\mathrm{f}} u_\Omega(t)$$

$$u_{\mathrm{PM}}(t) = A_0 \cos[\omega_0 t + K_{\mathrm{f}} u_\Omega(t)]$$

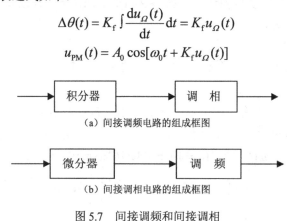

（a）间接调频电路的组成框图

（b）间接调相电路的组成框图

图 5.7　间接调频和间接调相

5.3　变容二极管调频

变容二极管调频的主要优点是能够获得较大的频移，线路简单，并且几乎不需要调制功率；主要缺点是中心频率稳定度低。它主要用在移动通信及自动频率微调系统中。

5.3.1　变容二极管的特性

变容二极管是利用半导体 PN 结的结电容随外加反向电压的变化而变化这一特性制成的一种半导体二极管。它是一种电压控制可变电抗元件。

变容二极管的结电容 C_{j} 由势垒电容 C_{T} 和扩散电容 C_{D} 组成，其中，C_{T} 为由反向电压引起的势垒电容，大小为几 pF 到几十 pF；C_{D} 为由正向载流子扩散运动引起的扩散电容，大小为几百 pF 到几万 pF：

$$C_{\mathrm{j}} = C_{\mathrm{T}} + C_{\mathrm{D}} \tag{5-24}$$

改变 PN 结上加的反向电压，势垒电容能灵敏地随反向电压的变化而产生较大变化，这就是变容二极管电容变化的原因。变容二极管为非线性电容，其电容值 C_{j} 与反向电压之间存在以下关系：

$$C_{\mathrm{j}} = \frac{C_{\mathrm{j}_0}}{\left(1 + \dfrac{U}{U_{\mathrm{D}}}\right)^{\gamma}} \tag{5-25}$$

式中，C_{j_0} 为变容二极管两端的零偏置电容；U 为所加反向电压的绝对值；U_{D} 为 PN 结导通电压，硅 PN 结的 U_{D} 一般为 0.7V，锗 PN 结的 U_{D} 一般为 0.2～0.3V；γ 为电容变化指数。

设变容二极管两端所加的静态工作点电压为 E_Q，单一调制频率信号为 $u_{\Omega}(t)$，则有

$$U = E_Q + u_{\Omega}(t) = E_Q + U_{\Omega}\cos\Omega t \tag{5-26}$$

此时，变容二极管的电容为

$$C_{\mathrm{j}} = \frac{C_{\mathrm{j}_0}}{\left[1 + \dfrac{E_Q + U_{\Omega}\cos\Omega t}{U_{\mathrm{D}}}\right]^{\gamma}} = C_{\mathrm{j}_0}\left[\frac{U_{\mathrm{D}} + E_Q}{U_{\mathrm{D}}}\right]^{-\gamma}\left[1 + \frac{U_{\Omega}\cos\Omega t}{U_{\mathrm{D}} + E_Q}\right]^{-\gamma} \tag{5-27}$$

令 $C_{\mathrm{j}_Q} = C_{\mathrm{j}_0}\left[\dfrac{U_{\mathrm{D}} + E_Q}{U_{\mathrm{D}}}\right]^{-\gamma}$ 为静态工作点时的电容 $\left[\begin{array}{c} u_{\Omega}(t) = 0 \\ U = E_Q \end{array}\right]$，$m = \dfrac{U_{\Omega}}{E_Q + U_{\mathrm{D}}}$ 为电容调制深度或调制指数，则可得

$$C_{\mathrm{j}} = C_{\mathrm{j}_Q}(1 + m\cos\Omega t)^{-\gamma} \tag{5-28}$$

5.3.2　变容二极管调频原理

在如图 5.8 所示的变容二极管调频电路原理图中，扼流圈的作用为通直流和低频交流并阻止高频，电路整体要求有独立的直流通路和交流通路，且高频交流信号对直流电源无影响。

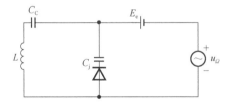

图 5.8　变容二极管调频电路原理图

设回路中的振荡频率只取决于 L 和 C_{j}，则振荡频率为

$$\omega \approx \frac{1}{\sqrt{LC_{\mathrm{j}}}} = \frac{1}{\sqrt{LC_{\mathrm{j}_Q}}}(1 + m\cos\Omega t)^{\gamma/2} = \omega_0(1 + m\cos\Omega t)^{\gamma/2} \tag{5-29}$$

式中，$\omega_0 = \dfrac{1}{\sqrt{LC_{\mathrm{j}_Q}}}$ 为电感和静态电容决定的振荡器的谐振频率，称为中心频率（载波频率）。

下面讨论电容变化指数 γ 对振荡器输出信号频率的影响。

（1）当 $\gamma = 2$ 时，由式（5-29）可知，振荡器的振荡频率为

$$\omega = \omega_0(1 + m\cos\Omega t) = \omega_0 + \Delta\omega(t) \tag{5-30}$$

由此可知，频偏 $\Delta\omega(t) = \omega_0 m\cos\Omega t$ ，可见，频偏随 $u_\Omega(t)$ 成正比变化，即振荡器产生的输出信号为调频信号，且为线性调频，输出信号无谐波分量。

（2）当 $\gamma \neq 2$ 时，由式（5-29）可知，振荡器的振荡频率为

$$\omega(t) = \omega_0(1 + m\cos\Omega t)^{\gamma/2}$$

将该式进行幂级数展开，可得

$$\omega(t) = \omega_0\left[1 + \frac{\gamma}{2}m\cos\Omega t + \frac{1}{2!}\frac{\gamma}{2}\left(\frac{\gamma}{2}-1\right)m^2\cos^2\Omega t + \cdots\right] \tag{5-31}$$

忽略二次以上的高次方项，有

$$\omega(t) = \omega_0\left[1 + \frac{\gamma}{16}(\gamma-2)m^2 + \frac{\gamma}{2}m\cos\Omega t + \frac{\gamma}{16}(\gamma-2)m^2\cos^2\Omega t\right] \tag{5-32}$$
$$= \omega_0 + \Delta\omega_0 + \Delta\omega_{\mathrm{m}}\cos\Omega t + \Delta\omega_{2\mathrm{m}}\cos 2\Omega t$$

由此可以得出以下结论。

① 振荡器输出信号的频率含有 $\Delta\omega_{2\mathrm{m}} = \frac{\gamma}{16}(\gamma-2)m^2\omega_0$ 的二次谐波分量，会造成二次谐波失真。

② 最大频偏为 $\Delta\omega_{\mathrm{m}} = \gamma m\omega_0/2$ ，与电容变化指数 γ 、电容调制深度 m 和中心频率 ω_0 成正比，当 $\gamma = 2$ 时，频偏与调制信号为线性关系。

调频特性曲线如图 5.9 所示。

③ 输出信号频率相对于 ω_0 发生了频偏，且 $\Delta\omega_0 = \frac{\gamma}{16}(\gamma-2)m^2\omega_0$ ，即中心频率发生偏移，且当电容变化指数 γ 和电容调制深度 m 增大时，$\Delta\omega_0$ 也会增大。中心频率的偏移会产生失真，因此，在必要时，需要采用自动频率微调等措施来稳定中心频率 ω 。

④ 如果采用如图 5.10 所示的部分接入电路，则振荡器产生的振荡频率为 $\omega = \frac{1}{\sqrt{LC}}$ ，其中，C 为 C_j 和 C_2 并联并与 C_1 串联后的总电容。

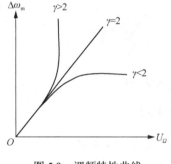

图 5.9　调频特性曲线

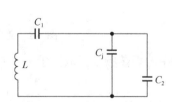

图 5.10　部分接入电路原理图

⑤ 当 $\gamma = 1$ 且电容调制深度 m 较小时，称为小频偏情况，频偏与调制信号也有较好的比例关系，且在实际中应用较多。此时的最大角频偏满足以下关系：

$$\frac{\Delta\omega_{\mathrm{m}}}{\omega_0} = -\frac{1}{2}\frac{\Delta C}{C_{\mathrm{j}Q}} \tag{5-33}$$

式中，ΔC 为变容二极管的电容值偏离 C_{j_Q} 的最大值。

例 5-5：调频振荡回路由电感 L 和变容二极管组成。其中，$L = 2\mu H$；变容二极管的参数为：$C_0 = 22.5pF$，$\gamma = 0.5$，$U_D = 0.6V$，$E_Q = -6V$，$u_\Omega(t) = 3\sin(10^4 t)V$。求输出调频的如下参数：①载频 f_c；②调制信号引起的载频漂移 Δf_c；③最大频偏 Δf_m；④调频系数 K_f。

解：①根据题意可得

$$C_j(t) = C_{j_Q}\left(1 + \frac{U_\Omega}{E_Q + U_D}\right)^{-7} \qquad m = \frac{U_\Omega}{E_Q + U_D} \approx 0.455$$

$$C_{j_Q} = \frac{C_0}{\left(1 + \dfrac{E_Q}{U_D}\right)^\gamma} = \frac{22.5 \times 10^{-12}}{\left(1 + \dfrac{6}{0.6}\right)^{0.5}} \approx 6.784 \times 10^{-12}$$

$$f_c = \frac{1}{2\pi\sqrt{LC_{j_Q}}} = 13.671\text{MHz}$$

$$f = f_c\left(1 + \frac{U_\Omega}{E_Q + U_D}\right)^{\frac{\gamma}{2}}$$

② 因为 $f = f_c\left(1 + \dfrac{V}{2}\dfrac{U_\Omega}{E_Q + U_D}\sin\Omega t + \dfrac{1}{21}\dfrac{\gamma}{2}\left(\dfrac{\gamma}{2} - 1\right)\left(\dfrac{U_\Omega}{E_Q + U_D}\right)^2\sin^2\Omega t\right)$，所以有

$$\Delta f_c = \frac{\gamma}{16}(\gamma - 2)m^2 f_c = -0.133\text{MHz}$$

③ $\Delta f_m = \dfrac{\gamma m}{2}f_c = 1.56\text{MHz}$。

④ $K_f = \dfrac{\Delta f_m}{U_\Omega} = 0.52\text{MHz/V}$。

5.4　调频信号的解调

5.4.1　简述

调角波的解调就是从已调波中恢复出调制信号的过程。调频波的解调电路称为频率检波器或鉴频器（FD），调相波的解调电路称为相位检波器或鉴相器。

5.4.2　失谐回路斜率鉴频器

在调频波中，调制信息包含在高频振荡频率的变化量中，因此，调频波的解调任务就是要求鉴频器的输出信号与输入调频波的瞬时频率为线性关系。

鉴频的方法主要有两种：一种是采用波形变换法，首先将调频波变换成调频调幅波，然后进行包络检波；另一种就是利用鉴相的方式来间接解调。其中波形变换法最常见的是失谐

回路鉴频。

斜率鉴频器是由失谐单谐振回路和二极管包络检波器组成的，如图 5.11 所示，其谐振回路没有调谐于调频波的载波频率，而是比载波频率高一些或低一些，这样就会形成一定的失谐。由于这种鉴频器是利用并联 LC 回路幅频特性的倾斜部分将调频波变换成调幅调频波的，故通常称它为斜率鉴频器。

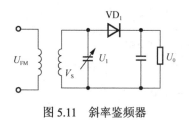

图 5.11 斜率鉴频器

在实际调整时，为了获得线性的鉴频特性，总是使输入调频波的载波频率处在谐振特性曲线倾斜部分接近直线段的中点上，如图 5.12 中的 M 点所示。这样，谐振回路电压幅度的变化将与频率为线性关系，就可将调频波转换成调幅调频波。通过二极管对调幅波进行检波，便可得到调制信号 $u_\Omega(t)$。

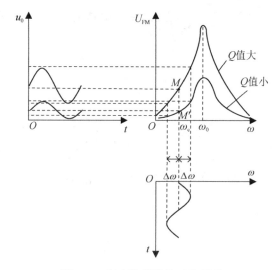

图 5.12 斜率鉴频器的工作原理

斜率鉴频器的性能在很大程度上取决于谐振回路的品质因数 Q。图 5.12 画出了两种不同 Q 值的谐振特性曲线。可见，如果 Q 值小，则谐振特性曲线倾斜部分的线性较好，在调频波转换为调幅调频波的过程中的失真小。但是，转换后的调幅调频波的幅度变化小，对一定的频移而言，所检得的低频电压也低。这意味着鉴频器的鉴频灵敏度比较低。反之，如果 Q 值大，则鉴频器的鉴频灵敏度比较高，但是谐振特性曲线的线性范围会变窄。当调频波的频偏较大时，失真较大。

值得说明的是，斜率鉴频器的线性范围和灵敏度都是不太理想的。因此，一般仅将它用在对质量要求不高的简易接收机中。

为了改善斜率鉴频器的性能，可以采用双失谐回路斜率鉴频器，又叫参差调谐鉴频器，其电路如图 5.13 所示。该电路是由两个单失谐回路斜率鉴频器构成的，其中，第 1 个回路的谐振频率 f_1 高于调频波的中心频率 f_c，第 2 个回路的谐振频率 f_2 低于 f_c，它们相对于 f_c 有一失谐量 $\pm\Delta f_c$，如图 5.14（a）所示。

每个鉴频器的输出 U_{01}、U_{02}（直流）分别正比于谐振回路的 U_{m1} 和 U_{m2}，即

$$U_{01} = \eta_d U_{m1} \tag{5-34}$$

$$U_{02} = \eta_d U_{m2} \tag{5-35}$$

式中，η_d 为二极管 VD1、VD2 的检波效率。

总的输出电压 U_0 为两者之差，即

$$U_0 = U_{01} - U_{02} = \eta_d \left(U_{m1} - U_{m2} \right) \tag{5-36}$$

对于中心频率 ω_c，两个回路的失谐量相等，即 $U_{m1} = U_{m2}$，因此总输出 U_0 为零。当频率自 ω_c 向高处偏移时，U_{m1} 升高而 U_{m2} 降低，从而使 U_0 升高；反之，当频率自 ω_c 向低处偏移时，U_{m1} 降低而 U_{m2} 升高，从而使 U_0 降低，如图 5.14（a）所示。由图 5.14（a）可以看出，U_0 对 ω 的曲线呈 S 形，故称为 S 曲线，表示鉴频器的鉴频特性具有较好的线性。如果信号为调频波，则其频率变化如图 5.14（b）所示，可借助 S 曲线得出相应的 U_0 曲线，如图 5.14（c）所示。

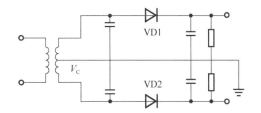

图 5.13　双失谐回路斜率鉴频器的电路

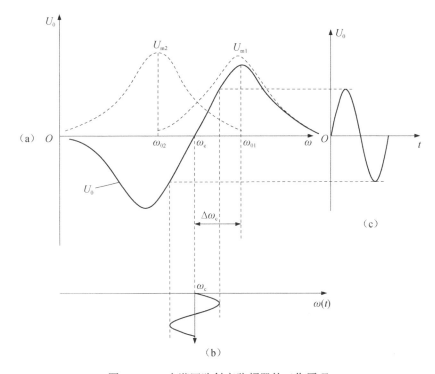

图 5.14　双失谐回路斜率鉴频器的工作原理

双失谐回路斜率鉴频器和单失谐回路斜率鉴频器相比，显然，其鉴频特性的灵敏度、线性范围都大有改善。

5.4.3　比例鉴频器

相位鉴频器的输出正比于前级集电极电流，随接收信号的变化而变化。因此，由噪声、各种干扰，以及电路特性的不均匀性引起的输入信号的寄生调幅都将直接在相位鉴频器的输

出信号中反映出来。为了去掉这种虚假信号，必须在鉴频之前预先限幅。但限幅器必须有较大的输入信号，这必将导致鉴频器前的中频放大器和限幅电路级数的增加。而比例限幅器具有自动限幅的作用，不仅可以减少前面中频放大器的级数，还可以避免使用硬限幅器，因此，比例限幅器在调频广播和电视接收机中得到了广泛的应用。

图 5.15 为比例鉴频器的电路，其等效电路如图 5.16 所示。

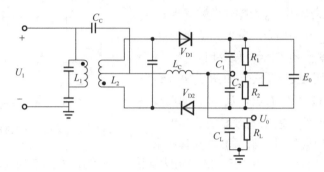

图 5.15　比例鉴频器的电路

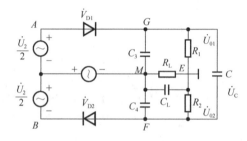

图 5.16　比例鉴频器的等效电路

比例鉴频器和相位鉴频器的输入与频率–相位变换电路相同。可以看出，二极管上产生的电压有一样的关系：

$$\dot{V}_{D1} = \frac{\dot{U}_2}{2} + \dot{U}_1$$

$$\dot{V}_{D2} = \frac{\dot{U}_2}{2} + \dot{U}_1$$

(5-37)

因此，比例鉴频器从频率变化转换成幅度变化的过程与相位鉴频器是一致的。

比例鉴频器和相位鉴频器的不同主要有以下 3 点。

（1）二极管 VD2 反接。

（2）检波电阻 R_1、R_2 的两端并联有大电容 C（一般取 10μF）。

（3）检波电阻中点和检波电容中点断开，输出电压取自 M、E 两点间，与相位鉴频器从 G、F 两点间输出不同。在负载电阻 R_L 上，C_3 和 C_4 的放电电流的方向相反，因而起到了差动输出的作用。

现在着重分析两个问题：①为什么检波器的输出可以反映频率的变化？②为什么这种电路具有限幅作用？

首先分析检波器的输出。

通过 VD1 和 VD2 检波后，C_3 和 C_4 分别充电到 U_{01} 和 U_{02}，而大电容 C 上的电压 U_C 则

为二者之和，即

$$U_C = U_{01} + U_{02} \tag{5-38}$$

由于 C 很大，其放电时间常数 $\tau = (R_1 + R_2)C$ 很大（0.1～0.2s），远大于要解调的低频信号的周期，故在调制信号周期或寄生调幅干扰电压周期内，可以认为 C 上的电压基本不变，近似为一恒定值，并且不会因输入信号幅度的瞬时变化而变化。

又因为 $R_1 = R_2$，所以 R_1 和 R_2 将各分到 U_C 上一半的电压，故 F、G 两点对地的电位将分别如下：

$$U_F = \frac{U_C}{2} \tag{5-39}$$

$$U_G = -\frac{U_C}{2} \tag{5-40}$$

且它们都是固定不变的。

当信号频率 ω 变化时，C_3 和 C_4 上的电压 U_{01} 与 U_{02} 将发生变化。但由于 F、G 两点的电位固定，所以 M 点的电位 U_M 要变化。

当 $\omega = \omega_c$ 时，$V_{D1} = V_{D2}$，相应地，$U_{01} = U_{02}$，此时 M 点的电位恰处于 F、G 电位的中点，即 $U_M = 0$。

当 $\omega > \omega_c$ 时，$V_{D1} > V_{D2}$，相应地，$U_{01} > U_{02}$，而由于 F、G 两点的电位不变，故 M 点的电位将提高，如图 5.17 所示。

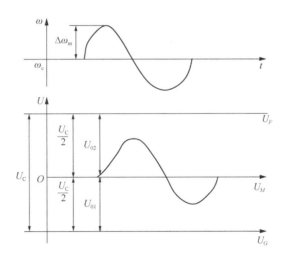

图 5.17　比例鉴频器在 F、G 和 M 点处的电位变化

当 $\omega < \omega_c$ 时，$V_{D1} < V_{D2}$，相应地，$U_{01} < U_{02}$，故此时 M 点的电位将降低。

由此可见，随着频率的变化，M 点的电位 U_M 在相应地变化，故 U_M 反映了频率的变化。

下面分析比例鉴频器的限幅作用。

比例鉴频器的限幅作用在于接入大电容 C。当电路中接有大电容 C 后，通过前面的分析已经知道，C_3、C_4 上的电压之和等于常数 U_C，其值决定于信号的平均强度。假设高频信号幅度瞬时增大，本来 U_{01} 和 U_{02} 要相应升高，但由于跨接了大电容 C，额外的充电电荷几乎都被 C 吸收了，导致 C_3 和 C_4 的总电压升不上去。这就造成在高频一周期内，充电时间要加长，充电电流要加大。这意味着检波电路此时要吸收更多的高频功率，而这部分功率是由谐振回路供给的，故将造成谐振回路的有效 Q 值的减小。这将使谐振回路的电压降低，从而对原来信号幅度的增大起抵消作用。

反之，如果信号幅度瞬时减小，则 Q 值将瞬时增大，从而使回路电压升高。

综上所述，这种电路具有自动调整 Q 值的作用，在一定程度上可以抵消信号强度变化的影响，使输入检波电路的高频电压幅度基本趋于恒定，因而具有限幅作用。因此，在使用比例鉴频器时，可以省掉限幅器，从而简化设备。

但是比例鉴频器在相同的 U_{01} 和 U_{02} 条件下，U_M 只达到一半，说明其灵敏度比不上相位鉴频器。

由图 5.16 和图 5.17 可以看出：

$$U_M = \frac{U_C}{2} - U_{02} \tag{5-41}$$

又由于 $U_C = U_{01} + U_{02}$，所以

$$U_M = \frac{U_{01} + U_{02}}{2} - U_{02} = \frac{U_{01} - U_{02}}{2} \tag{5-42}$$

与相位鉴频器的输出表达式

$$U_0 = U_{01} - U_{02} \tag{5-43}$$

相比，可知 U_M 为 U_0 的一半。

式（5-42）还可写成以下形式：

$$\begin{aligned}
U_M &= \frac{U_{01} - U_{02}}{2} = \frac{1}{2}\left[2U_{01} - (U_{01} + U_{02})\right] \\
&= \frac{1}{2}(U_{01} + U_{02})\left(\frac{2U_{01}}{U_{01} + U_{02}} - 1\right) \\
&= \frac{1}{2}U_C\left(\frac{2}{1 + \dfrac{U_{02}}{U_{01}}} - 1\right)
\end{aligned} \tag{5-44}$$

在式（5-44）中，由于 U_C 恒定不变，U_M 只取决于比值 $\dfrac{U_{02}}{U_{01}}$，所以把这种鉴频器称为比例鉴频器。

例 5-6：鉴频器的输入信号为 $u_{FM}(t) = 3\sin\left(\omega_c t + 10\sin 2\pi \times 10^3 t\right)$，鉴频灵敏度为 $S_D = -5\text{mV/kHz}$，线性鉴频范围大于 $2\Delta f_m$，求输出电压 $u_0(t)$。

解：由题意可得

$$\omega(t) = \frac{d\theta(t)}{dt} = \omega_c + 2\pi \times 10^4 \cos 2\pi \times 10^3 t$$

$$\Delta f_m = \frac{1}{2\pi} \times 2\pi \times 10^4 \text{Hz} = 10^4 \text{Hz}$$

$$\Delta f(t) = 10^4 \cos 2\pi \times 10^3 t$$

$$u_0(t) = S_D \Delta f(t) = -50\left(\cos 2\pi \times 10^3 t\right) \text{（mV）}$$

5.5　互感耦合相位鉴频

相位鉴频器是利用回路的相位-频率特性来实现将调频波变换为调幅调频波的。它首先将调频信号的频率变化转换为两个电压之间的相位变化，然后将相位变化转换为对应的幅度变化，最后利用幅度检波器检出幅度的变化。

常用的相位鉴频器有两种，即互感耦合相位鉴频器和电容耦合相位鉴频器。下面主要对互感耦合相位鉴频器进行介绍。互感耦合相位鉴频器的原理框图如图 5.18 所示。调频信号和经过移相后的调频信号分别与另一路信号相加，并分别进行包络检波，将包络检波出来的两路信号相减，得到的输出信号就包含了两路输入信号的相位差信息。

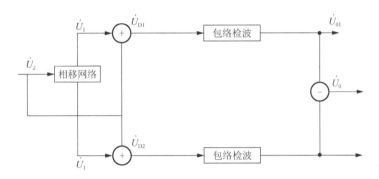

图 5.18　互感耦合相位鉴频器的原理框图

互感耦合相位鉴频器又称福斯特-西利鉴频器，图 5.19 是其典型电路。相移网络为耦合回路。在图 5.19 中，初、次级回路参数相同，L_1C_1 和 L_2C_2 是两个松耦合的双调谐回路，都调谐于调频波的中心频率 ω_c 上。其中，初级回路 L_1C_1 一般是限幅放大器的集电极负载。这种松耦合双调谐回路有这样一个特点：当 ω 变化时，次级回路电压 $\dot{U}_2$ 相对于初级回路电压 $\dot{U}_1$ 的相位变化。$\dot{U}_1$ 是经过限幅放大后的调频信号，它一方面经隔直电容 C_C 加在后面的两个包络检波器上，另一方面经互感 M 耦合在次级回路两端而产生电压 $\dot{U}_2$。L_C 为高频扼流圈，除了保证使输入电压 $\dot{U}_1$ 经 C_C 加在次级回路的中心抽头处，还要为后面两个包络检波器提供直流通路。

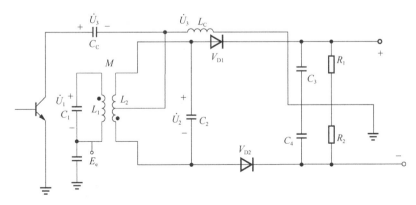

图 5.19　互感耦合相位鉴频器的典型电路

另外，$\dot{U}_1$ 经耦合电容 C_C 在高频扼流圈 L_C 上产生的电压为 $\dot{U}_3$。由于 L_C 为高频扼流圈，所以对高频而言，C_C 的阻抗远低于 L_C 的阻抗，故 $\dot{U}_3$ 近似等于 $\dot{U}_1$，即图 5.19 的等效电路如图 5.20 所示。

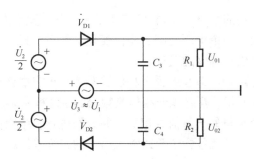

图 5.20　图 5.19 的等效电路

由图 5.20 可以看出，加在二极管两端的高频电压由两部分组成，即 L_C 上的电压和 L_2 上的一半电压 $\dot{U}_2/2$ 的矢量和，即

$$\dot{V}_{D1} = \dot{U}_1 + \frac{\dot{U}_2}{2} \tag{5-45}$$

$$\dot{V}_{D2} = \dot{U}_1 - \frac{\dot{U}_2}{2} \tag{5-46}$$

结合 5.4 节中双失谐回路斜率鉴频器的工作原理，可知检波器检出的电压 u_{01} 和 u_{02} 与 $\dot{U}_1$、$\dot{U}_2$ 及二者的相位差存在线性关系，并且鉴频器的输出为

$$U_0 = U_{01} - U_{02}$$

那么，调频波的瞬时频率变化是如何影响鉴频器的输出的呢？可以概括为次级电压 $\dot{U}_2$ 对初级电压 $\dot{U}_1$ 的相位差随角频率而变，检波器的输入电压幅度 V_{D1}、V_{D2} 随角频率而变，检出的电压 u_{01} 和 u_{02} 的幅度随角频率而变，鉴频器的输出电压 u_0 也随角频率而变。具体分析如下。

1. 次级电压 $\dot{U}_2$ 对于初级电压 $\dot{U}_1$ 的相位差随角频率而改变

为了分析方便，现将次级回路的等效电路用图 5.21 表示。

设初级电压为 $\dot{U}_1$，根据互感耦合电路的特性，次级会在初级产生反应阻抗，则初级电流为

$$\dot{I}_1 = \frac{\dot{U}_1}{R_1 + j\omega L_1 + Z_f} = \frac{\dot{U}_1}{R_1 + j\omega L_1 + \dfrac{(\omega M)^2}{Z_2}} \tag{5-47}$$

式中，R_1、L_1 为初级电阻和电感；M 为 L_1 和 L_2 之间的互感；Z_2 为次级谐振回路阻抗。若谐振回路的 Q 值较大，则初级电感损耗及次级反射到初级的损耗可忽略，有

$$\dot{I}_1 \approx \frac{\dot{U}_1}{j\omega L_1} \tag{5-48}$$

$\dot{I}_1$ 通过 L_1 和 L_2 之间的互感 M 作用，在次级回路的 L_2 上产生的感应电势为

$$\dot{E}_2 \approx -j\omega M \dot{I}_1 \tag{5-49}$$

$\dot{E}_2$ 在次级回路中产生的电流为

$$\dot{I}_2 = \frac{\dot{E}_2}{Z_2} = \frac{\dot{E}_2}{R_2 + j\left(\omega L_2 - \dfrac{1}{\omega C_2}\right)} \tag{5-50}$$

式中，R_2 为次级线圈电阻，包含代表两个二极管检波电路损耗的等效电阻。

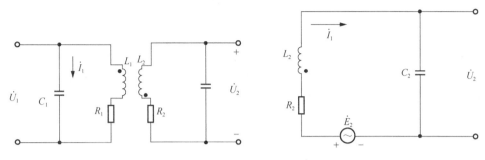

图 5.21　次级回路的等效电路

由式（5-50）可知，$\dot{I}_2$ 的相位随角频率 ω 而变。

（1）当 $\omega = \omega_c$ 时，回路达到谐振状态，$\dot{I}_2$ 与 $\dot{E}_2$ 同相。

（2）当 $\omega > \omega_c$ 时，回路呈感性，$\dot{I}_2$ 滞后 $\dot{E}_2$ 一个角度。

（3）当 $\omega < \omega_c$ 时，回路呈容性，$\dot{I}_2$ 超前 $\dot{E}_2$ 一个角度。

$\dot{I}_2$ 流过 C_2 产生的电压为 $\dot{U}_2$，其相位滞后 $\dot{I}_2$ 90°。$\dot{U}_2$ 的表达式为

$$\begin{aligned}
\dot{U}_2 &= \dot{I}_2 \times \frac{1}{j\omega C_2} = -\frac{j\omega M I_1}{R_2 + j\left(\omega L_2 - \dfrac{1}{\omega C_2}\right)} \times \frac{1}{j\omega C_2} \\
&= \frac{j M \dot{U}_1}{\omega C_2 L_1 \left\{ R_2 + j\left(\omega L_2 - \dfrac{1}{\omega C_2}\right) \right\}}
\end{aligned} \tag{5-51}$$

式（5-51）表明，次级电压 $\dot{U}_2$ 对初级电压 $\dot{U}_1$ 的相位差随角频率而改变。

（1）当 $\omega = \omega_c$ 时，$\dot{U}_2$ 超前 $\dot{U}_1$ 的角度 90°。

（2）当 $\omega > \omega_c$ 时，$\dot{U}_2$ 超前 $\dot{U}_1$ 的角度小于 90°。

（3）当 $\omega < \omega_c$ 时，$\dot{U}_2$ 超前 $\dot{U}_1$ 的角度大于 90°。

可见，如果将调频信号输入互感耦合鉴频电路中，随着输入信号瞬时频率的变化，$\dot{U}_2$ 和 $\dot{U}_1$ 的相位差 φ 也随之变化，即可以得到如图 5.22 所示的频率-相位变换电路。

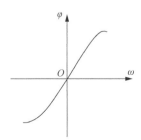

图 5.22　频率-相位变换电路

2．检波器的输入电压幅度 V_{D1}、V_{D2} 随角频率而变

由式（5-45）和式（5-46）可知，V_{D1}、V_{D2} 为 $\dot{U}_1$、$\dfrac{\dot{U}_2}{2}$ 的矢量和的模值，即

$$\dot{V}_{D1} = \frac{\dot{U}_2}{2} + \dot{U}_1 \tag{5-52}$$

$$\dot{V}_{D2} = -\frac{\dot{U}_2}{2} + \dot{U}_1 \tag{5-53}$$

不同频率下的 $\dot{U}_1$ 和 $\dot{U}_2$ 的向量图如图 5.23 所示。由图 5.23 可以看出，当 $\omega = \omega_c$ 时，$\dot{V}_{D1} = \dot{V}_{D2}$；当 $\omega > \omega_c$ 时，$\dot{V}_{D1}$ 升高而 $\dot{V}_{D2}$ 降低；当 $\omega < \omega_c$ 时，$\dot{V}_{D1}$ 降低而 $\dot{V}_{D2}$ 升高。

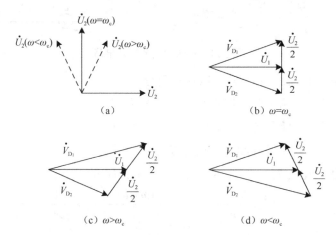

图 5.23　不同频率下的 $\dot{U}_1$ 和 $\dot{U}_2$ 的向量图

3．检出的电压 U_{01}、U_{02} 随角频率而变

由于 $U_{01} = K_d V_{D1}$、$U_{02} = K_d V_{D2}$，所以检出的电压 U_{01}、U_{02} 与前述变化规律一致。

4．鉴频器输出电压 U_0 也随角频率而变

由于 $U_0 = U_{01} - U_{02}$，所以鉴频器的输出电压 U_0 随角频率发生如下变化。

（1）当 $\omega = \omega_c$ 时，$U_{01} = U_{02}$，$U_0 = 0$。

（2）当 $\omega > \omega_c$ 时，$U_{01} > U_{02}$，$U_0 > 0$。

（3）当 $\omega < \omega_c$ 时，$U_{01} < U_{02}$，$U_0 < 0$。

上述关系表明，输出电压反映了输入信号瞬时频率的偏移 Δf，Δf 与调制信号幅度 U_Ω 成正比，因此可以实现调频信号的解调。鉴频特性曲线如图 5.24 所示，为 S 形。

S 曲线的形状与鉴频器的性能有直接关系。

（1）若 S 曲线的线性好，则失真小。

（2）若线性段的斜率大，则一定频移所得的低频电压幅度大，即鉴频灵敏度高。

（3）若线性段的频率范围大，则允许接收的频移大。

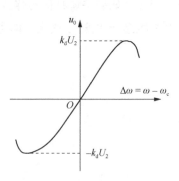

图 5.24　鉴频特性曲线

影响 S 曲线形状的主要因素是初、次级谐振回路的耦合程度（用耦合系数 k 表示）和品质因数 Q，以及两个回路的调谐情况。

在一定的 Q 值下，当初、次级回路均调谐于载频 ω_c 时，改变耦合系数 k，S 曲线的形状如图 5.25 所示。一般 k 可按下式取值：

$$k = \frac{1.5}{Q} \qquad (5\text{-}54)$$

此时，鉴频器的线性、带宽和灵敏度都比较好。

在一定的 k 值下，当初、次级回路均调谐于载频 ω_c 而改变 Q 时，S 曲线的形状如图 5.26 所示。

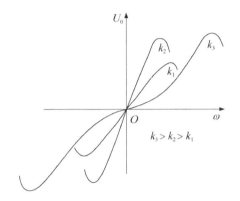

图 5.25　耦合系数 k 对 S 曲线的影响

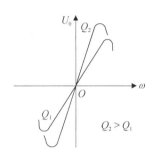

图 5.26　品质因数 Q 对 S 曲线的影响

通常 Q 可按下式选取：

$$Q \leqslant \frac{\omega_c}{2\Delta\omega_m} \qquad (5\text{-}55)$$

式中，$\Delta\omega_m$ 为调频波的最大频偏。假设谐振回路对载频失谐，则 S 曲线对载频点（$\omega = \omega_c$，$U_0 = 0$）的对称性将被破坏，图 5.27 和图 5.28 分别表示初级失谐和次级失谐两种情况下的 S 曲线。由图 5.27 和图 5.28 可以看出，由于 S 曲线不对称，导致实际可用的频率范围缩小，容易造成鉴频失真。因此，初、次级两个谐振回路，必须仔细地调谐。

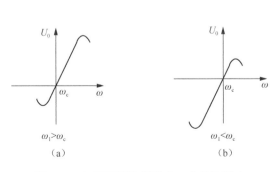

图 5.27　初级谐振角频率对 S 曲线的影响

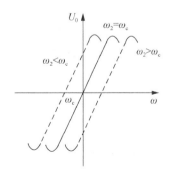

图 5.28　次级谐振频率对 S 曲线的影响

思考题与习题

5.1　若调制信号为锯齿波，如图 5.29 所示，大致画出调频波的波形图。

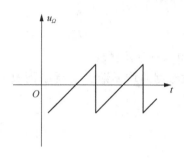

图 5.29　习题 5.1 的图

5.2　设调制信号 $U_{\Omega}(t) = U_{\Omega m}\cos\Omega t$；载波信号为 $U(t) = U_0\cos\omega_0 t$；调频的比例系数为 k_{f}，单位为 rad/(V·s)。

试写出调频波的以下各量。

（1）瞬时角频率 $\omega(t)$。

（2）瞬时相位 $\theta(t)$。

（3）最大频移 $\Delta\omega_{\mathrm{f}}$。

（4）调频指数 m_{f}。

（5）调频波的 $u_{\mathrm{FM}}(t)$ 的数学表达式。

5.3　为什么调幅波的调制系数不能大于 1，而角度调制的调制系数可以大于 1？

5.4　已知载波频率 f_s=100MHz，载波电压幅度 U_{m} 为 5V，调制信号 $U_{\Omega}(t)$=$\cos2\pi\times10^3 t$+$2\cos2\pi\times500t$。试写出调频波的数学表示式（设两调制信号最大频偏均为 $\Delta f_{\max}$=20kHz）。

5.5　载频振荡的频率为 f_c=25MHz，振幅为 U_{m}=4V，调制信号为单频余弦波，频率为 F=400Hz，频偏为 Δf=10kHz。

（1）写出调频波和调相波的数学表达式。

（2）若仅将调制频率变为 2kHz，其他参数不变，试写出调频波与调相波的数学表达式。

5.6　有一调幅波和一调频波，它们的载频均为 1MHz，调制信号均为 $u_{\Omega}(t) = 0.1\sin(2\pi\times10^3 t)$（单位为 V）。已知调频时，单位调制电压产生的频偏为 1kHz/V。

（1）试求调幅波的频带宽度 B_{AM} 和调频波的有效频带宽度 B_{FM}。

（2）若调制信号改为 $u_{\Omega}(t) = 20\sin(2\pi\times10^3 t)$，试求 B_{AM} 和 B_{FM}。

5.7　给定调频信号中心频率为 f_c=50MHz，频偏 Δf=75kHz，调制信号为正弦波。试求调频波在以下 3 种情况下的调制指数和频带宽度（按 10%的规定计算频带宽度）。

（1）调制信号频率为 F= 300Hz。

（2）调制信号频率为 F= 3kHz。

（3）调制信号频率为 F= 15kHz。

5.8　若调制信号频率为 400Hz，振幅为 2.4V，调制指数为 60。当调制信号频率降低为 250Hz 且振幅增大为 3.2V 时，调制指数将变为多少？

5.9　有一个鉴频器的鉴频特性曲线如图 5.30 所示。鉴频器的输出电压为

$u_0(t) = \cos 4\pi \times 10^4 t$ （单位为 V）。求：

（1）鉴频跨导 g_d。

（2）写出输入信号 $u_{FM}(t)$ 和调制信号 $U_\Omega(t)$ 的表达式。

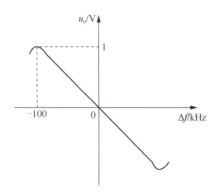

图 5.30 习题 5.9 的图

5.10 在斜率鉴频器中应用单谐振回路和在小信号选频放大器中应用单谐振回路的目的有何不同？Q 值的大小对二者的工作特性各有何影响？

5.11 为什么比例鉴频器有抑制寄生调频的作用？

第6章

混频电路

在通信电子电路中，一项常用的操作就是频率变换——使某个在特定频段的信号转移到更高或更低的频段上，在转换过程中，信号的所有频率分量都进行了同样的变换，转移了相同的数值，完成这种频率变换的电路就称为变频器。例如，在收音机或电视的接收端都采用了超外差的原理，即首先需要把接收的高频信号转移到中频信号的频段上。这样，电路中大多数的放大器和带通滤波器都工作在中频频段，因此，在接收不同频段的信号时，接收机的主要部分都无须调校。

变频器将输入信号 f_s 与本振信号 f_L 同时加到变频器上，经过频率变换后，通过中频滤波器输出中频信号 f_i。f_s 与 f_i 的包络形状完全相同，唯一的差别是信号载波从载波频率 f_s 变成了中频频率 f_i，而能起到频率变换作用的关键就在于电路中存在非线性器件。本章的主要研究内容有非线性电路的特性及其研究方法，以及一些常用的变频器电路和变频器中的干扰。

6.1 概述

常用的电子元器件有 3 类：线性器件、非线性器件和时变参量元件。线性器件的特点是器件参数与通过它的电流或施于其上的电压无关，常见电阻、电容和空心电感都是线性器件。理想电阻两端的电压和电流存在正比关系，电阻的大小与电压和电流无关。非线性器件的参数与通过它的电流或加在其上的电压有关，其参数是变化的，与静态工作点有关，并且可能出现负值。例如，通过二极管的电流大小不同，二极管的内阻便不同；三极管的电流放大倍数与静态工作点有关，处于不同的工作区时，三极管的跨导不同。时变参量元件是指元件参数按照一定规律随时间变化。例如，当有大小两个信号同时作用在晶体管的基极上时，由于大信号的控制作用，晶体管的静态工作点会随大信号的变化而变动，因此，对于小信号，可以将晶体管看作一个变跨导的线性器件，而跨导的大小只取决于大信号，与小信号无关。这时的晶体管就可以看作一个线性时变参量元件。

严格来说，一切实际元器件都是非线性的，但在一定条件下，元器件的非线性特性可以忽略，此时，可以将其近似看作线性器件。例如，在合适的静态工作点下，当输入信号很小时，其非线性不占主导地位，在分析时，为了简单起见，可以将三极管近似当作线性器件，认为其跨导或电流放大倍数保持不变。

由线性器件组成的电路称为线性电路，在三极管小信号放大电路中，三极管可近似认为是线性器件，因此该电路仍可认为是线性电路。非线性电路必定含有一个或多个非线性器件，而且所用的电子元器件都工作在非线性状态。例如，本章即将讨论的变频器电路及后续章节的高频功率放大器、振荡器与各种调制解调电路都属于非线性电路。在非线性电路中，由于非线性器件的非线性作用，在进行电路分析时，是不适用于叠加定理的，并且非线性电路可以产生新的频率分量，具有频率变换作用，又可以称为频谱搬移。

例如，若非线性器件的伏安特性如下：

$$i = kv^2 \tag{6-1}$$

则当在其上加上两个正弦电压

$$v_1 = V_{1m} \cos \omega_1 t$$
$$v_2 = V_{2m} \cos \omega_2 t \tag{6-2}$$

时，可知

$$v = v_1 + v_2 = V_{1m} \cos \omega_1 t + V_{2m} \cos \omega_2 t \tag{6-3}$$

将式（6-3）代入式（6-1），即可求出通过它的电流为

$$i = kV_{1m}^2 \cos^2 \omega_1 t + kV_{2m}^2 \cos^2 \omega_2 t + 2kV_{1m}V_{2m} \cos \omega_1 t \cos \omega_2 t \tag{6-4}$$

从式（6-3）中可以看出，对于非线性器件，叠加定理已经不再适用了。

对式（6-3）运用三角公式进行进一步整理，得

$$i = \frac{k}{2}\left(V_{1m}^2 + V_{2m}^2\right) + kV_{1m}V_{2m} \cos\left(\omega_1 + \omega_2\right)t + kV_{1m}V_{2m} \cos\left(\omega_1 - \omega_2\right)t + \frac{k}{2}V_{1m}^2 \cos 2\omega_1 t + \frac{k}{2}V_{2m}^2 \cos 2\omega_2 t \tag{6-5}$$

可以看出，该非线性器件的输出电流中不仅含有输入电压频率的二次谐波 $2\omega_1$ 和 $2\omega_2$，还出现了 ω_1 和 ω_2 的和频 $\omega_1+\omega_2$ 与差频 $\omega_1-\omega_2$ 及直流成分。这些都是输入电压 v 中没有的频率成分。

非线性电路在进行频率变换时，根据频谱结构是否发生变化可以分为线性搬移和非线性搬移。频谱的线性搬移是指搬移前后的频谱结构不发生变化，只在频域上做简单的移动，如调幅及其解调、混频等。频谱的线性搬移如图 6.1 所示。

图 6.1　频谱的线性搬移

频谱的非线性搬移是指输入信号的频谱不但在频域上搬移，而且频谱结构也发生了变化，如调频、调相及其解调等，如图 6.2 所示。

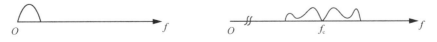

图 6.2　频谱的非线性搬移

非线性电路的分析方法包括幂级数展开法、线性时变电路分析法和开关函数分析法。以下分别介绍这 3 种分析方法。

1. 幂级数展开法

非线性器件的伏安特性可用下面的非线性函数式表示：

$$i = f(u) \tag{6-6}$$

式中，u 为加在非线性器件上的电压。一般情况下，$u = E_Q + u_1 + u_2$，其中，E_Q 为静态工作点的电动势，u_1 和 u_2 为两个输入电压。

用泰勒级数将式（6-5）展开，可得

$$i = a_0 + a_1(u_1 + u_2) + a_2(u_1 + u_2)^2 + \cdots + a_n(u_1 + u_2)^n + \cdots$$
$$= \sum_{n=0}^{\infty} a_n(u_1 + u_2)^n \tag{6-7}$$

式中，a_n（$n=0,1,2,\cdots$）为各次方项的系数，由式（6-7）可确定

$$a_n = \frac{1}{n!} \frac{\mathrm{d}^n f(u)}{\mathrm{d}u^n}\bigg|_{u=E_Q} = \frac{1}{n!} f^n(E_Q) \tag{6-8}$$

如果直接用式（6-7）表示的幂级数，或者级数的项数取得过多，那么计算会变得非常复杂。在实际的工程应用中，常常取级数的若干项就够了，并且，根据实际信号的大小还可以做一些近似和项数的取舍。下面对几种特殊情况进行讨论。

（1）令 $u_2=0$，且 $u_1 = U_1 \cos \omega_1 t$。

此时只有一个输入信号，将 u_1 和 u_2 的表达式代入式（6-7），可得

$$i = \sum_{n=0}^{\infty} a_n u_1^n = \sum_{n=0}^{\infty} a_n U_1^n \cos^n \omega_1 t \tag{6-9}$$

利用三角变换，式（6-9）可以变为

$$i = \sum_{n=0}^{\infty} b_n U_1^n \cos n\omega_1 t \tag{6-10}$$

可见，当仅有一个输入信号时，输出信号中出现了输入信号频率的基波及各次谐波分量，不能产生其他任意的频率分量。若要实现频谱的线性搬移，则还需要引入另一个信号 u_2。

（2）令 $u_1 = U_1 \cos \omega_1 t$，且 $u_2 = U_2 \cos \omega_2 t$。

当两个信号 u_1、u_2 作用于非线性器件时，根据式（6-7）可知，输出电流中会存在大量的乘积项 $u_1^{n-m} u_2^m$，而如果需要进行频谱的线性搬移，那么最关键的和频与差频分量是由二次方项 $2a_2 u_1 u_2$ 产生的，而其他不需要的项则可以通过滤波器滤掉。

由于作用在非线性器件上的两个电压均为余弦信号，所以可以利用三角函数的积化和差公式：

$$\cos x \cos y = \frac{1}{2} \cos(x-y) + \frac{1}{2} \cos(x+y) \tag{6-11}$$

即输出电流 i 中将包含由式（6-11）表示的无限多个组合频率分量：

$$\omega_{pq} = |\pm p\omega_1 \pm q\omega_2| \tag{6-12}$$

例 6-1：设某非线性器件的伏安特性可以用一个如下的 3 次多项式来表示：

$$i = b_0 + b_1(v_1 + v_2) + b_2(v_1 + v_2)^2 + b_3(v_1 + v_2)^3 \tag{6-13}$$

式中，$v_1 = V_{1m} \cos \omega_1 t$；$v_2 = V_{2m} \cos \omega_2 t$。分析该非线性器件输出电流中的频率分量有哪些？

将 v_1 和 v_2 代入式（6-13），有

$$i = b_0 + \frac{1}{2}b_2V_{1m}^2 + \frac{1}{2}b_2V_{2m}^2 +$$

$$\left(b_1V_{1m} + \frac{3}{4}b_3V_{1m}^3 + \frac{3}{2}b_3V_{1m}V_{2m}^2\right)\cos\omega_1 t +$$

$$\left(b_1V_{2m} + \frac{3}{4}b_3V_{2m}^3 + \frac{3}{2}b_3V_{1m}^2V_{2m}\right)\cos\omega_2 t +$$

$$\frac{1}{2}b_2V_{1m}^2\cos 2\omega_1 t + \frac{1}{2}b_2V_{2m}^2\cos 2\omega_2 t + \qquad (6\text{-}14)$$

$$b_2V_{1m}V_{2m}\cos(\omega_1+\omega_2)t + b_2V_{1m}V_{2m}\cos(\omega_1-\omega_2)t +$$

$$\frac{1}{4}b_3V_{1m}^3\cos 3\omega_1 t + \frac{1}{4}b_3V_{2m}^3\cos 3\omega_2 t +$$

$$\frac{3}{4}b_3V_{1m}^2V_{2m}\cos(2\omega_1+\omega_2)t + \frac{3}{4}b_3V_{1m}^2V_{2m}\cos(2\omega_1-\omega_2)t +$$

$$\frac{3}{4}b_3V_{1m}V_{2m}^2\cos(\omega_1+2\omega_2)t + \frac{3}{4}b_3V_{1m}V_{2m}^2\cos(\omega_1-2\omega_2)t$$

根据式（6-14）可以确定最终电流中的频率成分，可以得出以下结论。

① 由于伏安特性的非线性，在输出电流中，除了基波分量 ω_1 和 ω_2，还产生了输入电压中没有的频率成分，包括直流分量，谐波分量 $2\omega_1$、$2\omega_2$、$3\omega_1$ 和 $3\omega_2$，以及组合频率分量 $\omega_1+\omega_2$、$\omega_1-\omega_2$、$\omega_1+2\omega_2$ 和 $\omega_1-2\omega_2$、$2\omega_1+\omega_2$ 和 $2\omega_1-\omega_2$。

② 式（6-14）中，伏安特性的多项式的最高次数为 3，可以看出，电流分量中最高谐波的次数不超过 3，各组合频率分量的系数之和最高也不超过 3。如果幂多项式的最高次数为 n，则电流的最高谐波次数不超过 n；若将组合频率分量表示为 $\omega_{pq} = |\pm p\omega_1 \pm q\omega_2|$，$q=0,1,2,\cdots,n$，$p=0,1,2,\cdots,n$，$p$、$q$ 称为组合频率分量的阶数，则有

$$p+q \leqslant n \qquad (6\text{-}15)$$

③ 凡是 $p+q$ 为偶数的组合频率分量，均由幂级数中 n 为偶数且大于或等于 $p+q$ 的各次方项产生；凡是 $p+q$ 为奇数的组合频率分量，均由幂级数中 n 为奇数且大于或等于 $p+q$ 的各次方项产生。

例 6-2：某非线性器件的伏安关系为 $i = a_0 + a_1v + a_3v^3$，其中 a_0、a_1 和 a_3 均不为零，且该非线性器件上所加电压信号是频率为 150kHz 和 200kHz 的正弦波，问输出电流信号中是否能出现频率为 50kHz 和 350kHz 的信号？

解：由于 50kHz=200kHz-150kHz，所以对应的阶数 $p=1$、$q=1$，根据上述组合频率分量的产生规律，组合分量应该由伏安特性多项式中 $n \geqslant 2$ 的偶数次方项产生。

同样，350kHz=200kHz+150kHz，因此对应的阶数 $p=1$、$q=1$，根据上述组合频率分量的产生规律，组合分量应该由伏安特性多项式中 $n \geqslant 2$ 的偶数次方项产生。

而由该非线性器件的伏安特性可知，该多项式中不存在 $n \geqslant 2$ 的偶数次方项，因此，输出电流信号中不存在频率为 50kHz 和 350kHz 的信号。

2. 线性时变电路分析法

若 u_1 的振幅远远小于 u_2 的振幅，则对式（6-6）在 E_Q+u_2 上对 u_1 用泰勒级数展开，有

$$i = f\left(E_Q + u_1 + u_2\right)$$

$$= f\left(E_Q + u_2\right) + f'\left(E_Q + u_2\right)u_1 + \frac{1}{2!}f''\left(E_Q + u_2\right)u_1^2 + \cdots + \qquad (6\text{-}16)$$

$$\frac{1}{n!}f^{(n)}\left(E_Q + u_2\right)u_1^n + \cdots$$

在式（6-16）中，各系数均是 u_2 的函数，又由于 u_2 是时间的函数，所以又称为时变系数或时变参数。又由于 u_1 足够小，所以可以忽略式（6-16）中 u_1 的 2 次方项及以上各次方项。此时，式（6-16）可简化为

$$i \approx f\left(E_Q + u_2\right) + f'\left(E_Q + u_2\right)u_1 \qquad (6\text{-}17)$$

令 $I_0(t) = f(E_Q + u_2)$ 表示输入信号 $u_1=0$ 时的电流，又称为时变静态电流；$g(t) = f'(E_Q + u_2)$ 称为时变电导或时变跨导，则可得

$$i = I_0\left(t\right) + g\left(t\right)u_1 \qquad (6\text{-}18)$$

可以看出，就输出电流 i 与输入电压 u_1 的关系而言是线性的，但它们的系数是时变的，故称为线性时变电路。

考虑 u_1 和 u_2 都是余弦信号的情况，即 $u_1=U_1\cos\omega_1 t$，$u_2=U_2\cos\omega_2 t$，时变偏置电压 $E_Q(t) = E_Q + U_2\cos\omega_2 t$ 为一周期性函数，故 $I_0(t)$、$g(t)$ 也必为周期性函数，可用傅里叶级数展开，得

$$I_0(t) = f\left(E_Q + U_2\cos\omega_2 t\right) = I_{00} + I_{01}\cos\omega_2 t + I_{02}\cos2\omega_2 t + \cdots \qquad (6\text{-}19)$$

$$g(t) = f'\left(E_Q + U_2\cos\omega_2 t\right) = g_0 + g_1\cos\omega_2 t + g_2\cos2\omega_2 t + \cdots \qquad (6\text{-}20)$$

式（6-19）和式（6-20）的系数可直接由傅里叶系数公式求得

$$I_{00} = \frac{1}{2\pi}\int_{-\pi}^{\pi} f\left(E_Q + U_2\cos\omega_2 t\right)\mathrm{d}\omega_2 t \qquad (6\text{-}21)$$

$$I_{0k} = \frac{1}{\pi}\int_{-\pi}^{\pi} f\left(E_Q + U_2\cos\omega_2 t\right)\cos k\omega_2 t\mathrm{d}\omega_2 t \quad k=1,2,3,\cdots \qquad (6\text{-}22)$$

$$g_0 = \frac{1}{2\pi}\int_{-\pi}^{\pi} f'\left(E_Q + U_2\cos\omega_2 t\right)\mathrm{d}\omega_2 t \qquad (6\text{-}23)$$

$$g_k = \frac{1}{\pi}\int_{-\pi}^{\pi} f'\left(E_Q + U_2\cos\omega_2 t\right)\cos k\omega_2 t\mathrm{d}\omega_2 t \quad k=1,2,3,\cdots \qquad (6\text{-}24)$$

将 $u_1=U_1\cos\omega_1 t$ 与式（6-19）和式（6-20）代入式（6-18），利用三角公式，可得

$$i = I_{00} + I_{01}\cos\omega_2 t + I_{02}\cos\omega_2 t + \cdots + \left(g_0 + g_1\cos\omega_2 t + g_2\cos\omega_2 t + \cdots\right)U_1\cos\omega_1 t \quad (6\text{-}25)$$

可以看出，输出电流中的频率分量有直流，ω_1、ω_1 的各次谐波，ω_2 及 ω_2 的各次谐波，ω_1 的组合频率分量 $\left|\pm q\omega_2 \pm \omega_1\right|$，与式（6-12）中由幂级数分析法得到的组合频率分量 $\left|\pm q\omega_2 \pm p\omega_1\right|$ 进行比较，可以发现去除了 p 大于 1、q 为任意值的众多组合频率分量。但这并不意味着线性时变电路不会产生 p 大于 1、q 为任意值的组合频率分量，而是由于在采用线性时变分析法时，必须满足一个信号较小的要求，导致这些组合频率分量相对于低阶分量很小而被忽略。

3. 开关函数分析法

在某些情况下，非线性器件会受一个大信号的控制，轮换地导通和截止，实际上起着一个开关的作用。例如，在如图 6.3 所示的电路中，两个信号 u_1 和 u_2 同时加到非线性器件二极

管 D 的两端，假设 u_1 是一个小信号，而 u_2 则是一个振幅足够大的信号。

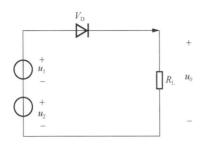

图 6.3　大、小两信号同时作用于二极管时的原理图

若 u_1 和 u_2 均为余弦信号，且 $u_1 = U_1 \cos\omega_1 t$，$u_2 = U_2 \cos\omega_2 t$，则二极管 D 在 u_2 的正半周导通、负半周截止，随着 u_2 的周期性变化，二极管会在导通和截止状态上交替变化，工作于开关状态，我们将大信号 u_2 称为控制信号，且加在二极管两端的电压 u_D 为

$$u_D = u_1 + u_2 \tag{6-26}$$

根据如图 6.4 所示的二极管的折线模型可知，在大信号 u_2 的负半周，即 $u_2 < 0$，二极管 D 将截止，通过二极管的电流为 0；而在 u_2 的正半周，即 $u_2 > 0$，二极管 D 将导通，通过二极管的电流为（假设二极管的导通电阻为 r_D）

$$i = \frac{1}{r_D + R_L}(u_1 + u_2) \tag{6-27}$$

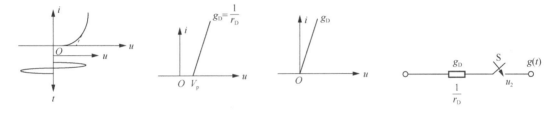

图 6.4　二极管的折线模型

若将二极管的开关作用用开关函数 $S(t)$ 来表达：

$$S(t) = \begin{bmatrix} 1\ (u_2 > 0) \\ 0\ (u_2 < 0) \end{bmatrix} \tag{6-28}$$

则通过二极管的电流 i 可以表示为

$$i = \frac{1}{r_D + R_L} S(t)(u_1 + u_2) \tag{6-29}$$

可以看出，上述电路也是一种线性时变电路，可以看作二极管的跨导受 u_2 的控制进行周期性的变化，其时变跨导为

$$g(t) = \frac{1}{r_D + R_L} S(t) \tag{6-30}$$

令 $g_D = \dfrac{1}{r_D + r_L}$ 为二极管的跨导，式（6-29）又可以写为

$$i = g_D S(t)(u_1 + u_2) = g_D S(t) u_D \tag{6-31}$$

由于 u_2 为周期信号，所以开关函数 $S(t)$ 是一个周期与 u_2 相同的周期函数，其波形如图 6.5

所示。可以看出，它是一个振幅为 1 的矩形脉冲序列，其频率与 u_2 一致，故其周期为

$$T = \frac{2\pi}{\omega_2} \tag{6-32}$$

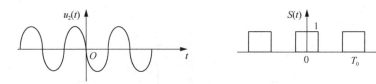

图 6.5　开关控制信号及开关函数的波形

对开关函数 $S(t)$，可以进行傅里叶级数展开，有

$$S(t) = \frac{1}{2} + \frac{2}{\pi}\cos\omega_2 t - \frac{2}{3\pi}\cos 3\omega_2 t + \frac{2}{5\pi}\cos 5\omega_2 t - \cdots + (-1)^{n+1}\frac{2}{(2n-1)\pi}\cos(2n-1)\omega_2 t + \cdots \tag{6-33}$$

将式（6-33）代入式（6-31），可得流经二极管的电流为

$$i = g_D\left[\frac{1}{2} + \frac{2}{\pi}\cos\omega_2 t - \frac{2}{3\pi}\cos 3\omega_2 t + \frac{2}{5\pi}\cos 5\omega_2 t - \cdots\right]u_D \tag{6-34}$$

将 $u_D = U_1\cos\omega_1 t + U_2\cos\omega_2 t$ 代入式（6-34），可以看出，电流中含有的频率成分如下。

（1）输入信号 u_1 和控制信号 u_2 的频率分量 ω_1 与 ω_2。

（2）控制信号 u_2 的频率 ω_2 的偶次谐波分量。

（3）输入信号 u_1 的频率 ω_1 与控制信号 u_2 的奇次谐波分量的组合频率分量 $(2n+1)\omega_2 \pm \omega_1$，$n = 0, 1, 2, \cdots$。

（4）直流成分。

6.1.1　变频电路的概念

变频电路又称混频电路，通常指将已调高频信号的载波频率从高频变为中频，同时必须保持其调制规律不变的一种线性频谱搬移过程，这种电路也称为混频器或变频器。变频前后信号的频谱如图 6.6 所示。

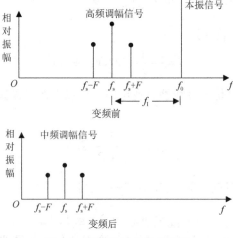

图 6.6　变频前后信号的频谱

由图 6.6 可知，经过变频后，原来输入的高频调幅信号在输出端变换为中频调幅信号，两者相比只是把调幅信号的频率从高频位置移到了中频位置，而各频谱分量的相对大小和相互间的距离保持一致。

值得注意的是，高频调幅信号的上边频变成了中频调幅信号的下边频，而高频调幅信号的下边频变成了中频调幅信号的上边频。原因是变频后，输出信号中频 f_I 与高频调幅信号载波频率 f_s 和本振信号频率 f_0 之间的关系为

$$f_\text{I} = f_0 - f_\text{s} \tag{6-35}$$

而 $f_0 - (f_\text{s} + F) = f_0 - f_\text{s} - F = f_\text{I} - F$，可知输入信号的上边频经混频后变成了中频调幅信号的下边频。由 $f_0 - (f_\text{s} - F) = f_0 - f_\text{s} + F = f_\text{I} + F$ 可知，输入信号的下边频经混频后变成了中频调幅信号的上边频。

在实际应用中，也可能将高频信号变为频率更高的高中频。这时，同样只是把已调高频信号的载波频率变为更高的高中频，但调制规律保持不变。在频谱上也只是把已调波的频谱从高频位置移到了高中频位置，各频谱分量的相对大小和相互间的距离并不发生变化。对输出高中频的情况，在电路中，一般将取本振信号和输入信号频率的和频的变频电路称为上变频器，而将取本振信号和输入信号频率的差频的变频电路称为下变频器。

下面介绍衡量变频器性能的一些主要指标。

1. 变频增益

变频增益有电压增益 A_vc 和功率增益 A_pc 两种。

电压增益：

$$A_\text{vc} = \frac{\text{中频输出电压} V_\text{Im}}{\text{高频输入电压} V_\text{Sm}}$$

功率增益：

$$A_\text{pc} = \frac{\text{中频输出信号功率} p_\text{I}}{\text{高频输入信号功率} p_\text{s}} \tag{6-36}$$

对接收机而言，A_vc（或 A_pc）越大，越有利于提高其灵敏度。

2. 选择性

变频器在变频过程中除产生有用的中频信号外，还会产生许多频率项。要使变频器输出只含有所需的中频信号，而对其他各种频率的干扰予以抑制，就要求输出回路具有良好的选择性。

3. 失真和干扰

失真包括线性失真（频率失真）和非线性失真。非线性失真是指由于变频器工作在非线性状态，导致在输出端除了获得需要的中频信号，还会在变频过程中出现很多不需要的频率分量，其中一部分刚好在中频回路的通频带范围内，使中频信号与输入信号的包络不一样，产生包络失真。另外，在变频过程中还将产生组合频率干扰（交调干扰）、交叉调制干扰、互调干扰等，这些干扰的存在会影响正常通信。这些是变频器产生的特有干扰，在后面会详细讨论。因此，在设计和调整电路时，应尽量减小失真和干扰。

4．噪声系数

由于变频器位于接收机的前端，它产生的噪声对整机的影响最大，故要求变频器本身的噪声系数越小越好。

6.1.2　二极管平衡混频

图 6.7（a）所示为二极管平衡混频器的电路，图 6.7（b）所示为其等效电路。其中变压器的中心抽头两边是对称的，且有 $u_2 = U_2 \cos\omega_2 t$，$u_1 = U_1 \cos\omega_1 t$，而且 U_2 远高于 U_1。由图 6.7 可见，本振信号电压 u_2 同相地加在二极管 VD1 和 VD2 上，信号电压 u_1 反向地加在二极管 VD1 和 VD2 上。与单二极管电路类似，二极管 VD1 和 VD2 都处于大信号控制状态下，交替工作在截止区和线性区，二极管的伏安特性可用折线近似。加到两个二极管上的电压为

$$u_{D1} = u_2 + u_1 \tag{6-37}$$

$$u_{D2} = u_2 - u_1 \tag{6-38}$$

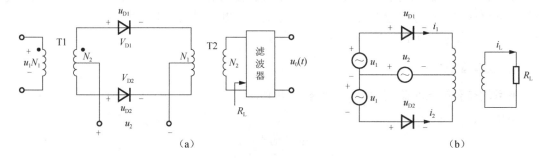

图 6.7　二极管平衡混频器

由于加到两个二极管上的控制电压 u_2 是同相的，因此两个二极管的导通、截止时间是相同的，其时变电导也是相同的。由此可得流过两个二极管的电流 i_1、i_2 分别为

$$i_1 = g_1(t)u_{D1} = g_D S(t)(u_2 + u_1) \tag{6-39}$$

$$i_2 = g_1(t)u_{D2} = g_D S(t)(u_2 - u_1) \tag{6-40}$$

经过变压器后，负载上的输出电流为

$$i_L = i_{L1} - i_{L2} = i_1 - i_2 \tag{6-41}$$

将式（6-39）和式（6-40）代入式（6-41），可得

$$i_L = 2g_D S(t)u_1 \tag{6-42}$$

已知 $u_1 = U_1 \cos\omega_1 t$，代入式（6-42），可得

$$i_L = g_D U_1 \cos\omega_1 t + \frac{2}{\pi} g_D U_1 \cos(\omega_2 + \omega_1)t + \frac{2}{\pi} g_D U_1 \cos(\omega_2 - \omega_1)t -$$
$$\frac{2}{3\pi} g_D U_1 \cos(3\omega_2 + \omega_1)t - \frac{2}{3\pi} g_D U_1 \cos(3\omega_2 - \omega_1)t + \cdots \tag{6-43}$$

可以看出，输出电流 i_L 中的频率分量包含以下几项。

（1）输入信号 u_1 的频率分量 ω_1。

（2）输入信号 u_1 的频率 ω_1 与控制信号 u_2 的奇次谐波分量的组合频率分量 $(2n+1)\omega_2 \pm \omega_1$，

$n=0,1,2,\cdots$。

（3）由于存在 $\omega_2 \pm \omega_1$ 频率分量，所以二极管平衡混频器可以实现混频。与晶体管混频电路产生的频率分量 ω_1、ω_2 的各次谐波 $q\omega_2$、ω_2 的各次谐波与 ω_1 的组合频率分量 $|\pm q\omega_2 \pm \omega_1|$ 相比，可以发现，二极管平衡混频器输出信号的组合频率分量减少了，消去了 u_2 的基波分量和各次谐波分量。没有了本振频率 ω_2，说明本地振荡没有反向辐射，不会影响振荡器的正常工作；没有了 ω_2 的各次谐波，说明在输出中频回路选择性不够好的条件下，不会影响第一级中放的静态工作点。

（4）经过二极管平衡混频器混频后得到的中频输出电压为

$$u_L = \frac{2}{\pi} g_D \cos(\omega_2 - \omega_1) t R_L \tag{6-44}$$

6.1.3　二极管环形混频

为了进一步抑制混频器中产生的干扰，二极管环形混频器被广泛应用，其电路原理图如图 6.8 所示，其等效电路如图 6.9 所示。可以看出，4 只二极管的方向一致，组成一个环路，故称二极管环形电路。其中变压器的中心抽头两边是对称的，且有 $u_2 = U_2 \cos\omega_2 t$，$u_1 = U_1 \cos\omega_1 t$，而且 U_2 远高于 U_1。因此 4 个二极管均在 u_2 的控制下按开关状态工作。当 $u_2 > 0$ 时，二极管 VD1 和 VD2 导通、VD3 和 VD4 截止，其等效电路如图 6.10 所示。可以发现，此时的混频器相当于一个二极管平衡混频器；当 $u_2 < 0$ 时，二极管 VD1 和 VD2 截止、VD3 和 VD4 导通，其等效电路如图 6.11 所示，此时的混频器也相当于一个二极管平衡混频器。因此，二极管环形电路可看成是由两个平衡电路组成的，故又称为二极管双平衡电路。

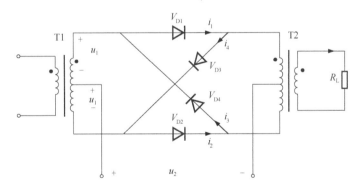

图 6.8　二极管环形混频器的电路原理图

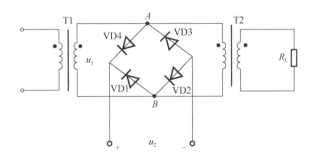

图 6.9　二极管环形混频器的等效电路

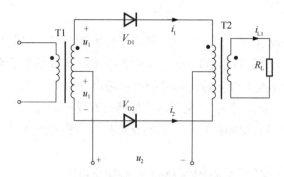

图 6.10　$u_2 > 0$ 时的等效电路

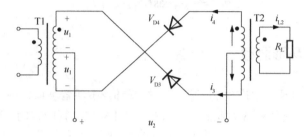

图 6.11　$u_2 < 0$ 时的等效电路

根据等效电路中电流的方向，两个平衡电路在负载 R_L 上产生的总电流为

$$i_L = i_{L1} + i_{L2} = (i_1 - i_2) + (i_3 - i_4) \tag{6-45}$$

利用式（6-42）中平衡二极管混频器的分析结果，可知 $i_{L1} = 2g_D S(t) u_1$ 且有

$$i_{L2} = -2g_D S\left(t - \frac{T_2}{2}\right)u_1 = -2g_D S^*(t)u_1 \tag{6-46}$$

式中，$S^*(t)$ 是对应于图 6.11 中本振电压 u_2 电压极性的开关函数，与 $S(t)$ 的区别在于它们在开关时间上相差半个周期，如图 6.12 所示。

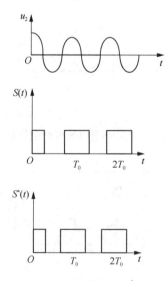

图 6.12　开关函数 $S(t)$ 与 $S^*(t)$ 的关系

与 $S(t)$ 类似，对 $S^*(t)$ 也可以进行傅里叶级数展开，$S^*(t)$ 可以写为

$$S^*(t) = \frac{1}{2} - \frac{2}{\pi}\cos\omega_2 t + \frac{2}{3\pi}\cos 3\omega_2 t - \frac{2}{5\pi}\cos 5\omega_2 t + \cdots + (-1)^n\frac{2}{(2n+1)\pi}\cos(2n+1)\omega_2 t + \cdots \quad (6\text{-}47)$$

根据式（6-43）及式（6-47），可以得到

$$S(t) - S^*(t) = \frac{4}{\pi}\cos\omega_2 t - \frac{4}{3\pi}\cos 3\omega_2 t + \frac{4}{5\pi}\cos 5\omega_2 t + \cdots + (-1)^{n+1}\frac{4}{(2n+1)\pi}\cos(2n+1)\omega_2 t + \cdots \quad (6\text{-}48)$$

因此负载上的电流为

$$\begin{aligned} i_L = & \frac{4}{\pi}g_D U_1\cos(\omega_2 + \omega_1)t + \frac{4}{\pi}g_D U_1\cos(\omega_2 - \omega_1)t - \\ & \frac{4}{3\pi}g_D U_1\cos(3\omega_2 + \omega_1)t - \frac{4}{3\pi}g_D U_1\cos(3\omega_2 - \omega_1)t + \\ & \frac{4}{5\pi}g_D U_1\cos(5\omega_2 + \omega_1)t - \frac{4}{5\pi}g_D U_1\cos(5\omega_2 - \omega_1)t \end{aligned} \quad (6\text{-}49)$$

可见，输出电流 i_L 中只有控制信号 u_2 的奇次谐波分量与输入信号 u_1 频率 ω_1 的组合频率分量 $(2n+1)\omega_2 \pm \omega_1$。与二极管平衡混频电路相比，二极管环形混频电路又消除了输入信号 u_1 的频率分量 ω_1，且输出频率分量的幅度等于二极管平衡混频电路的 2 倍。

二极管环形混频器组件由精密配对的肖特基二极管及传输线变压器装配而成，装入前经过严格的筛选，能承受强烈的振动、冲击和温度循环，并具有动态范围大、损耗低、频谱纯等特点。

实际二极管环形混频器封装及内部电路如图 6.13 所示。

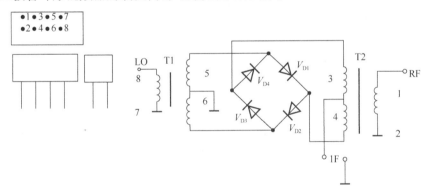

图 6.13　实际二极管环形混频器封装及内部电路图

目前，二极管环形混频器组件的应用已远远超出了混频的范围，作为通用组件，可广泛应用于振幅调制、振幅解调、混频及实现其他的功能。

6.1.4　晶体管混频器分析

晶体管混频器有较大的变频增益，在中短波接收机和测量仪器中曾广泛采用。目前虽已逐渐由差分对管混频器和二极管平衡混频器取代，但作为混频器的基本电路，了解它对混频电路的理解依然很有意义。

当在晶体管的基极与发射极之间加入本振电压 V_0（大信号）和信号电压 V_S（小信号）时，如图 6.14 所示，根据如图 6.15 所示的晶体管转移特性曲线可知，晶体管的跨导会随本振电压 V_0 的变化进行周期性的变化，对信号电压 V_S 来说，在其变化的动态范围内，近似认为晶体管

跨导不产生变化，晶体管工作在线性状态。此时的晶体管可以看作线性时变参量元件，当高频信号 V_S 通过线性时变参量元件时，在晶体管中便会产生各种频率分量，达到变频的目的。但此时的电路与前述的非线性电路的工作原理不同，区别主要在于这种电路中信号电压是很小的，因此信号电压对元件参量的影响很小，可以近似认为是线性的。因此，若有多个小信号同时作用，则可以运用叠加定理。

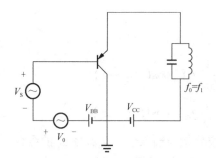

图 6.14　晶体管混频器的原理电路图

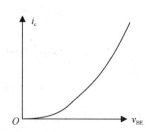

图 6.15　晶体管转移特性曲线

如果忽略输出电压的反作用，则晶体管的集电极电流与基极电压存在如下函数关系：

$$i_c = f(v_{BE}) = f(V_{BB} + V_0 + V_S) \tag{6-50}$$

式中，V_{BB} 为直流工作点电压，$V_{BB} + V_0 = V_B(t)$ 作为时变偏置电压，随着 V_0 的变化，可以发现 $V_B(t)$ 是时变的：

$$i_c = f[V_B(t) + V_S] \tag{6-51}$$

将式（6-51）对 V_S 进行泰勒级数展开，可以得到

$$i_c = f[V_B(t)] + f'[V_B(t)]V_S + \frac{1}{2!}f''[V_B(t)]V_S^2 + \cdots \tag{6-52}$$

由于 V_S 很小，所以 2 次方及以上的项可以省略，此时可得到下面的近似方程：

$$i_c = f[V_B(t)] + f'[V_B(t)]V_S \tag{6-53}$$

式中，$f[V_B(t)]$ 为 $V_{BE} = V_B(t)$ 时晶体管的集电极电流 $I_0(t)$；$f'[V_B(t)]$ 为 $V_{BE} = V_B(t)$ 时晶体管的跨导 $g(t)$。可以看出，晶体管集电极输出电流 i_c 与输入电压 V_S 的关系是线性的，但它们的系数是时变的。

考虑到 V_0 和 V_S 都是余弦信号，$V_S = V_{Sm}\cos\omega_1 t$，$V_0 = V_{0m}\cos\omega_2 t$，时变偏置电压 $V_B(t) = V_{BB} + V_{0m}\cos\omega_2 t$ 为一周期性函数，故 $I_0(t)$、$g(t)$ 也必为周期性函数，可用傅里叶级数展开，得

$$I_0(t) = f[V_B(t)] = f(V_B + V_0) = I_{C0} + I_{Cm1}\cos\omega_2 t + I_{Cm2}\cos 2\omega_2 t + \cdots \tag{6-54}$$

$$g(t) = f'[V_B(t)] = g_0 + g_1\cos\omega_2 t + g_2\cos 2\omega_2 t + \cdots \tag{6-55}$$

式中，g_1 为基波分量；g_0 为平均分量。

将 $V_S = V_{Sm}\cos\omega_1 t$，以及式（6-54）和式（6-55）代入式（6-53），可得

$$
\begin{aligned}
i_c &= I_0(t) + g(t)V_S \\
&= I_{C0} + I_{Cm1}\cos\omega_2 t + I_{Cm2}\cos 2\omega_2 t + \cdots + (g_D + g_1\cos\omega_2 t + g_2\cos 2\omega_2 t + \cdots)V_{Sm}\cos\omega_1 t \\
&= I_{C0} + I_{Cm1}\cos\omega_2 t + I_{Cm2}\cos 2\omega_2 t + \cdots + V_{Sm}\Big[g_0\cos\omega_2 t + \frac{g_1}{2}\cos(\omega_2 - \omega_1)t + \\
&\quad \frac{g_1}{2}\cos(\omega_2 + \omega_1)t + \frac{g_2}{2}\cos(2\omega_2 - \omega_1)t + \frac{g_2}{2}\cos(2\omega_2 + \omega_1)t + \cdots \Big]
\end{aligned}
\tag{6-56}
$$

若中频频率取差频 $\omega_1 = \omega_2 - \omega$ ，则混频后输出的中频电流为式（6-53）。

得到中频电流的振幅为

$$I_{1m} = \frac{g_1}{2} V_{Sm} \tag{6-57}$$

输出的中频电流振幅 I_{1m} 与输入高频信号电压振幅 V_{Sm} 之比称为变频跨导，用 g_c 表示：

$$g_c = \frac{g_1}{2} \tag{6-58}$$

若中频频率取 $\omega_1 = 2\omega_2 - \omega_1$ ，则混频后输出的中频电流为 $i_1 = g_c V_{Sm} \cos \omega_1 t$ ，而此时的变频跨导为

$$g_c = \frac{1}{2} g_2 \tag{6-59}$$

变频跨导 g_c 可以从 g_1 或 g_2 中求得，而根据式（6-55）可知， g_1 为 $g(t)$ 的傅里叶系数，故有

$$g_1 = \frac{1}{\pi} \int_{-\pi}^{\pi} g(t) \cos \omega_2 t \mathrm{d}\omega_2 t \tag{6-60}$$

$$g_2 = \frac{1}{\pi} \int_{-\pi}^{\pi} g(t) \cos 2\omega_2 t \mathrm{d}\omega_2 t \tag{6-61}$$

6.1.5　晶体管混频器参数的求法

傅里叶系数的计算一般采用以下两种方法。

1. 解析法

若已知电流和电压的转移函数 $i = f(V_{BE}) = a_0 + a_1 V_{BE} + a_2 V_{BE}^2 + a_3 V_{BE}^3 + \cdots$ ，则可以把 V_{BE} 的表达式代入并展开，即可得到系数 g_1 。

例 6-3：已知 $i = a + bu^2 + cu^3$ ， $U = E_{bo} + V_{\cos \omega_s t} + V_{\cos g\omega_L t}$ ，求 g_1 、 g_2 与使 $\omega_L - \omega_s$ 和 $2\omega_L - \omega_s$ 调谐时的 g_c 。

解：① 由于 $g(t) = f'[E_b(t)]$ 且 $E_b(t) = E_{bo} + U_L \cos \omega_L t$ ，所以有

$$\begin{aligned}
g(t) &= 2b(E_{bo} + U_L \cos \omega_L t) + 3c(E_{bo} + U_L \cos \omega_L t)^2 \\
&= g_0 + g_1 \cos \omega_L t + g_2 \cos 2\omega_L t + g_3 \cos 3\omega_L t + \cdots \\
&= 2bE_{bo} + 2bU_L \cos \omega_L t + 3c(E_{bo}^2 + 2E_{bo}U_L \cos \omega_L t + U_L^2 \cos^2 \omega_L t) \\
&= 2bE_{bo} + 3cE_{bo}^2 + 2bU_L \cos \omega_L t + 6cE_{bo}U_L \cos \omega_L t + 3cU_L^2 \cos^2 \omega_L t \\
&= (2bE_{bo} + 3cE_{bo}^2) + (2bU_L + 6cE_{bo}U_L)\cos \omega_L t + 3cU_L^2 \cos^2 \omega_L t \\
&= 2bE_{bo} + 3cE_{bo}^2 + (2bU_L + 6cE_{bo}U_L)\cos \omega_L t + 3/2U_L^2 c + \frac{3}{2}cU_L^2 \cos 2\omega_L t
\end{aligned}$$

由此可知 $g_1 = 2bU_L + 6cE_{bo}U_L$ ， $g_2 = \frac{3}{2}cU_L^2$ 。

② $\omega_L - \omega_s$ 调谐时有 $g_c = \frac{1}{2}g_1 = bU_L + 3cE_{bo}U_L$ 。

③ $2\omega_L - \omega_s$ 调谐时有 $g_c = \frac{1}{2}g_2 = \frac{3}{4}cU_L^2$ 。

2. 图解法

i-u 曲线的导数，即斜率为 g-u 曲线，由 $V_{BB} + U_L = E_b(t)$ 曲线和 g-u 曲线得 $g(t)$ 曲线，找出 g_1，进而得到 g_c。

例 6-4：非线性器件的伏安特性如图 6.16 所示，斜率为 a，本振电压振幅为 $U_L = E_0$，当偏压为 $\dfrac{E_0}{2}$ 时，求变频跨导 g_c。

解：根据给定的伏安特性可以得到 i-u 曲线，如图 6.17（a）所示，求导可以得到如图 6.17（b）所示的 g-u 曲线，而输入电压如图 6.17（c）所示。将图 6.17（c）映射到图 6.17（b）上，可以得到 $g(t)$ 函数，可以得出

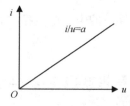

图 6.16　非线性器件的伏安特性

$$
\begin{aligned}
g_1 &= \frac{1}{\pi}\int_{-\pi}^{\pi} g(t)\cos\omega_2 t\,\mathrm{d}\omega_2 t \\
&= \frac{1}{\pi}\int_{\frac{2}{3}\pi}^{\frac{2}{3}\pi} a\cos\omega_2 t\,\mathrm{d}\omega_2 t \\
&= \frac{\sqrt{3}}{\pi}a
\end{aligned}
\tag{6-62}
$$

由此可以得到变频跨导为

$$
g_c = \frac{\sqrt{3}}{2\pi}a
\tag{6-63}
$$

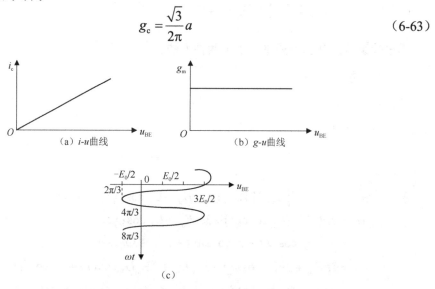

（a）i-u曲线　　　　（b）g-u曲线

（c）

图 6.17　图解法求变频跨导的步骤

图解法求解变频跨导的结果如图 6.18 所示。

晶体管变频器按本振信号注入方式的不同，一般有 3 种电路形式，如图 6.19 所示。图 6.19（a）所示为基极串联式电路，信号电压 V_S 与本振电压 V_0 串联加在基极上，是同级注入方式。图 6.19（b）所示为基极并联方式的同级注入，当基极同级注入时，V_S 与 V_0 及两回路耦合较紧，调谐信号回路对本振频率 f_0 有影响；当 V_S 较大时，f_0 会受 V_S 的影响，即所谓的频率牵引效应。此外，当前级是天线回路时，本振信号会产生

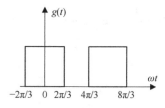

图 6.18　图解法求解变频
跨导的结果

反向辐射，在并联电路中可适当选择耦合电容的大小以减小上述影响。图 6.19（c）所示为本振发射极注入方式，对本振信号 V_0 来说，晶体管共基组态，输入电阻小，要求本振信号注入功率大。

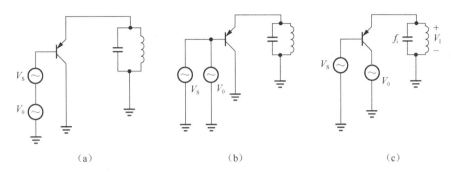

（a）　　　　　　　　　（b）　　　　　　　　　（c）

图 6.19　晶体管混频器本振信号的注入方式

6.2　模拟乘法器构成的混频电路

因为模拟乘法器直接可以得到两个信号相乘的结果，所以输出信号中直接含有两个输入信号的和频与差频，因此在后端加上一个滤波器以滤除不想要的频率分量，取和频或差频中的一个分量，就可以得到中频信号。

图 6.20 所示为由模拟乘法器 MC1496 构成的双平衡混频器，其输出调谐于 4.5MHz。

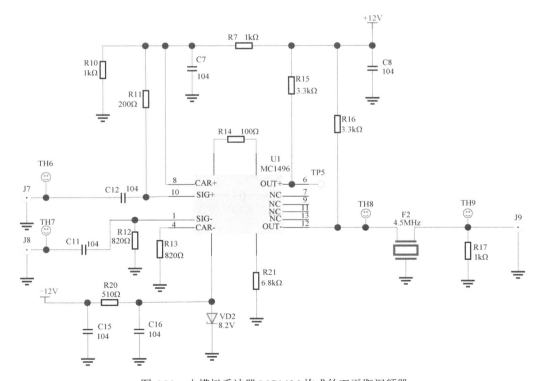

图 6.20　由模拟乘法器 MC1496 构成的双平衡混频器

AD835 是一款完整的 4 象限电压输出模拟乘法器，采用先进的介质隔离互补双极性工艺制造。采用 PDIP-8 或 SOIC-8 封装，能够完成 $W=XY+Z$ 的功能，其原理图如图 6.21 所示。X 和 Y 输入信号的范围为 $-1\sim+1$V，带宽为 250MHz，在 20ns 内可稳定到满刻度的 $\pm0.1\%$，乘法器噪声为 $50\text{nV}/\sqrt{\text{Hz}}$，差分乘法器输入 X 和 Y、求和输入 Z 具有高输入阻抗，输出引脚端 W 具有低输出阻抗，输出电压为 $-2.5\sim+2.5$V，可驱动的负载电阻为 25Ω，其电源电压为 ±5V，电流消耗为 25mA；工作温度为 $-40\sim+85$℃。AD835 构成的混频器电路如图 6.21 所示。

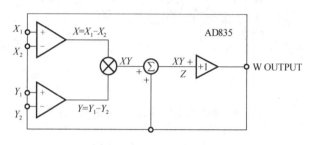

图 6.21　AD835 的原理图

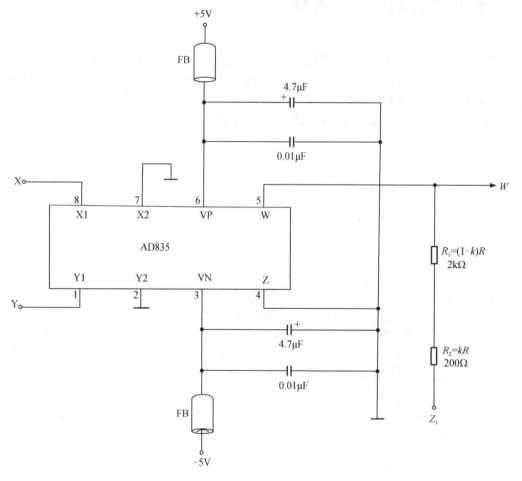

图 6.22　AD835 构成的混频器电路

6.3　混频器干扰

　　混频器用于超外差接收机中，使接收机的性能得到改善，但同时混频器又会给接收机带来某些类型的干扰。理想混频器的输出只有输入信号与本振信号混频得出的中频分量 $f_{\mathrm{L}} - f_{\mathrm{c}}$ 或 $f_{\mathrm{c}} - f_{\mathrm{L}}$，这种混频途径称为主通道。但在实际的混频器中，除了主通道，还有许多其他频率的信号也会经过混频器的非线性作用而产生另外一些中频分量，即所谓的假响应或寄生通道。这些信号形成的方式有直接从接收天线进入、由高频放大器的非线性产生、由混频器本身产生、由本振的谐波产生等。

　　把除有用信号外的所有信号统称为干扰。在实际中，能否形成干扰主要看以下两个条件。

　　（1）是否满足一定的频率关系。

　　（2）满足一定的频率关系的分量的幅值是否较大。

　　混频器主要存在下列干扰：信号与本振的自身组合干扰、外来干扰与本振的组合干扰、外来干扰互相作用形成的互调干扰、外来干扰与信号形成的交调干扰、阻塞干扰、相互混频干扰等。下面分别介绍这些干扰的形成和抑制的方法。

6.3.1　交调干扰

　　交调干扰是由变频元件的非线性引起的，与本振无关。它是指一个已调的强干扰信号与有用信号同时作用于混频器，由于非线性作用，将干扰调制信号转移到有用信号的载频上，与本振混频得到中频信号，从而形成干扰，其频率变换过程如图 6.23 所示。它的特点是当接收有用信号时，可以同时听到信号台和干扰台的声音，而信号频率与干扰频率之间没有固定的关系。一旦有用信号消失，干扰台的声音也随之消失，犹如干扰台的调制信号调制在有用信号的载频上。

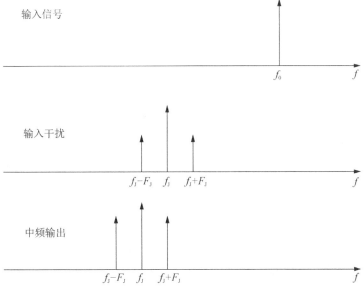

图 6.23　交调干扰的频率变换过程

交调干扰的实质是通过非线性作用，将干扰信号的调制信号解调出来，并调制到中频载波上。f_J、$f_J \pm F_J$ 表示干扰台信号频率，F_J 表示干扰台调制信号频率，f_s 为有用信号频率。

通过理论分析可知，交调干扰是由晶体管特性中的 3 次或更高次非线性产生的。抑制交调干扰的方法是必须提高高频放大器前级输入回路或变频器各前级电路的选择性。另外，还可以通过适当选择晶体管静态工作点电流的方法抑制交调干扰。

6.3.2 互调干扰

互调干扰是指两个或多个干扰电压同时作用在混频器输入端，经混频器的非线性产生接近中频频率的组合分量，进入中频放大器的通频带内形成干扰。互调干扰的形成示意图如图 6.24 所示。假设一个干扰频率为 f_{J1}，另一个干扰频率为 f_{J2}，两者互相混频，产生的互调频率为

$$\pm p f_{J1} \pm q f_{J2} \tag{6-64}$$

式中，p、q 分别为干扰频率 1 和干扰频率 2 的谐波次数。互调干扰的方框图如图 6.25 所示。

例如，某接收机的有用信号频率为 $f_s = 2.4\text{MHz}$，干扰信号 1 的频率为 $f_{J1} = 1.5\text{MHz}$，干扰信号 2 的频率为 $f_{J2} = 0.9\text{MHz}$，由于非线性，两个干扰信号产生的互调分量的频率为 $1.5\text{MHz} + 0.9\text{MHz} = 2.4\text{MHz}$，进入中频，产生哨叫声。

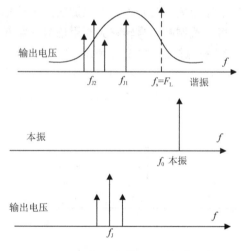

图 6.24 互调干扰的形成示意图

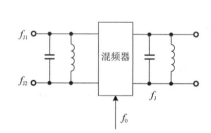

图 6.25 互调干扰的方框图

可以看出，互调干扰和交调干扰不同，交调干扰经检波后可以同时听到质量很差的有用信号和干扰台的声音，互调干扰听到的是哨叫声和杂乱的干扰声而没有有用信号的声音。交调干扰仅有一个强干扰信号，而互调干扰则需要至少两个强干扰信号。

产生互调干扰的两个干扰台的频率和有用信号频率存在一定的关系，一般两个干扰台的频率距有用信号频率较远，或者其中之一距有用信号频率较近。这样，只要提高输入电路的选择性就可以有效地削弱互调干扰。高频放大器和变频器相比，变频器产生互调干扰的可能性更大，原因是变频器的输入电平较高。此外，变频器工作在晶体管特性曲线的非线性部分，而高频放大器的静态工作点常选在线性部分。

抑制互调干扰的方法与抑制交调干扰的方法相同。

6.3.3　其他干扰和克服干扰的措施

当将强干扰信号与有用信号同时加入混频器时，强干扰信号会使混频器输出的有用信号的幅度减小，甚至小到无法接收，这种干扰称为阻塞干扰。当干扰信号过强时，有时甚至会导致晶体管的 PN 结被击穿，晶体管的正常工作状态被破坏，产生完全堵死的阻塞现象。

相互混频又称倒易混频，也是混频器特有的一种干扰形式。它是指当有强干扰信号进入混频器时，输出端噪声加大，信噪比降低，由于振荡器瞬时频率不稳，即本振源不是纯正的正弦波，在载流附近有一定的噪声电压，在强干扰信号的作用下，与干扰频率相差为中频的一部分噪声和干扰电压进行混频，使这些噪声落入中频频带，产生干扰，同时可以看作以干扰信号作为"本振"，而以本振噪声作为信号的混频过程，利用混频器正常混频作用完成。相互混频的产生过程如图 6.26 所示。

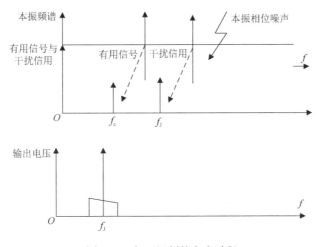

图 6.26　相互混频的产生过程

例 6-5：某接收机中频为 $f_I = 500\text{kHz}$，本振频率 $f_s > f_I$，在收听 $f_s = 1.501\text{MHz}$ 的信号时，听到哨叫声，原因是什么？（假设此时无外来干扰。）

解：听到的哨叫声为组合频率干扰。

本振频率 $f_0 = f_s - f_I = 1001\text{kHz}$，可知在混频器中存在如下的组合频率干扰。

当 $p = 2$、$q = 1$ 时，有 $pf_0 - qf_s = 2 \times 1001\text{kHz} - 1 \times 1501\text{kHz} = 501\text{kHz}$，接近中频频率 $f_I = 500\text{kHz}$，因此会进入中频放大器，形成干扰哨叫声。

当 $p = 4$、$q = 3$ 时，有 $4 \times 1001\text{kHz} - 3 \times 1501\text{kHz} = 499\text{kHz}$，接近中频频率 $f_i = 500\text{kHz}$，因此会进入中频放大器，形成干扰哨叫声。

当 $p = 5$、$q = 3$ 时，有 $5 \times 1001\text{kHz} - 3 \times 1501\text{kHz} = 502\text{kHz}$，接近中频频率 $f_i = 500\text{kHz}$，因此会进入中频放大器，形成干扰哨叫声。

例 6-6：利用收音机接收 930kHz 信号，可同时收到 690kHz 和 810kHz 信号，但不能单独收到其中一个台（如停一个台），原因是什么？

解：原因为互调干扰。

信号频率 $f_s = 930\text{kHz}$，干扰信号 1 的频率为 $f_{J1} = 690\text{kHz}$，干扰信号 2 的频率为 $f_{J2} = 810\text{kHz}$。

两个干扰频率的组合存在 $2f_{J2} - f_{J1} = 810\text{kHz} \times 2 - 690\text{kHz} = 930\text{kHz} = f_s$ 的关系，因此在接收机中产生了互调干扰。

例 6-7：发射机发射某一频率信号，打开接收机在全波段寻找（设无任何其他信号），发现在 6.5MHz、7.25MHz、7.5MHz 上听到对方信号，其中以 7.5MHz 信号最强，且接收机中频为 0.5MHz，问接收机是如何收到的？

解：由于 $f_I = 0.5\text{MHz}$ 且 $f_s = 7.5\text{MHZ}$，所以本振频率为 $f_0 = f_s - f_I = (7.5 - 0.5)\text{MHz} = 7\text{MHz}$。

因为 $f_J = f_s - 2f_I$，所以在 6.5MHz 上收到的信号为镜像干扰。

当 $p = q = 2$ 时，$f_J = \dfrac{1}{q}(pf_s - f_I) = f_s - \dfrac{1}{2}f_I$，可见，$7.25\text{MHz} = 7.5\text{MHz} - \dfrac{1}{2} \times 0.5\text{MHz}$ 为副波道干扰。

综合上面讨论得到的一些非线性失真和干扰产生的原因，如果要抑制或减少/减小干扰，则可采取以下措施。

（1）合理选择中频，能大大减少组合频率干扰和副波道干扰，对交调干扰、互调干扰等也有一定的抑制作用。特别是采用高中频，提高中频频率，能够减少组合频率干扰点。也可以采用二次变频接收机的方法，第一中频采用高中频，减少非线性失真和干扰；第二中频采用低中频，满足增益和邻近波道选择性的要求。

（2）变频器产生的各种干扰都和干扰电压有关，提高前端电路的选择性，对外部干扰进行抑制，也可以大大减小各类干扰。

（3）正确选择混频器的工作状态，使其工作在接近平方律的区域，就能减少组合频率分量，使失真大为减小。

（4）采用合理的电路形式或器件，如平衡电路、环形电路、场效应管、模拟乘法器等。若采用转移特性是平方律的变频器，则将大大减小失真。

思考题与习题

6.1　为什么要进行变频操作？

6.2　变频作用如何产生？为什么只有用非线性器件才能产生变频作用？变频与检波有何相同点和不同点？

6.3　混频和单边带调幅有何不同？

6.4　对变频器有什么要求？其中哪几项是主要质量指标？

6.5　设非线性器件的伏安特性是 $i = a_0 + a_1 u + a_2 u^2$，用此非线性器件作为变频器件，若外加电压为 $u = U_0 + U_{Sm}(1 + m\cos\Omega t)\cos\omega_S t + U_{Lm}\cos\omega_0 t$，求变频后中频（$\omega_I = \omega_0 - \omega_S$）电流分量的振幅。

6.6　在超外差收音机中，一般本振频率 f_0 比信号频率 f_s 高 465kHz。试问，如果本振频率 f_0 比 f_s 低 465kHz，那么收音机能否接收？为什么？

6.7　若想把一个调幅收音机改成能够接收调频广播，同时不打算做大的变动，而只改变本振频率，你认为可以吗？并说明原因。

6.8 变频器有哪些干扰？如何抑制？

6.9 在一超外差式广播收音机中，中频频率 $f_I = f_0 - f_s = 465\text{kHz}$。试分析下列现象属于何种干扰？又是如何形成的？

（1）当收听频率 $f_s = 931\text{kHz}$ 的电台播音时，伴有音调约 1kHz 的哨叫声。

（2）当收听频率 $f_s = 550\text{kHz}$ 的电台播音时，听到频率为 1480kHz 的强电台播音。

（3）当收听频率 $f_s = 1480\text{kHz}$ 的电台播音时，听到频率为 740kHz 的强电台播音。

6.10 在一个变频器中，若输入频率为 1200kHz，本振频率为 1665kHz，今在输入端混进一个 2130kHz 的干扰信号，变频器输出电路调频在中频 $f_I = 465\text{kHz}$ 上，问变频器能否把干扰信号抑制下去？为什么？

6.11 设变频器的输入端除有用信号 20MHz 外，还作用了两个频率分别为 19.6MHz 和 19.2MHz 的电压。已知中频为 3MHz，$f_0 > f_s$，问是否会产生干扰？是哪一种性质的干扰？

6.12 一超外差式广播收音机的接收频率为 535～1605kHz，中频频率 $f_I = f_0 - f_s = 465\text{kHz}$。试问，当收听 $f_s = 700\text{kHz}$ 的电台播音时，除调谐在 700kHz 频率上能接收到外，还可能在接收频段内的哪些频率上收听到这个电台的播音（写出最强的两个）？它们各自是通过什么寄生通道造成的？

第7章

高频功率放大器

7.1 概述

我们已经知道，在低频放大电路中，为了获得足够大的低频输出功率，必须采用低频功率放大器。同样，在高频范围内，为了获得足够大的高频输出功率，必须采用高频功率放大器。例如，在如图 1.4 所示的发射机高频部分，由于发射机里的载波振荡器产生的高频振荡功率很小，因此后面要经过一系列的放大缓冲级、中间放大级、末级功率放大级，只有在获得足够大的高频功率后，才能馈送到天线上辐射出去。这里所提到的放大级都属于高频功率放大器的范畴。因此，高频功率放大器是发送设备的重要组成部分。

高频功率放大器是一种能量转换器件，将电源供给的直流能量转换为高频交流输出。通信中应用的高频功率放大器按其工作频带的宽窄可划分为窄带和宽带两种。窄带高频功率放大器通常以谐振回路作为输出回路，故又称为调谐功率放大器；而宽带高频功率放大器的输出回路则是传输线变压器或其他宽带匹配电路，因此又称为非调谐功率放大器。本章主要对调谐功率放大器予以讨论。

高频功率放大器和低频功率放大器的共同特点是输出功率大、效率高；但由于二者的工作频率和相对频带宽度相差很大，故决定了它们之间有着根本的差异。低频功率放大器的工作频率低，但相对频带宽度很宽。例如，声音的频率范围为 20Hz～20kHz，频率很低，但是高低频率之比达到了 1000。因此一般采用无调谐负载，如电阻、变压器等。而对调幅广播，其载波频率为 535～1605kHz，其频带宽度为 10kHz，如果取中心频率为 1000kHz，则其相对频带宽度仅为 100Hz，而且中心频率越高，相对频带宽度越窄。因此，高频功率放大器一般采用谐振回路作为负载。由于负载不同，使得这两种功率放大器的工作状态也不同：低频功率放大器一般工作于甲类、甲乙类或乙类状态，而高频功率放大器则一般工作于丙类状态。

从低频电子线路的课程可知，功率放大器按照电流导通角的不同，可以分为甲类、乙类和丙类 3 种工作状态。甲类功率放大器的电流导通角为 360°、半导通角为 180°，适用于小信号低功率放大；乙类功率放大器的电流导通角为 180°、半导通角为 90°；丙类功率放大器的电流导通角小于 180°、半导通角小于 90°。乙类和丙类功率放大器都适用于大功率工

作环境。丙类工作状态的输出功率和效率都是 3 种工作状态中最高的。功率放大器电流导通
角示意图如图 7.1 所示。

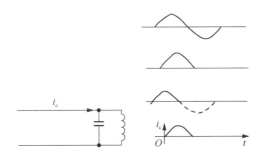

图 7.1 功率放大器电流导通角示意图

高频功率放大器通常工作于丙类状态，属于非线性电路，因此不能用低频功率放大器的
等效方法来分析，必须采用非线性电路的分析方法。而在实际中采用解析法分析比较困难，
因此工程上普遍采用图解法进行折线近似分析。

高频功率放大器的主要技术指标是输出功率、效率，这与低频功率放大器是一样的。除
此之外，谐波抑制度也是一个重要指标，主要指输出中的谐波分量应尽量小，以免对其他频
道产生干扰。

7.2 高频功率放大器的工作原理

7.2.1 电路及特点

图 7.2 所示为采用晶体管的高频功率放大器的原理图。除电源和偏置电路外，它由晶体
管、谐振回路和输入回路 3 部分组成。在高频功率放大器中，常采用由平面工艺制造的 NPN
高频大功率晶体管，它能承受高电压和大电流，并有较高的特征频率 f_T。晶体管作为一种电
流控制器件，在较小的激励信号电压作用下形成基极电流 i_b，可以控制较大的集电极电流 i_c，
i_c 流过谐振回路产生高频功率输出，从而完成把电源的直流功率转换为高频功率的过程。

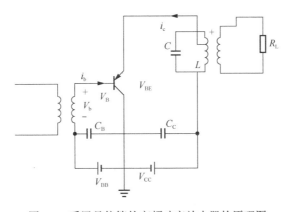

图 7.2 采用晶体管的高频功率放大器的原理图

为了使高频功率放大器高效率地输出大功率，通常选择让晶体管工作在丙类状态。为了保证晶体管工作在丙类状态，基极偏置电压 V_{BB} 应该使晶体管工作在截止区，一般为负值，即静态时发射极反偏。此时，输入激励信号应为大信号，一般在 0.5V 以上，可达 1~2V，甚至更高。也就是说，晶体管工作在截止和导通两种状态下，基极电流和集电极电流均为高频脉冲信号。高频功率放大器选用谐振回路作为负载既可以保证输出电压相对于输入电压不失真，又具有阻抗变换的作用。由于集电极电流是周期性的高频脉冲信号，其频率分量除了有用分量，还有谐波分量和其他频率成分，因此采用谐振回路可以选出有用分量，并将无用分量滤除。此外，通过谐振回路阻抗的调节，可以使谐振回路呈现高频功率放大器所要求的最佳负载阻抗值，即匹配，使高频功率放大器可以高效地输出大功率。

为了使高频功率放大器更好地工作，对于如图 7.2 所示的电路，有以下 3 点需要注意。

（1）V_{BB} 为负电压或零值，也可能为低正压；假设 V_{BZ} 为晶体管的导通电压，则当 $V_{BB} = V_{BZ}$ 且基极输入信号 $V_b > 0$ 时，晶体管导通；当 $V_b < 0$ 时，晶体管截止。也就是说，晶体管在信号的正半周导通、负半周截止，即晶体管的导通角为180°，为乙类工作状态。为了保证晶体管工作在丙类状态，导通角要小于180°，因此 $V_{BB} > V_{BZ}$。已知硅晶体管的导通电压为 0.4~0.6V，而锗晶体管的导通电压为 0.2~0.3V，因此 V_{BB} 可正向偏置，也可反向偏置，大多为反向偏置。只有当 V_b 为正值时，晶体管才可能导通。

（2）输入电压 V_b 为大信号，即高频功率放大器前级输出为大信号。

（3）C_B、C_C 为隔直电容，用来通交流阻直流，防止直流信号通过交流电源。

7.2.2　晶体管各极电流和电压波形

如何减小集电极的耗散功率呢？根据电路分析基础知识，我们知道，任意元件上的耗散功率都等于通过该元件的电流与该元件两端电压的乘积。因此，晶体管的集电极耗散功率在任何瞬间总等于瞬时集电极电压 v_c 和瞬时集电极电流 i_c 的乘积。如果使 i_c 只有在 v_c 最低时才能够通过，那么集电极耗散功率自然会大为减小。由此可见，要想获得较高的集电极效率，晶体管的集电极电流应呈脉冲状，且电流导通角小于180°，即处于丙类工作状态。这时，基极直流偏压 V_{BB} 使基极处于反向偏置状态，对如图 7.2 所示的 NPN 型晶体管来说，只有在激励信号 v_b 为正值的一段时间内（$+\theta_c$ 至 $-\theta_c$）才有集电极电流产生，如图 7.3（a）所示。图 7.3（b）将晶体管的转移特性理想化为一条直线，交横轴于 V_{BE}。V_{BE} 称为截止电压或起始电压。

由图 7.2 可知，若晶体管基极电压为

$$v_{BE} = V_{BB} + v_b \tag{7-1}$$

式中，v_b 为加在晶体管基极上的正弦信号，且有

$$v_b = U_{bm} \cos \omega t \tag{7-2}$$

由图 7.3（c）可知，当 ωt 为 $-\theta_c \sim \theta_c$ 时，晶体管导通，集电极存在电流脉冲，其他时候晶体管均处于截止状态。$2\theta_c$ 称为晶体管在一个周期内的集电极电流导通角，而 θ_c 则称为半导通角。当 $\omega t = \theta_c$ 时，晶体管刚刚导通，此时存在如下关系：

$$v_b = U_{bm} \cos \theta_c = -V_{BB} + V_{BE} \tag{7-3}$$

故可得

$$\cos\theta_c = \frac{V_{BE} - V_{BB}}{U_{bm}} \quad (7\text{-}4)$$

集电极电流呈周期性的脉冲状，可以利用傅里叶级数来表示，即分解为直流、基波和各次谐波之和：

$$i_c = I_{C0} + I_{C1}\cos\omega t + I_{C2}\cos 2\omega t + \cdots \quad (7\text{-}5)$$

可见，集电极电流中包含了很多谐波，并且为脉冲状，相对于输入端的正弦信号有很大的失真，但是在集电极内采用的电路是并联谐振回路，如果使该回路对基波谐振，那么它对基频呈现很高的纯电阻性阻抗，而对谐波呈现的阻抗则很低，可以认为是短路，因此，并联谐振回路由于通过 i_c 所产生的电压降 V_c 也几乎只含有基频。这样，i_c 的失真虽然大，但由于并联谐振回路的这种滤波作用，仍然能在集电极得到正弦波形的输出。若并联谐振回路的谐振电阻为 R_L，则并联谐振回路两端的电压为

$$v_{c1} = I_{C1}R_L\cos\omega t = U_{C1m}\cos\omega t \quad (7\text{-}6)$$

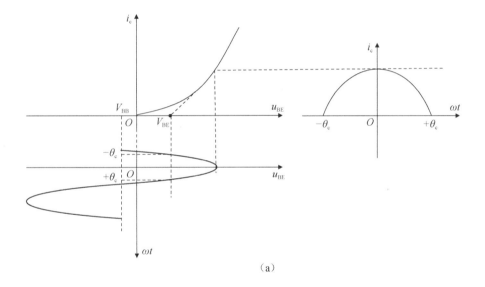

（a）

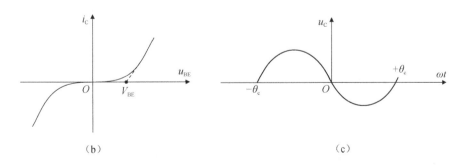

（b） （c）

图 7.3 集电极电流、电压波形

图 7.4 给出了高频功率放大器输入电压 u_b、晶体管基极电压 u_{BE}、集电极电流 i_c、晶体管的极间电压 V_{CE} 和输出电压 V_{C1} 的波形。可以看出，当集电极回路调谐时，u_{BE} 的最大值、i_c 的最大值和 u_{CE} 的最大值是在同一时刻出现的，且导通角 θ_c 越小，i_c 越集中在 V_{CEmin} 附近，故损

耗将降低，效率得到提高。

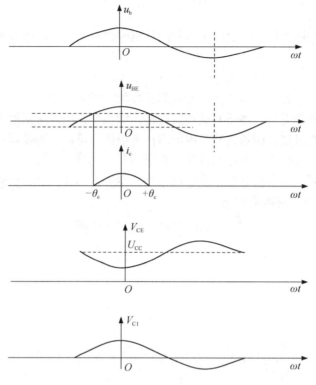

图7.4 丙类高频功率放大器的电流、电压波形

7.2.3 功率关系

直流功率是指直流电源在交流一周期内所供给的平均功率，一般用 $P_=$ 来表示。由式（7-5）可知，集电极电流可以分解为一系列电流之和，因此有

$$P_= = \frac{1}{2\pi}\int_{-\pi}^{\pi} V_{CC} i_c \mathrm{d}\omega t = V_{CC}\frac{1}{2\pi}\int_{-\pi}^{\pi} i_c \mathrm{d}\omega t = V_{CC}I_{C0} \tag{7-7}$$

式中，I_{C0} 为集电极电流 i_c 的直流分量，且有

$$I_{C0} = \frac{1}{2\pi}\int_{-\pi}^{\pi} i_c \mathrm{d}\omega t \tag{7-8}$$

高频功率放大器的集电极输出回路如图 7.5 所示，可知输出回路对基频谐振呈现纯电阻 R_P，对其他谐波呈现的阻抗很低，因此，只有基频电流能产生输出功率。此时，回路的输出功率即高频一周内的基频功率：

$$P_0 = \frac{1}{2\pi}\int_{-\pi}^{\pi} i_c V_{C1}\mathrm{d}\omega t = \frac{1}{2\pi}\int_{-\pi}^{\pi} i_c U_{C1m}\cos\omega t\mathrm{d}\omega t \tag{7-9}$$

而根据集电极电流脉冲的分解公式，有

$$I_{C1} = 2\cdot\frac{1}{2\pi}\int_{-\pi}^{\pi} i_c \cos\omega t\mathrm{d}\omega t \tag{7-10}$$

将式（7-10）代入式（7-9），可得

$$P_0 = \frac{1}{2}U_{C1m}I_{C1} = \frac{U_{C1m}^2}{2R_P} = \frac{1}{2}I_{C1}^2 R_P \tag{7-11}$$

直流输入功率与回路交流功率之差即晶体管的集电极耗散功率，也可以看作晶体管集电极和发射极的极间电压在集电极电流作用下一个周期内消耗在晶体管上的平均功率，即

$$P_C = \frac{1}{2\pi}\int_{-\pi}^{\pi} i_c V_{CE}\,\mathrm{d}\omega t \tag{7-12}$$

从图 7.5 中可以看出

$$V_{CE} = V_{CC} - u_{c1} \tag{7-13}$$

将式（7-13）代入式（7-12），可得

$$P_C = \frac{1}{2\pi}\int_{-\pi}^{\pi} i_c (V_{CC} - u_{c1})\,\mathrm{d}\omega t = P_= - P_0 \tag{7-14}$$

可见，晶体管的集电极耗散功率为直流输入功率与输出功率之差。因此，放大器的集电极效率可定义为输出功率与直流输入功率之比，即

$$\eta = \frac{P_0}{P_=} = \frac{\frac{1}{2}U_{C1m}I_{C1}}{V_{CC}I_{C0}} = \frac{1}{2}g_1(\theta_c)\xi \tag{7-15}$$

式中，$\xi = \dfrac{U_{C1m}}{V_{CC}}$ 称为集电极电压利用系数；$g_1(\theta_c) = \dfrac{I_{C1}}{I_{C0}}$ 称为波形系数，是导通角 θ_c 的函数，θ_c 越小，$g_1(\theta_c)$ 越大。

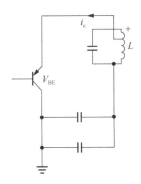

图 7.5　高频功率放大器的集电极输出回路

根据上面的分析，可以进行如下讨论。

（1）因为输出交流电压一定低于直流电压，所以必然存在集电极电压利用系数 $\xi \leqslant 1$。假设 $\xi = 1$，可知对于甲类功率放大器电路，由于其半导通角为180°，所以有

$$\eta_{理想} = \frac{1}{2}g_1(180°) = \frac{1}{2} = 50\% \tag{7-16}$$

对于乙类功率放大器电路，由于其半导通角为90°，所以有

$$\eta_{理想} = \frac{1}{2}g_1(90°) = \frac{\pi}{4} \approx 78.5\%$$

对于丙类功率放大器电路，由于其半导通角小于90°，所以有

$$\eta_{理想} = \frac{1}{2}g_1(\theta_c < 90°) > 78.5\% \tag{7-17}$$

（2）通过对式（7-15）进行分析可知，θ_c 越小，晶体管在一个周期内的导通时间越短，晶体管耗散功率 P_C 会越小，电路越安全；但 θ_c 越小，输出功率 P_0 也会减小，因此，在 θ_c 的选择上，需要兼顾二者，θ_c 一般为 $60°\sim80°$。

（3）由于存在 $\eta_c = \dfrac{P_0}{P_0 + P_C}$，因此可以很容易推导出

$$P_0 = \frac{\eta_c}{1 - \eta_c} P_C \tag{7-18}$$

可见，若在晶体管允许耗散功率 P_C 一定的条件下，提高功率放大器的效率 η_c，可以在很大程度上增大输出功率 P_0。

7.3 谐振功率放大器折线近似分析法

7.3.1 特性曲线理想化

所谓折线近似分析法，就是将电子元器件的特性理想化，每条特性曲线都用一组折线来代替。这样就忽略了特性曲线弯曲部分的影响，简化了电流的计算，虽然计算精度较低，但仍可满足工程需要。

在对晶体管特性曲线进行折线化之前，必须说明，由于晶体管的特性与温度的关系很密切，因此以下的讨论都是假定在温度恒定的情况下进行的。此外，因为实际上最常用的是共发射极电路，所以我们一般讨论共发射极的情况。

晶体管的静态特性曲线常用的是输入特性曲线、转移特性曲线和输出特性曲线。图 7.6(a) 所示为折线化后的晶体管输入特性曲线，即晶体管基极电流 i_B 与基极输入电压 V_{BE} 之间满足以下关系：

$$\begin{cases} i_B = g_d\left(V_{BE} - V_{BZ}\right) & V_{BE} \geqslant V_{BZ} \\ i_B = 0 & V_{BE} < V_{BZ} \end{cases} \tag{7-19}$$

转移特性曲线是指集电极电压恒定时集电极电流与基极电压的关系曲线。图 7.6（b）所示为折线化后的晶体管转移特性曲线，即晶体管集电极电流 i_c 与基极输入电压 V_B 之间满足以下关系：

$$\begin{cases} i_c = g_c\left(V_{BE} - V_{BZ}\right) & V_B \geqslant V_{BZ} \\ i_c = 0 & V_B < V_{BZ} \end{cases} \tag{7-20}$$

输出特性曲线是指基极电流（电压）恒定时集电极电流与集电极电压的关系曲线。图 7.6（c）所示为折线化后的晶体管输出特性曲线。在高频功率放大器中，根据集电极电流是否进入饱和区，将其工作状态分为 3 种：当高频功率放大器的集电极最大点电流在临界线 OP 的右方时，交流输出电压较低，称为欠压工作状态；当集电极最大点电流进入临界线 OP 的左方时，交流输出电压较高，称为过压工作状态；当集电极最大点电流正好落在临界线 OP 上时，称为临界工作状态。临界线方程为 $i_c = g_{cr}V_{CE}$。

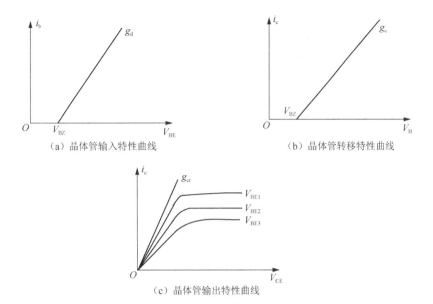

（a）晶体管输入特性曲线　　　　　（b）晶体管转移特性曲线

（c）晶体管输出特性曲线

图 7.6　晶体管特性曲线及其折线化

7.3.2　集电极余弦脉冲电流分解

由图 7.3 可知，在一个输入信号周期内，仅当 $-\theta_c < \omega t < \theta_c$ 时，存在集电极电流 i_c，其余时间 i_c 为零。因此，i_c 的波形为如图 7.7 所示的周期性余弦脉冲信号。周期性余弦脉冲信号可以用傅里叶级数展开。

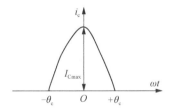

图 7.7　周期性余弦脉冲波形

当 $\omega t = 0$ 时，i_c 最大，若定义此时的电流为 I_{Cmax}，则存在

$$i_c = I_{Cmax}\left(\frac{\cos\omega t - \cos\theta_c}{1 - \cos\theta_c}\right) \tag{7-21}$$

对式（7-21）进行傅里叶级数展开，可得

$$i_c = I_{C0} + I_{C1}\cos\omega t + I_{C2}\cos 2\omega t + \cdots \tag{7-22}$$

式中，I_{Cn} 为 n 次谐波分量，可以用下式求出：

$$I_{Cn} = \frac{1}{\pi}\int_{-\theta_c}^{\theta_c} i_c \cos n\omega t \mathrm{d}\omega t \tag{7-23}$$

式中，直流分量为

$$I_{C0} = \frac{1}{2\pi}\int_{-\theta_c}^{\theta_c} i_c \mathrm{d}\omega t = I_{Cmax}\left(\frac{1}{\pi}\cdot\frac{\sin\theta_c - \theta_c\cos\theta_c}{1 - \cos\theta_c}\right) \tag{7-24}$$

基波分量的幅值为

$$I_{C1} = \frac{1}{\pi}\int_{-\theta_c}^{\theta_c} i_c \cos\omega t \mathrm{d}\omega t = I_{C\max}\frac{\theta_c - \cos\theta_c\sin\theta_c}{\pi(1-\cos\theta_c)}$$

n 次谐波分量的幅值为

$$I_{Cn} = \frac{1}{\pi}\int_{-\theta_c}^{\theta_c} i_c \cos n\omega t \mathrm{d}\omega t = I_{C\max}\frac{2(\sin n\theta_c\cos\theta_c - n\cos n\theta_c\sin\theta_c)}{\pi n(n^2-1)(1-\cos\theta_c)} \qquad (7\text{-}25)$$

可以看出，上述各式都包含两部分，一部分为最大电流 $I_{C\max}$，另一部分为以 θ_c 为变量的函数。对应于直流分量、基波分量和 n 次谐波分量的 θ_c 的函数分别用 α_0、α_1、α_n 表示，即

$$\alpha_0 = \frac{\sin\theta_c - \theta_c\cos\theta_c}{\pi(1-\cos\theta_c)} \qquad (7\text{-}26)$$

$$\alpha_1 = \frac{\theta_c - \cos\theta_c\sin\theta_c}{\pi(1-\cos\theta_c)} \qquad (7\text{-}27)$$

$$\alpha_n = \frac{2(\sin n\theta_c\cos\theta_c - n\cos n\theta_c\sin\theta_c)}{\pi n(n^2-1)(1-\cos\theta_c)} \qquad (7\text{-}28)$$

式中，α_0 称为直流分量分解系数，直流分量电流为

$$I_{C0} = I_{C\max}\alpha_0 \qquad (7\text{-}29)$$

α_1 称为基波分量分解系数，基波分量电流为

$$I_{C1} = I_{C\max}\alpha_1 \qquad (7\text{-}30)$$

α_n 称为 n 次谐波分量分解系数，n 次谐波分量电流为

$$I_{Cn} = I_{C\max}\alpha_n \qquad (7\text{-}31)$$

根据上面的定义，可知式（7-15）中的波形系数可以表示为

$$g_1(\theta_c) = \frac{I_{C1}}{I_{C0}} = \frac{\alpha_1}{\alpha_0} \qquad (7\text{-}32)$$

为了使用方便，将几个常用的分解系数与 θ_c 的关系绘制在图 7.8 中。

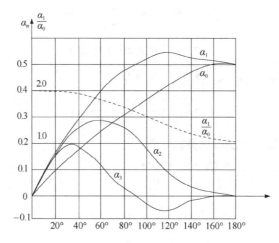

图 7.8　余弦脉冲分解系数曲线

从图 7.8 中可以看出，$g_1(\theta_c)$ 随 θ_c 的减小而增大，对应的高频功率放大器的效率会升高；但当 θ_c 很小时，α_1 会变小，导致输出功率变小，因此，为了兼顾效率和输出功率，要选择合

适的导通角。θ_c 一般选择为 $60° \sim 80°$，多数时候在 $70°$ 左右。

7.3.3 动态特性与负载特性

高频功率放大器的工作状态取决于负载电阻 R_P 和电压 V_{CC}、V_{BE}、V_{bm} 几个参数。为了说明各种工作状态的优/缺点和正确调节电路，必须了解这几个参数是如何影响功率放大器电路的工作状态的。如果维持上述参数中的 3 个电压不变，那么工作状态就只取决于 R_P。此时，各种电流、输出电压、功率和效率等随 R_P 变化的曲线就叫作负载特性曲线。在讨论负载特性前，要先了解动态特性。

1．动态特性

高频功率放大器的动态特性是晶体管的内部特性和外部特性结合起来的特性（实际高频功率放大器的工作特性）。晶体管的内部特性是指在无载情况下，晶体管的输出特性和转移特性，如图 7.6 所示。晶体管的外部特性是在有载情况下，改变晶体管输入电压 V_B 而使集电极电流 i_c 变化，由于负载的反作用，负载上会存在电压降，就必然同时引起 V_{CC} 的变化。这样，在考虑了负载的反作用后，获得的 V_{CC}、V_B 与 i_c 的关系就叫作动态特性曲线，有时也叫作负载线。下面证明当将晶体管的静态特性曲线理想化为折线，且高频功率放大器工作于负载回路谐振状态时，动态特性曲线是一条直线。

晶体管的内部特性方程为

$$i_c = g_c \left(v_{BE} - V_{BZ} \right) \tag{7-33}$$

晶体管的外部特性方程为

$$v_{BE} = V_{BB} + V_{bm} \cos \omega t$$
$$v_{CE} = V_{CC} - V_{C1m} \cos \omega t \tag{7-34}$$

将 v_{BE} 代入式（7-33），可得

$$i_c = g_c \left(V_{BB} + V_{bm} \cos \omega t - V_{BZ} \right) \tag{7-35}$$

根据式（7-34），可以得到

$$\cos \omega t = \frac{V_{CC} - v_{CE}}{V_{C1m}} \tag{7-36}$$

将式（7-36）代入式（7-35），可得

$$i_c = g_c \left(V_{BB} + V_{bm} \frac{V_{CC} - v_{CE}}{V_{C1m}} - V_{BZ} \right) \tag{7-37}$$

可见，在回路参数、偏置、激励和电源电压确定后，i_c 与 v_{CE} 为线性关系，即高频功率放大器的动态特性是一条直线。因此只需找出两个特殊点（如静态工作点 Q 和输入电压峰值点 A），就可以把动态特性曲线绘出。

对于静态工作点 Q，$\omega t = 90°$，$v_{CE} = V_{CC}$，$v_{BE} = V_{BB}$，$i_c = g_c \left(V_{BB} - V_{BZ} \right)$，由 7.2.2 节中的分析知道 V_{BE} 一般为负值，因此 i_c 为负值。也就是说，对应于静态工作点的集电极电流 i_c 为负值，这实际上是不可能的，说明 Q 点是个假想点，反映了丙类功率放大器在静态时处于截止状态，集电极无电流。

对于输入电压峰值点 A，$\omega t = 0$，$v_{CE} = V_{CEmin} = V_{CC} - V_{C1m}$，$v_{BE} = V_{BEmax} = V_{BB} + V_{bm}$，

$$i_c = g_c \left(V_{BB} + V_{bm} - V_{BZ} \right) 。$$

将 Q 点和 A 点连在一起即动态特性曲线，QA 与 V_{CE} 轴的交点为 B 点，称为起始导通点，存在 $\omega t = \theta_c$，$v_{CE} = V_{CC} - V_{C1m} \cos \theta_c$，$v_{BE} = V_{BB} + V_{bm} \cos \theta_c$，$i_c = 0$。动态特性曲线的 BQ 段表示电流截止期内的动态线，一般用虚线表示。

绘出动态特性曲线后，由它和静态特性曲线的相应交点即可求出对应不同 ωt 值的 i_c 值，这样就可以得到 i_c 脉冲波形，如图 7.9 所示。

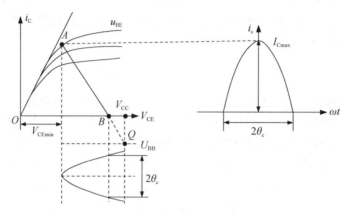

图 7.9　动态特性曲线及相应 i_c 的波形

2. 状态分类

根据功率放大器在工作时是否进入饱和区，可将其分为欠压、临界和过压 3 种工作状态。

（1）欠压——若在整个周期内晶体管工作时不进入饱和区，即在任何时刻都工作在放大状态，则称功率放大器工作在欠压状态。

（2）临界——若刚刚进入饱和区的边缘，则称功率放大器工作在临界状态。

（3）过压——若晶体管工作时有部分时间进入饱和区，则称功率放大器工作在过压状态。

由图 7.4 可知，晶体管集电极电压 v_{CE} 在 V_{CC} 到 V_{C1m} 之间变化，其最低点为 $V_{CEmin} = V_{CC} - V_{C1m}$，当 v_{CE} 很低且低于晶体管饱和阈值电压 V_{CES} 时，晶体管会进入饱和区。因此，根据 V_{CEmin} 的大小就可以判断功率放大器处于什么工作状态。

当 $V_{CEmin} > V_{CES}$ 时，属于欠压工作状态。

当 $V_{CEmin} = V_{CES}$ 时，属于临界工作状态。

当 $V_{CEmin} < V_{CES}$ 时，属于过压工作状态。

图 7.10 表示在 3 种不同负载（R_p）下画出的 3 条不同的动态特性曲线 1、2 和 3，以及相应的集电极电流脉冲波形。

（1）动态特性曲线 1 的斜率较大，代表 R_p 较小，V_{C1m} 较低的情形，属于欠压工作状态。它与 $v_{BE} = V_{BEmax}$ 静态特性曲线的交点 A_1 决定了集电极电流脉冲的高度。显然，这时的电流波形为尖顶余弦波脉冲。

（2）随着 R_p 的增大，动态特性曲线的斜率逐渐减小，输出电压 V_{C1m} 逐渐降低，直到与临界线 OP、静态特性曲线 $v_{BE} = V_{BEmin}$ 相交于一点 A_2，功率放大器工作于临界状态，此时电流波形仍为尖顶余弦脉冲。

（3）负载阻抗 R_p 继续增大，输出电压进一步降低，即进入过压工作状态，动态特性曲线 3

就是这种情形。动态特性曲线穿过临界点后，电流将由临界线减小，因此集电极电流脉冲成为凹陷状，动态特性曲线 3 与临界线的交点 A_4 决定脉冲的高度，由动态特性曲线与静态特性曲线 $v_{BE} = V_{BEmin}$ 延长线的交点 A_3 作垂线，交临界线于 A_5，A_5 的纵坐标即电流脉冲凹处的高度。

通过以上分析可以看出，负载 R_P 变化会引起 i_c 变化，相应的 I_{C0} 和 I_{C1} 也会发生变化，从而影响电路的 V_{C1m}、P_0、η_c 和 $P_=$ 等参数。

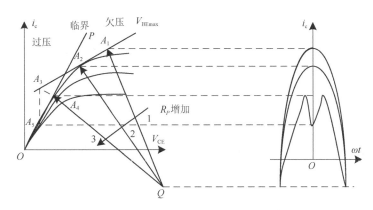

图 7.10　不同负载时的动态特性曲线

3．负载特性曲线

负载特性曲线是指保持高频功率放大器电路的电源电压 V_{CC}、偏置电压 V_{BE} 和激励电压 V_{bm} 幅值一定时，改变集电极等效负载电阻 R_P 后，高频功率放大器的集电极电流 i_c、输出电压 V_{C1m}、输出功率 P_0 与效率 η_c 随 R_P 变化的特性曲线。负载特性曲线是高频功率放大器的重要特性之一。

由上面的介绍可知，在欠压区至临界线的范围内，当 R_P 逐渐增大时，集电极电流脉冲的最大值 i_{Cmax} 及导通角 θ_c 的变化都不大。R_P 增大仅仅使 i_{Cmax} 略有减小。因此，在欠压区，I_{C0} 和 I_{C1} 几乎不变，仅随 R_P 的增大而略有减小，欠电压 $V_{C1m} = R_P I_{C1}$，V_{C1m} 会随 R_P 的增大而成正比地升高；但进入过压区后，集电极电流脉冲开始下凹，而且凹陷程度随着 R_P 的增大而急剧加深，致使 I_{C0} 和 I_{C1} 也急剧减小，V_{C1m} 会随 R_P 的增大而略有升高。图 7.11（a）表示在不同工作状态下电流、电压与 R_P 的关系曲线。

如图 7.11（b）所示，在欠压状态，$P_0 = \dfrac{1}{2} I_{C1}^2 R_P$，$I_{C1}$ 随 R_P 的增大而略有减小（基本不变），因此 P_0 随 R_P 的增大而增大；在过压状态，因为 $P_0 = \dfrac{V_{C1m}^2}{2R_P}$，$V_{C1m}$ 会随 R_P 的增大而略有增大（基本不变），所以 P_0 随 R_P 的增大而减小；在临界状态，输出功率 P_0 最大。

因为 $P_= = V_{CC} I_{C0}$，而电源电压保持不变，所以 $P_=$ 与 I_{C0} 的变化规律一样；$P_c = P_= - P_0$，它们随 R_P 变化的关系曲线如图 7.11（b）所示。

接下来考虑效率 η_c 与 R_P 的关系曲线。在欠压区，由于 $\eta_c = P_0 / P_=$，P_0 随 R_P 的增大而增大，而 $P_=$ 随 R_P 的增大而减小，所以 η_c 随 R_P 的增大而提高。在过压区，P_0 和 $P_=$ 都随 R_P 的增大而减小，但 P_0 减小的速度没有 $P_=$ 快，因此 η_c 会继续升高。随着 R_P 的继续增大，P_0 减小的速度比 $P_=$ 快，因此 η_c 也相应地有所下降。因此在靠近临界点的弱过压区，η_c 的值最大，如

图 7.11（b）所示。

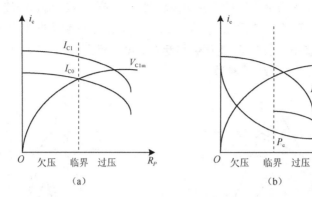

图 7.11　负载特性曲线

可以发现，在临界状态，输出功率 P_0 最大，集电极效率 η_c 也较高，这时的高频功率放大器电路工作在最佳状态。因此，高频功率放大器工作在临界状态的等效电阻就是高频功率放大器阻抗匹配所需的最佳负载电阻。

通过以上讨论可以得到以下结论。

在欠压状态，电流 I_{C1} 基本不随 R_P 变化，高频功率放大器可视为恒流源。输出功率 P_0 随 R_P 的增大而增大，集电极消耗功率 P_c 随 R_P 的减小而增大。当 $R_P=0$ 时，即负载短路，集电极消耗功率达到最大值，这时有可能烧毁晶体管。因此，在实际调节电路时，千万不可将高频功率放大器的负载短路。一般在基极调幅电路中采用欠压工作状态。

在临界状态，高频功率放大器的输出功率最大，效率也较高，这时高频功率放大器工作在最佳状态。一般发射机的末级功放一般采用临界工作状态。

在过压状态，当处于弱过压状态时，输出电压基本不随 R_P 变化，高频功率放大器可视为恒压源，集电极效率 η_c 最高。一般在功率放大器的激励级和集电极调幅电路中采用弱过压状态。但当处于深度过压状态时，集电极电流 i_c 下凹严重，谐波增多，一般应用较少。

在实际的电路调整过程中，调谐功率放大器可能会经历上述 3 种状态，利用如图 7.11 所示的负载特性曲线就可以正确判断各种状态，进行正确的调整。

7.3.4　各电压对工作状态的影响

1. V_{CC} 对工作状态的影响

在集电极调幅电路中，需要依靠改变 V_{CC} 来实现调幅过程。因此，有必要研究当 R_P、V_{BB} 和 V_{bm} 保持不变而只改变 V_{CC} 时放大器工作状态的变化。如果当 R_P、V_{BB} 和 V_{bm} 保持不变时，即动态斜率与 V_{BEmax} 的值都不变，且假设放大器原工作于临界状态，那么当 V_{CC} 升高时，静态工作点向右移动，放大器将进入欠压区；相反，当 V_{CC} 降低时，静态工作点向左移动，放大器将进入过压区。根据前面的讨论可知，在欠压区，电流几乎不变；进入过压区后，电流便随着过压程度的加强而减小。于是可得到 I_{C0}、I_{C1} 与 V_{CC} 的变化关系，如图 7.12（a）所示。

当考察 P_c、$P_=$、P_0 与 V_{CC} 的关系时，可知 $P_= = I_{C0} V_{CC}$，$P_0 = \dfrac{1}{2} I^2_{C1} R_P \propto I^2_{C1}$，$P_c = P_= - P_0$。因而可以从已知的 I_{C0}、I_{C1} 的曲线得出 P_c、$P_=$ 和 P_0 随 V_{CC} 变化的特性曲线，如图 7.12（b）所

示。由图 7.12 可知，在欠压区，V_{CC} 对 I_{C1} 和 P_0 的影响很小。但集电极调幅需要改变 V_{CC} 来改变 I_{C1} 与 P_0 才能实现，因此在欠压区不能够获得有效的调幅，必须工作于过压区才有可能实现。

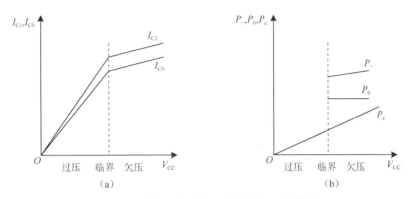

图 7.12　高频功率放大器的集电极调制特性

2. V_{BB} 或 V_{bm} 对工作状态的影响

首先讨论当 V_{CC}、V_{BB} 与 R_P 都不变而只改变激励电压 V_{bm} 时对工作状态的影响。当 V_{bm} 升高，即 $V_{BEmax} = V_{bm} + V_{BB}$ 升高时，静态特性曲线将向上方平移。由于原来放大器工作于临界状态，所以这时放大器将进入过压工作状态；反之，当 V_{bm} 降低时，放大器将进入欠压工作状态。在欠压状态，随着 V_{bm} 的降低，I_{C0} 与 I_{C1} 也随之减小；进入过压工作状态后，由于电流脉冲出现凹陷，因此，当 V_{bm} 升高时，虽然脉冲振幅增大，但凹陷深度也会增加，故 I_{C0} 与 I_{C1} 的增长很缓慢。由前面所学的 P_c、$P_=$ 和 P_0 的公式可知，$P_=$ 的曲线形状与 I_{C0} 相同；P_0 的曲线形状与 I^2_{C1} 相同，而 P_c 则由两者之差求出。高频功率放大器的基极调制特性如图 7.13 所示。从图 7.13 中可以看出，在欠压区，V_B 对 I_{C1} 起控制作用，因此，基极调幅必须工作在欠压状态。

通过分析可知，提高 V_{BB} 与 V_{bm} 提高有类似的效果。

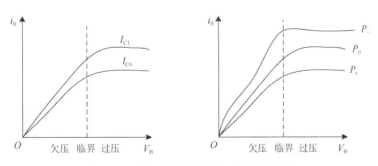

图 7.13　高频功率放大器的基极调制特性

7.4　高频功率放大器的馈电电路

7.4.1　对馈电电路的要求

通过前几节的分析可知，为了使高频功率放大器能正常工作，必须为晶体管各极添加相应的馈电电源。无论是集电极电路还是基极电路，它们的馈电方式都可以分为串联馈电和并联馈电两种基本形式。但无论是哪种馈电方式，都应遵循以下基本组成原则。

（1）保证V_{CC}、V_{BB}直流闭合通路。

（2）交流应有自己的通路。

（3）高频电流不通过电源。

7.4.2 集电极和基极馈电电路

1. 集电极馈电电路

集电极馈电线路分为串联和并联两种形式，如图 7.14 所示。其中，图 7.14（a）是串联形式，图 7.14（b）是并联形式。从图 7.14（a）中可以看出，由于晶体管、谐振回路和电源是以串联的形式连接的，所以称为串联馈电电路。其中，集电极中的直流电流从V_{CC}出发经扼流圈L_B和回路电感L流入集电极，然后经发射极回到电源负端；从发射极出来的高频电流经过旁路电容C_B和谐振回路再回到集电极。L_B的作用是阻止高频电流流过电源，因为电源总有内阻，高频电流流过电源会无谓地损耗功率，而且当多级放大器共享电源时，会产生不希望的寄生反馈。C_B的作用是提供交流通路，其值应使之呈现的阻抗远小于回路的高频阻抗。为有效地阻止高频电流流过电源，L_B应使之呈现的阻抗远大于C_B呈现的阻抗。

从图 7.14（b）中可以看出，晶体管、电源和谐振回路是以并联的形式连接的，故称为并联馈电电路。由于它正确使用了扼流圈L_B和耦合电容C_B，所以使电路中的交流有交流通路，直流有直流通路，并且交流不流过直流电源，满足了上述 3 点基本组成原则。

通过对比可以发现，串联馈电的优点在于V_{CC}、L_B、C_B处于高频电位，分布电容不易影响回路；而并联馈电的优点是回路一端处于直流电位，回路中的电感、电容元件的一端可以接地，安装方便。

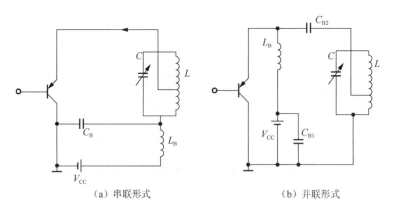

（a）串联形式　　　　　　　　　　（b）并联形式

图 7.14　集电极馈电电路

通过上面的分析可得如下结论。

（1）所谓串联馈电，指的就是晶体管、谐振回路和电源 3 者串联，而并联馈电中这 3 者是并联的。

（2）L_B的一般大小为几十 μH 到几百 μH。C_B的一般大小为 0.01～0.1μF。C_{B2}为隔直电容，而C_{B1}则用来防止高频电流流过电源。

（3）直流电源有杂散电容，会使电路不稳定，因此直流电源必须接地。

2．基极馈电电路

对于基极馈电电路，同样有串联和并联两种形式，如图 7.15 所示。其中，图 7.15（a）是串联形式，图 7.15（b）是并联形式。而且，在图 7.15（a）中，C_B 为旁路电容；在图 7.15（b）中，C_B 为隔直电容、L_B 为高频扼流圈。

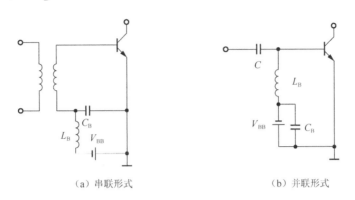

（a）串联形式　　　　　　　　　　（b）并联形式

图 7.15　基极馈电电路

在如图 7.15 所示的电路中，基极偏置电压 V_{BB} 都是用电池的形式来表示的。实际上，V_{BB} 单独用电池供给是不方便的，因此在实际中常采用以下方法来产生 V_{BB}。

（1）利用基极直流分量 I_{B0} 在 R_B 上产生所需的偏置电压 V_{BB}，或者利用发射极电流的直流分量在 R_E 上产生所需的 V_{BB}，如图 7.16 所示。

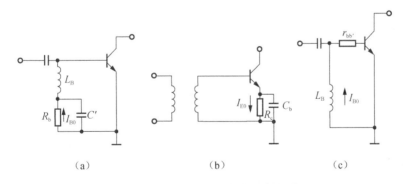

（a）　　　　　　　　（b）　　　　　　　　（c）

图 7.16　常用的产生基极偏压的方法

这种自给偏置的优点是能够自动维持放大器的工作稳定。当激励加大时，I_{E0} 增大，使偏压升高，因而使 I_{E0} 的相对增加量减小；反之，当激励减小时，I_{E0} 减小，偏压降低，因而使 I_{E0} 的相对减少量减小。

（2）利用基极电流在基极扩散电阻 r'_{bb} 上产生所需的 V_{BB}，由于 r'_{bb} 很小，因此得到的 V_{BB} 很低，且不够稳定。因而，一般只在需要低 V_{BB} 时才采用这种电路。如图 7.16 所示，利用基极扩散电阻 r'_{bb} 产生 V_{BB} 称为零偏置并联馈电电路。

7.4.3 输出回路

为了使功率放大器具有最大的输出功率，除正确设计晶体管的工作状态外，还必须具有良好的输入、输出匹配电路。输入匹配电路的作用是实现信号源输出阻抗与功率放大器输入阻抗的匹配，从而获得最大的激励功率。输出匹配电路的作用是将负载 R_L 变换为功率放大器所需的最佳负载电阻，从而保证功率放大器的输出功率最大。以下重点讨论输出匹配网络问题。

功率放大器和负载之间采用的输出匹配网络一般为二端口网络。这个二端口网络要完成的任务主要有以下 3 个。

（1）使负载和功率放大器阻抗相匹配，因而能以高效率输出大功率。

（2）抑制工作频率以外的频率分量，因此应有良好的滤波作用。

（3）当有多个器件同时输出功率时，应保证它们都能有效地传递功率到负载，但应使这些器件彼此隔离，互不影响。

本节只讨论前两个问题，即匹配和滤波问题，隔离的相关知识在后续课程中进行深入讨论。

最常见的输出回路是如图 7.17 所示的由互感耦合回路组成的复合输出回路。可以看出，天线回路通过互感耦合的形式与集电极调谐回路相耦合。在图 7.17 中，L_1 和 C_1 组成的回路介于晶体管与天线回路之间，称为中介回路；R_A 和 C_A 分别为天线辐射的电阻和电容，C_n 和 L_n 为天线回路调谐元件。

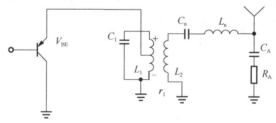

图 7.17 复合输出回路

除了采用互感耦合匹配电路，在实际中还经常采用其他形式的二端口网络。图 7.18 所示为几种常用的 LC 匹配网络，它们分别是由两种不同性质的电抗元件构成的 L/T/π 型二端口网络。由于电感和电容元件消耗的功率很小，因此可以高效地传输功率；同时，由于它们对频率有选择作用，所以决定了这种电路的窄带性质，可以很好地实现滤波功能。

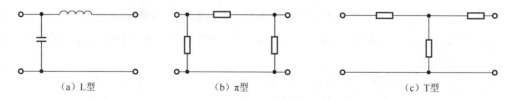

（a）L型　　　　　　　　（b）π型　　　　　　　　（c）T型

图 7.18 几种常用的 LC 匹配网络

可以看出，无论采用哪种匹配网络，从集电极向右看过去，都可以等效于一个并联谐振回路，如图 7.19 所示。由耦合电路理论可知，当天线回路调谐到串联谐振状态时，其反映到中介回路 L_1C_1 的等效电阻为

$$r' = \frac{(\omega M)^2}{R_A} \qquad (7\text{-}38)$$

等效电路的谐振阻抗为

$$R'_P = \frac{L_1}{C_1(r_1 + r')} = \frac{L_1}{C_1\left(r_1 + \dfrac{\omega^2 M^2}{R_A}\right)} \qquad (7\text{-}39)$$

可见，耦合越紧，即互感 M 越大，等效电阻 r' 越大，回路的等效阻抗 R'_p 减小得越多。因此，在复合输出回路中，即使负载（天线）短路，对电子元器件也不致造成严重的损害，而且它的滤波作用比简单回路优良，因此获得了广泛应用。

为了使器件的输出功率绝大部分能被送到负载 R_A 上，希望等效电阻 r' 远大于回路损耗电阻 r_1。为此引入中介回路效率的概念，用回路输出至负载的有效功率与输入回路的总交流功率之比来表示。中介回路效率可以反映回路传输能力的优劣。由图 7.19 可以看出：

$$\eta_K = \frac{\text{回路输出至负载的有效功率}}{\text{输入回路的总交流功率}} \qquad (7\text{-}40)$$

$$\eta_K = \frac{I_K^2 r'}{I_K^2 (r_1 + r')} = \frac{r'}{r_1 + r'} = \frac{(\omega M)^2}{r_1 R_A + (\omega M)^2} \qquad (7\text{-}41)$$

设 $R_P = \dfrac{L_1}{C_1 r_1}$ 表示无负载时回路的谐振阻抗，$R'_P = \dfrac{L_1}{C_1(r_1 + r')}$ 表示有负载时回路的谐振阻抗；$Q_0 = \dfrac{\omega L_1}{r_1}$ 表示无负载时回路的品质因数，$Q_L = \dfrac{\omega L_1}{r_1 + r'}$，表示有负载时回路的品质因数。

将以上定义代入式（7-41），可得

$$\eta_K = \frac{r'}{r_1 + r'} = 1 - \frac{r_1}{r_1 + r'} = 1 - \frac{R'_P}{R_P} = 1 - \frac{Q_L}{Q_0} \qquad (7\text{-}42)$$

通过式（7-42）可以看出，若想回路的传输效率高，则空载时回路的品质因数越大越好，有载品质因数越小越好，即中介回路本身损耗越低越好。

以上结论虽然是以互感耦合回路为例得出的，但对于其他形式的匹配网络也是适用的。

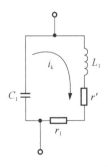

图 7.19　并联谐振回路

例 7-1：某高频功率放大器的动态特性曲线如图 7.20 所示。求：
（1）此时的工作状态。
（2）P_0、P_c、η 和 R_L。
（3）若要求高频功率放大器的功率最大，则应如何调整？

解：（1）从图 7.20 中的负载线的位置可以看出此时应该处于临界工作状态。

（2）从动态特性曲线中可看出：

$$V_{CC} = 18V , \quad I_{Cmax} = 2A , \quad V_{CEmin} = 3V , \quad V_{C1m} = 15V$$

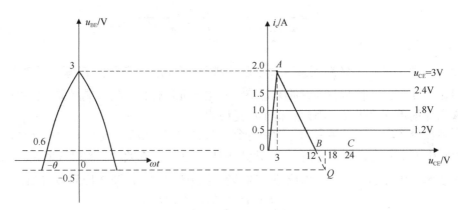

图 7.20　例 7-3 图

从输入信号可以看出：

$$V_{BB} + V_{BZ} = 0.6V , \quad V_{bm} = 3V$$

因此有

$$\cos\theta = \frac{0.6}{3} = 0.2 ，通过查表可知 \theta = 78° ，由此可得$$

$$I_{C1} = i_{Cmax}\alpha_1(78°) = 2A \times 0.466 = 0.932A$$

$$I_{C0} = i_{Cmax}\alpha_0(78°) = 0.558A$$

$$P_0 = \frac{1}{2}I_{C1}V_{C1m} = 6.99W$$

$$P_= = I_{C0}V_{CC} = 10.044W$$

$$P_c = P_= - P_0 = 3.054W$$

$$\eta = \frac{P_0}{P_=} \approx 69.6\%$$

$$R_L = \frac{V_{C1m}}{I_{C1}} \approx 16.09\Omega$$

（3）由于高频功率放大器的输出功率在弱过压状态下能达到最大，因此考虑将其工作状态从临界状态调整至弱过压状态，可参考的操作有如下几种：①增大负载电阻 R_L；②增大基极输入信号 v_b；③提高基极偏置电压 V_{BB}；④降低集电极电源电压 V_{CC}。

7.5　晶体管倍频器

1. 倍频器

倍频器是一种使输出信号频率变为输入信号频率的整数倍的电路。它常用作甚高频无线电发射机或其他电子设备的中间级。采用倍频器的主要原因有以下几点。

（1）采用倍频输出可降低主振荡器的工作频率，提高频率稳定度。由于在实际中，主振荡器的工作频率越高，会导致其频率稳定度越低，因此一般采用频率较低、频率稳定度较高的晶体振荡器，后面加若干级倍频器来达到所需频率。因此，对于要求工作频率高，且要求频率稳定度严格的通信设备和电子仪器就需要倍频器。

（2）许多通信机在主振荡器工作频段不扩展的条件下，利用倍频器可以扩展发射机输出级的工作频段。例如，主振荡器工作在 2～4MHz，在其后采用 2 倍频器或 4 倍频器，则该级在频段开关控制下，输出级就可以获得 2～4MHz、4～8MHz、8～16MHz 这 3 个频段。

（3）如果是调频或调相发射机，那么利用倍频器可以增大调制指数，扩展频移或相移宽度。

（4）倍频器的输入与输出频率不同，因而减弱寄生耦合，可以使发射机的工作稳定性得到提高。

倍频器按工作原理可分为两种：一种是利用 PN 结结电容的非线性变化得到输入信号的谐波，这种倍频器称为参变量倍频器；另一种是丙类倍频器。

本节主要介绍由调谐功率放大器（丙类功率放大器）构成的倍频器，即丙类倍频器。

2．丙类倍频器的工作原理

丙类倍频器的原理电路如图 7.21 所示。可以发现，从电路形式来看，它与丙类功率放大器基本相同，不同之处在于丙类倍频器集电极并联谐振回路是对输入频率 f_i 的 n 倍谐振，而对基波和其他谐波失谐，集电极电流 i_c 中的 n 次谐波通过谐振回路，而基波和其他谐波则被滤掉，谐振回路最终的输出频率为 f_i 的 n 倍，即 nf_i。

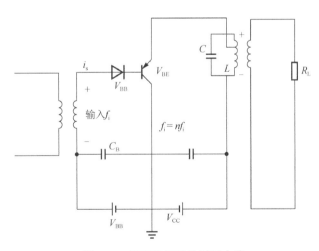

图 7.21　丙类倍频器的原理电路

如果集电极调谐回路谐振在 2 次或 3 次谐波频率上，则滤除基波和其他谐波分量，丙类功率放大器就主要有 2 次或 3 次谐波电压输出。这样，丙类功率放大器就成了 2 倍频器或 3 倍频器。

图 7.22 给出了 2 倍频器的频谱结构。其中，图 7.22（a）所示为集电极电流脉冲 i_c 的频谱图，可见，i_c 中包含了各次谐波，若 LC 回路谐振于 2 次谐波，则其幅频特性如图 7.22（b）所示，回路输出电压如图 7.22（c）所示。可见，最后输出信号中的主要成分为 2 次谐波，实

现了倍频。

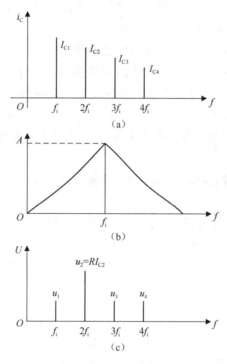

图 7.22　2 倍频器的频谱结构

3．定量估计

下面对丙类倍频器进行一些定量估计。由前述高频功率放大器的论述可知，集电极电流中的 n 次谐波的大小为

$$I_{Cn} = I_{Cmax}\alpha_n\left(\theta_c\right) \tag{7-43}$$

n 倍频器的输出功率为

$$P_{on} = \frac{1}{2}I_{Cn}U_{Cnm} = \frac{1}{2}U_{Cnm}I_{Cmax}\alpha_n\left(\theta_c\right) \tag{7-44}$$

效率为

$$\eta_{cn} = \frac{1}{2}\frac{I_{Cn}}{I_{C0}}\frac{U_{Cnm}}{V_{CC}} = \frac{1}{2}\frac{\alpha_n\left(\theta_c\right)}{\alpha_0\left(\theta_c\right)}\frac{U_{Cnm}}{V_{CC}} \tag{7-45}$$

由余弦脉冲分解系数可知，无论导通角 θ_c 为何值，α_n 均小于 α_1，即在其他情况相同的条件下，丙类倍频器的输出功率和效率将远小于（低于）丙类功率放大器，且随着次数 n 的增加而迅速减小（降低）。为了增大（提高）倍频器的输出功率和效率，要选择合适的导通角 θ_c。

由图 7.8 可知，当导通角 θ_c 为 60° 时，2 次谐波分解系数最大，$\alpha_2\left(60°\right) = 0.276$；当导通角 θ_c 为 40° 时，3 次谐波分解系数最大，$\alpha_3\left(40°\right) = 0.185$，此时的输出功率最大、效率最高。可见，最佳导通角 θ_n 与倍频次数 n 的关系为

$$\theta_n = \frac{120°}{n} \tag{7-46}$$

并且可以发现，当 n 越大时，导通角越小，对应的倍频器的输出功率越小，一般 n 为 2～

3，太大或太小都不行。

　　需要注意的是，倍频器的输出电压振幅与输入电压振幅不是线性关系，这种倍频不适用于调幅信号倍频，但是对振幅不变的窄带调频和调相信号是适用的。

7.6　高效功率放大器介绍

　　在 VHF 和 UHF 频段，已经出现了一些集成高频功率放大器件。这些器件的体积小、可靠性高、外接元件少、输出功率一般在几 W 到十几 W 之间。日本三菱公司的 M57704 系列，以及美国 Motorola 公司的 MHW 系列便是其中的代表产品。

　　三菱公司的 M57704 系列产品是一种厚膜混合集成电路，包括多个型号，频率为 335～512MHz，可用于频率调制移动通信系统，其典型输出功率为 13W，功率增益为 18dB，效率为 35%～40%。

　　图 7.23 所示为 M57704 系列产品的等效电路图。可见，它包括 3 级放大电路，匹配网络由微带线和电感、电容元件混合组成。

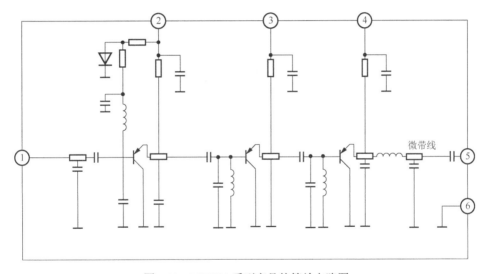

图 7.23　M57704 系列产品的等效电路图

表 7.1 列出了 Motorola 公司集成高频功率放大器 MHW 系列中部分型号的电特性参数。

表 7.1　MHW 系列中部分型号的电特性参数

型号	电源电压典型值/V	输出功率/W	最小功率增益/dB	效率/%	最大控制电压/V	频率范围/MHz	内部放大器级数	输入/输出阻抗/Ω
MHW105	7.5	5.0	37	40	7.0	68～88	3	50
MHW607-1	7.5	7.0	38.5	40	7.0	136～150	3	50
MHW704	6.0	3.0	34.8	38	6.0	440～70	4	50
MHW704-1	7.5	7.0	38.5	40	7.0	403～440	4	50
MHW803-1	7.5	2.0	33	37	4.0	820～850	4	50
MHW804-1	7.5	4.0	36	32	3.75	800～870	5	50

续表

型号	电源电压典型值/V	输出功率/W	最小功率增益/dB	效率/%	最大控制电压/V	频率范围/MHz	内部放大器级数	输入/输出阻抗/Ω
MHW903	7.2	3.5	35.4	40	3	890～915	4	50
MHW914	12.5	14	1.5	35	3	890～915	5	50

思考题与习题

7.1 为什么低频功率放大器不能工作在丙类状态？而高频功率放大器则可以工作在丙类状态？

7.2 当谐振功率放大器的激励信号为正弦波时，集电极电流通常为余弦脉冲，但为什么能得到正弦电压输出呢？

7.3 晶体管集电极效率是怎样确定的？若要提高集电极效率，应从何处入手？

7.4 导通角怎样确定？它与哪些因素有关？导通角变化对丙类功率放大器的输出功率有何影响？

7.5 谐振功率放大器原来工作在临界状态，如果外接负载突然断开，那么晶体管的 I_{C0}、I_{C1} 如何变化？输出功率 P_0 如何变化？

7.6 谐振功率放大器原来工作在临界状态，如果等效负载电阻 R_C 突然变化：①增大为原来的 2 倍；②减小为原来的 $\frac{1}{2}$。那么，它的输出功率 P_0 将如何变化？并说明理由。

7.7 在谐振功率放大器中，若 V_{BB}、V_{bm}、V_{C1m} 维持不变，则当 V_{CC} 改变时，I_{C1} 有明显变化，问该谐振功率放大器原来工作于何种状态？为什么？

7.8 在谐振功率放大器中，若 V_{bm}、V_{CC}、V_{C1m} 不变，而当 V_{BB} 改变时，I_{C1m} I_{C1} 有明显变化，问该谐振功率放大器原来工作于何种状态？为什么？

7.9 某一晶体管谐振功率放大器，设已知 $V_{CC}=24\text{V}$、$I_{C0}=250\text{mA}$、$P_0=5\text{W}$，电压利用系数等于 1，求 P_c、R_C、η_c、I_{C1m}。

7.10 某调谐功率放大器，已知 $V_{CC}=24\text{V}$、$P_0=5\text{W}$。问：

（1）当 $\eta_c=60\%$ 时，P_c 及 I_{C0} 的值是多少？

（2）若 P_0 保持不变，将 η_c 提高到 80%，则 P_c 减小多少？

7.11 已知晶体管输出特性曲线中的饱和临界线跨越 $g_{cr}=0.8\text{A/V}$，用此晶体管做成的谐振功率放大电路的 $V_{CC}=24\text{V}$、$\theta_c=70°$、$I_{Cmax}=2.2\text{A}$，$\alpha_0(70°)=0.253$，$\alpha_1(70°)=0.436$，并工作在临界状态。试计算 P_0、$P_=$、η_c 和 R_P。

7.12 若设计一个调谐功率放大器，已知 $V_{CC}=12\text{V}$、$V_{CES}=1\text{V}$、$Q_0=20$、$Q_L=4$、$\alpha_1(60°)=0.39$，要求负载上消耗的交流功率 $P_L=200\text{mW}$，工作频率 $f_0=2\text{MHz}$，问如何选择晶体管？

7.13 已知两个谐振功率放大器具有相同的回路元件参数，它们的输出功率分别为 1W 和 0.6W。若提高它们的 E_c，发现前者的输出功率增加不明显，后者的输出功率增加明显，试分析原因。若要明显增大前者的输出功率，还需要采取什么措施？

7.14　已知某一谐振功率放大器工作在临界状态，其外接负载为天线，等效阻抗近似为电阻。若天线突然短路，试分析电路工作状态如何变化？晶体管工作是否安全？

7.15　已知某谐振功率放大器工作在临界状态，输出功率为 15W，且 $V_{CC} = 34V$、$\theta_c = 70°$、$\alpha_0(70°) = 0.253$、$\alpha_1(70°) = 0.436$。该谐振功率放大器的参数为：临界线斜率 $g_{cr} = 1.5A/V$，$I_{Cm} = 5A$。求：

（1）直流功率 P_s、集电极损耗功率 P_c、集电极效率 η_c、最佳负载电阻 R_P。

（2）若输入信号振幅增大为原来的 2 倍，则该谐振功率放大器的工作状态将如何变化？此时的输出功率大约为多少？

7.16　谐振功率放大器的电源电压 V_{CC}、集电极电压 V_{Cm} 和负载电阻 R_L 保持不变，当集电极电流的导通角由 100° 减小到 60° 时，效率 η_c 提高了多少？相应的集电极电流脉冲幅值变化了多少？

7.17　某谐振功率放大器，如果它原来工作在临界状态，那么，如何调整外部参数可以让它进入过压或欠压工作状态？3 种状态各有什么用途？

7.18　什么是倍频器？倍频器在实际中有什么作用？

7.19　晶体管倍频器一般工作在什么状态？当倍频次数提高时，其最佳导通角是多少？2 倍频器和 3 倍频器的最佳导通角分别为多少？

7.20　某一基波功率放大器和某一丙类 2 倍频器，它们采用相同的晶体管，均工作于临界状态，有相同的 V_{BB}、V_{CC}、V_{bm}、θ_c，且 $\theta_c = 70°$。试计算该基波功率放大器与丙类 2 倍频器的功率之比和效率之比。

第 8 章

高频小信号放大器

8.1 概述

高频小信号放大器是指放大中心频率在几百千赫兹到几百兆赫兹，带宽在几千赫兹到几十兆赫兹的范围内的放大器，主要用于接收机中。

高频放大器与低频放大器的主要区别是二者的工作频率范围和带宽均不同，因此采用的负载形式不同。低频放大器的工作频率低，但是带宽与中心频率相比往往较大（高），采用的多是无调谐负载，如电阻等；而高频放大器的带宽与中心频率相比往往很小，因此一般采用选频网络（谐振回路）作为负载，组成谐振放大器。

放大器按照使用的器件来分，可以分为晶体管放大器、场效应管放大器和集成电路放大器；按带宽来分，可以分为窄带放大器和宽带放大器；按负载来分，可以分为谐振放大器和非谐振放大器；按电路形式来分，可以分为单级放大器和级联（多级）放大器。

高频小信号放大器的主要质量指标有如下 4 个。

1. 增益

增益是指放大器的输出电压（功率）与输入电压（功率）之比，用 A_V（或 A_P）来表示：

$$A_V = \frac{V_0}{V_i}, \quad A_P = P_0 / P_i \tag{8-1}$$

2. 通频带

放大器通频带的定义如图 8.1 所示，表示放大器的电压增益 A_V 下降到最大值的 0.7 倍（下降 3dB）时所对应的频率范围，一般用 $2\Delta f_{0.7}$ 来表示，实际中也称为 3dB 带宽；有时也会用到电压增益下降到最大值的 0.1 倍时所对应的频率范围，用 $2\Delta f_{0.1}$ 来表示。放大器的通频带取决于回路形式和回路的等效品质因数 Q。

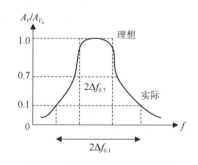

图 8.1　放大器通频带的定义

3．选择性

选择性指的是放大器从各种不同频率的信号中选出有用信号并抑制干扰信号的能力。在衡量放大器的选择性时，一般会用到以下两个指标。

（1）矩形系数 K_r，反映抑制邻近干扰的能力。

在理想情况下，放大器对通频带内的所有频率分量应有相同的放大倍数，对通频带外的邻近波道信号应该完全抑制，不予放大。但是实际中放大器的频率特性往往达不到理想的矩形特性，而是如图 8.1 所示的形状。为了评定实际曲线与理想矩形的接近程度，通常用矩形系数 K_r 来表示，其定义为

$$K_{r_{0.1}} = \frac{2\Delta f_{0.1}}{2\Delta f_{0.7}} \tag{8-2}$$

或

$$K_{r_{0.01}} = \frac{2\Delta f_{0.01}}{2\Delta f_{0.7}} \tag{8-3}$$

式中，$2\Delta f_{0.7}$ 为放大器的通频带，用 $2\Delta f_{0.1}$ 和 $2\Delta f_{0.1}$ 分别表示相对放大倍数下降至 0.1 与 0.01 处的带宽。

显然，矩形系数 K_r 越接近 1，表示实际曲线越接近理想矩形，抑制邻近干扰的能力越强；K_r 越大，选择性越差，抑制邻近干扰的能力越弱。通常情况下，高频谐振小信号放大器的矩形系数为 2～5。

（2）抑制比（又称抗拒比）。

抑制比用来衡量放大器对某些特定频率的选择性的好坏，其定义为

$$d = \frac{A_{V_0}}{A_V} \tag{8-4}$$

式中，A_{V_0} 为谐振点处的放大倍数；A_V 为对干扰的放大倍数。

4．工作稳定性

工作稳定性主要指放大器的工作状态、晶体管参数、元件参数发生变化时，放大器性能的稳定性。一般的不稳定现象体现为增益变化、中心频率偏移、通频带变窄、谐振曲线变形等；极端的不稳定状态是放大器自激，完全不能正常工作。

8.2　高频小信号等效电路与参数

高频小信号放大器的负载是谐振回路，不是电阻性负载，不能用特性曲线作负载线的方法来分析，因为谐振回路对不同频率呈现出不同的等效阻抗 R_p。并且，在用等效电路法分析低频放大器时，只需两个参量（输入电阻和电流放大倍数）；而高频谐振放大器中晶体管的作用比较复杂，其等效电路为混合电路，参数也比较多。因此，高频小信号放大电路一般采用 Y 参数等效电路和混合 π 等效电路。

8.2.1 晶体管高频参数

为了更好地分析晶体管对高频电子线路性能的影响，必须了解晶体管的高频特性。下面介绍 3 个晶体管高频特性的参数。

1. 截止频率 f_β

随着电路工作频率的升高，共发射极电路电流放大倍数 β 将会下降，如图 8.2 所示，β 下降至低频值 β_0 的 $\dfrac{1}{\sqrt{2}}$ 时的频率称为晶体管的截止频率，一般用 f_β 来表示。

在低频电子线路中，已经知道

$$\beta = \frac{\beta_0}{1 + \mathrm{j}\dfrac{f}{f_\beta}} \tag{8-5}$$

其绝对值为

$$|\beta| = \frac{\beta_0}{\sqrt{1 + \left(\dfrac{f}{f_\beta}\right)^2}} \tag{8-6}$$

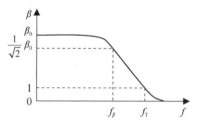

β—共发射极电路电流放大倍数；β_0—低频电流放大倍数。

图 8.2 β、截止频率和特征频率

2. 特征频率 f_T

当晶体管的工作频率继续升高时，β 会继续下降，当 $|\beta|$ 下降到 1 时，对应的频率为特征频率，用 f_T 表示，如图 8.2 所示。

3. 最高振荡频率 f_max

晶体管的最高振荡频率 f_max 是功率增益 $A_P = 1$ 时对应的工作频率。

上面 3 个频率参数的大小顺序是：$f_\mathrm{max} > f_\mathrm{T} > f_\beta$。

8.2.2 高频小信号等效电路

1. Y 参数等效电路

图 8.3（a）所示为晶体管共发射极电路。将晶体管看作一个二端口网络，用一些网络参数来组成等效电路，即 Y 参数等效电路，如图 8.3（b）所示。

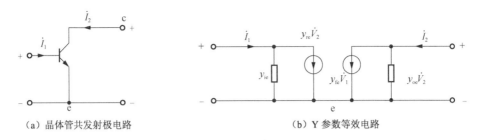

（a）晶体管共发射极电路　　　　　　　　（b）Y 参数等效电路

图 8.3　晶体管共发射极电路和 Y 参数等效电路

在工作时，输入端有输入电压 $\dot{V}_1$ 和输入电流 $\dot{I}_1$；输出端有输出电压 $\dot{V}_2$ 和输出电流 $\dot{I}_2$。以电压 $\dot{V}_1$ 和 $\dot{V}_2$ 为自变量、电流 $\dot{I}_1$ 和 $\dot{I}_2$ 为参变量，参数方程为

$$\begin{cases} \dot{I}_1 = y_{ie}\dot{V}_1 + y_{re}\dot{V}_2 \\ \dot{I}_2 = y_{fe}\dot{V}_1 + y_{be}\dot{V}_2 \end{cases} \tag{8-7}$$

式中，$y_{ie} = \dfrac{\dot{I}_1}{\dot{V}_1}\bigg|_{\dot{V}_2=0}$ 为输出短路时的输入导纳；$y_{re} = \dfrac{\dot{I}_1}{\dot{V}_2}\bigg|_{\dot{V}_1=0}$ 称为输入短路时的反向传输导纳；

$y_{fe} = \dfrac{\dot{I}_2}{\dot{V}_1}\bigg|_{\dot{V}_2=0}$ 为输出短路时的正向传输导纳；$y_{oe} = \dfrac{\dot{I}_2}{\dot{V}_2}\bigg|_{\dot{V}_1=0}$ 为输入短路时的输出导纳。

注意：这些参数只与晶体管的特性有关，与外电路无关。

2. 混合 π 等效电路

在利用 Y 参数等效电路时，不用考虑晶体管的内部物理过程，只需考虑输入端、输出端的电流、电压关系，这种思路可以应用于任意二端口网络。如果把晶体管的内部物理过程用集中参数元件电感、电容、电容来表示，则可以得到晶体管的混合 π 等效电路，如图 8.4 所示。

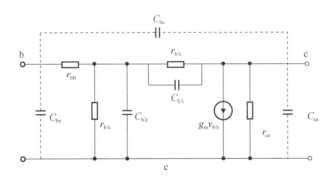

图 8.4　晶体管的混合 π 等效电路

以下给出的是某典型晶体管混合 π 等效电路的参数值：

$$r_{b'c} = 1\text{M}\Omega \quad C_{b'e} = 500\text{pF} \quad r_{bb} = 25\Omega \quad C_{b'c} = 5\text{pF}$$

$$r_{b'e} = 150\Omega \quad r_{ce} = 100\text{k}\Omega \quad g_m = 50\text{mS}$$

式中，$r_{b'e}$ 为发射结结电阻，$r_{b'e} = \dfrac{26\beta_0}{I_E} \left(r_{b'e} = \beta_0 r_d,\ r_d = \dfrac{26}{I_e} \right)$；$C_{b'e}$ 为发射结结电容；$r_{b'c}$ 为集电结结电阻（由于集电结反偏，所以结电阻阻值很大）；$C_{b'c}$（或 C_c）为集电结结电容；$r_{b'b}$ 为基极电阻；$g_m v_{b'e}$ 为晶体管放大作用的等效电流发生器；g_m 为晶体管跨导，可代表晶体管的放

大能力，$g_{\mathrm{m}} = \dfrac{I_{\mathrm{E}}}{2\beta} = \dfrac{1}{r_{\mathrm{d}}} = \dfrac{\beta_0}{r_{\mathrm{b'e}}}$；$r_{\mathrm{ce}}$ 为集-射极电阻。另外，在实际中，C_{be}、C_{bc} 和 C_{ce} 的值都很小，一般可忽略。

8.3 晶体管谐振放大器

8.3.1 单调谐回路谐振放大器

1. 简单实际回路

晶体管单调谐回路谐振放大器电路如图 8.5 所示，若略去直流偏置电路，则可以等效成如图 8.6 所示的简单实际回路。由图 8.6 可知，晶体管谐振回路的输入一般采用变压器耦合的方式与前级相连，而负载电路为 LC 谐振回路。除了作为负载，LC 谐振回路还承担了选频的作用，即滤除不需要的频率成分。晶体管谐振放大器与下级负载 R_{L} 一般也采用变压器耦合的方式相连。采用变压器耦合的方式可以减小本级输出导纳与下级负载 R_{L} 对 LC 谐振回路的影响，同时，通过调整初、次级线圈的抽头位置和线圈的匝数比，可以灵活地进行阻抗匹配，从而获得所需的功率增益。

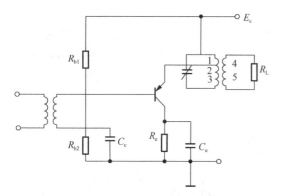

图 8.5 晶体管单调谐回路谐振放大器电路

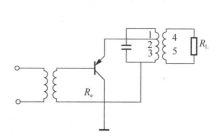

图 8.6 简单实际回路

将如图 8.6 所示的简单实际回路的晶体管利用 Y 参数进行等效。为讨论方便，先把接入晶体管集电极的导纳统一为 y'_{L}，可得到如图 8.7 所示的 Y 参数等效电路。

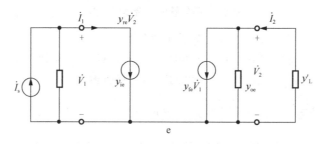

图 8.7 Y 参数等效电路

在图 8.7 中，y'_L 为等效到集电极的负载，包括振荡回路导纳及负载 R_L 的导纳，可定义为 $y'_L = G'_L + jB'_L$。

1）电压放大倍数 A_V

由图 8.7 可知，输出电压 $\dot{V}_2$ 为

$$\dot{V}_2 = -\dot{V}_1 y_{fe} \cdot \frac{1}{y_{oe} + y'_L} \tag{8-8}$$

因此，电压放大倍数 A_V 为

$$A_V = \frac{\dot{V}_2}{\dot{V}_1} = -\frac{y_{fe}}{y_{oe} + y'_L} \tag{8-9}$$

当回路达到谐振状态时，电纳 B'_L 为 0，此时的电压放大倍数为

$$A_{V_0} = \frac{|y_{fe}|}{G_{oe} + G'_L} \tag{8-10}$$

2）输入导纳 y_i（有 y'_L 时）

在图 8.7 中，有

$$\dot{I}_1 = y_{ie}\dot{V}_1 + y_{re}\dot{V}_2 \tag{8-11}$$

将式（8-8）代入式（8-11），消去 $\dot{V}_2$，可得

$$y_i = \frac{\dot{I}_1}{\dot{V}_1} = y_{ie} - \frac{y_{re}y_{fe}}{y_{oe} + y'_L} \tag{8-12}$$

3）输出导纳 Y_o（考虑信号源内部导纳 Y_s）

令 $\dot{I}_s = 0$，在图 8.7 中，可知

$$-y_s\dot{V}_1 = y_{ie}\dot{V}_1 + y_{re}\dot{V}_2 \tag{8-13}$$

$$\dot{I}_2 = y_{fe}\dot{V}_1 + y_{oe}\dot{V}_2 \tag{8-14}$$

联立式（8-13）和式（8-14），可消去 $\dot{V}_1$，有

$$y_o = \frac{\dot{I}_2}{\dot{V}_2} = y_{oe} - \frac{y_{re}y_{fe}}{y_{ie} + y_s} \tag{8-15}$$

4）功率放大倍数 A_P

功率放大倍数 A_P 是指集电极输出功率与基极输入功率之比。由于放大器输入电导为 G_i（输入导纳 y_i 的实部），所以有

$$A_P = \frac{P_0}{P_i} = \frac{\frac{1}{2}\dot{V}_2^2 G'_L}{\frac{1}{2}\dot{V}_1^2 G_i} = A_V^2 \frac{G'_L}{G_i} \tag{8-16}$$

当 G'_L 与放大器的输出电导相等时，输出功率最大，即 $G_L = G_{oe}$（G_{oe} 为输出导纳 y_{oe} 的实部），此时的功率放大倍数 A_P 达到最大，即

$$A_{P_{max}} = \frac{|y_{fe}|^2}{4G_{oe}G_i} \tag{8-17}$$

2. 带抽头的 LC 振荡回路作为负载

在前面的讨论中，采用 y'_L 作为等效到集电极的负载来进行电路分析，在实际中一般利用

带抽头的 LC 振荡回路作为负载，若考虑谐振回路的部分接入，则其 Y 参数等效电路如图 8.8 所示。

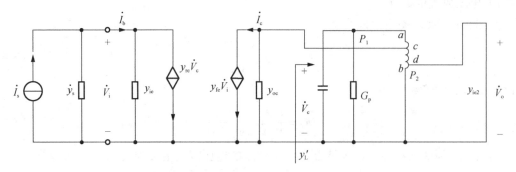

图 8.8　带抽头的 LC 振荡回路作为负载的 Y 参数等效电路

已知输入导纳 y_{ie} 可以表示为

$$y_{ie} = g_{ie1} + j\omega C_{ie1} \tag{8-18}$$

并且在实际中，当采用多级电路时，每级采用的晶体管一般都是相同的，因此可以认为

$$y_{ie} = y_{ie2} \tag{8-19}$$

同样，输出端的导纳 y_{oe} 和 y_{ie2} 也可以有如下定义：

$$y_{oe} = g_{oe} + j\omega C_{oe} \tag{8-20}$$

$$y_{ie2} = g_{ie2} + j\omega C_{ie2} \tag{8-21}$$

定义抽头系数为

$$P_1 = \frac{L_{cb}}{L_{ab}}, \quad P_2 = \frac{L_{db}}{L_{ab}} \tag{8-22}$$

y_L' 为从晶体管集电极向右看进去的回路总阻抗，如图 8.9 所示，代表回路本身的损耗，即回路的谐振阻抗。

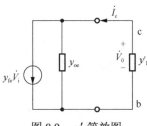

图 8.9　y_L' 等效图

由图 8.8 可得

$$\dot{I}_b = y_{ie}\dot{V}_i + y_{re}\dot{V}_c \tag{8-23}$$

$$\dot{I}_c = y_{fe}\dot{V}_i + y_{oe}\dot{V}_c \tag{8-24}$$

由图 8.9 可得

$$\dot{I}_c = -\dot{V}_c y_L' \tag{8-25}$$

将式（8-24）和式（8-25）合并，有

$$-\dot{V}_c y_L' = y_{fe}\dot{V}_i + y_{oe}\dot{V}_c \tag{8-26}$$

由此可以得到集电极的输出电压 $\dot{V}_{\mathrm{c}}$：

$$\dot{V}_{\mathrm{c}} = -\frac{y_{\mathrm{fe}}}{y'_{\mathrm{L}} + y_{\mathrm{oe}}} \dot{V}_{\mathrm{i}} \tag{8-27}$$

将式（8-27）代入式（8-23），得

$$\dot{I}_{\mathrm{b}} = y_{\mathrm{ie}} \dot{V}_{\mathrm{i}} + y_{\mathrm{re}} \left(-\frac{y_{\mathrm{fe}}}{y'_{\mathrm{L}} + y_{\mathrm{oe}}} \right) \dot{V}_{\mathrm{i}} = \left(y_{\mathrm{ie}} - \frac{y_{\mathrm{re}} y_{\mathrm{fe}}}{y'_{\mathrm{L}} + y_{\mathrm{oe}}} \right) \dot{V}_{\mathrm{i}} \tag{8-28}$$

1）放大器输入导纳 y_{i}

放大器输入导纳为

$$y_{\mathrm{i}} = \frac{\dot{I}_{\mathrm{b}}}{\dot{V}_{\mathrm{i}}} = y_{\mathrm{ie}} - \frac{y_{\mathrm{re}} y_{\mathrm{fe}}}{y_{\mathrm{oe}} + y'_{\mathrm{L}}} \tag{8-29}$$

同上，一般若不考虑 y_{re}，则可近似为 $y_{\mathrm{i}} = y_{\mathrm{ie}}$。

2）电压增益

电压增益为

$$\dot{A}_V = \frac{\dot{V}_0}{\dot{V}_{\mathrm{i}}} \tag{8-30}$$

根据式（8-30）可知，计算电压增益需要根据抽头的变化关系计算 y'_{L}。

首先将 y_{ie2} 由低抽头 db 处转换到全部回路上，即 ab 处，变为 $P_2^2 y_{\mathrm{ie2}}$，则 ab 两点间的总导纳相当于并联谐振回路等效导纳 G_{P}、电容导纳 $\mathrm{j}\omega C$、电感导纳 $\dfrac{1}{\mathrm{j}\omega L}$ 和 $P_2^2 y_{\mathrm{ie2}}$ 并联的总导纳，即 y_{L} 为

$$y_{\mathrm{L}} = \left(G_{\mathrm{P}} + \mathrm{j}\omega C + \frac{1}{\mathrm{j}\omega L} + P_2^2 y_{\mathrm{ie2}} \right) \tag{8-31}$$

再将 y_{L} 从高抽头 ab 处转换到集电极（cb 处），可得

$$y'_{\mathrm{L}} = \frac{1}{P_1^2} y_{\mathrm{L}} = \frac{1}{P_1^2} \left(G_{\mathrm{P}} + \mathrm{j}\omega C + \frac{1}{\mathrm{j}\omega L} + P_2^2 y_{\mathrm{ie2}} \right) \tag{8-32}$$

式中，P_1 为并联谐振回路从高抽头转换到集电极接入的抽头系数，而 P_2 为下一级通过抽头接入并联谐振回路的接入系数，即有

$$P_1 = \frac{N_{bc}}{N_{ab}}, \quad P_2 = \frac{N_{bd}}{N_{ab}} \tag{8-33}$$

根据抽头的电压变化关系可得

$$\dot{V}_0 = P_2 \dot{V}_{ab}, \quad \dot{V}_{ab} = \frac{1}{P_1} \dot{V}_c \tag{8-34}$$

即

$$\dot{V}_0 = \frac{P_2}{P_1} \dot{V}_c \tag{8-35}$$

将式（8-27）代入式（8-35），可以得到

$$\dot{V}_0 = \frac{-P_2 y_{\mathrm{fe}}}{P_1 \left(y_{\mathrm{ve}} + y'_{\mathrm{L}} \right)} \dot{V}_{\mathrm{i}} \tag{8-36}$$

即可得电压增益为

$$\dot{V}_V = \dot{V}_0 / \dot{V}_i = \frac{-P_2 y_{fe}}{P_1 \left(y_{ve} + y_L' \right)} = \frac{-P_1 P_2 y_{fe}}{P_1^2 y_{ve} + y_L} \tag{8-37}$$

将式（8-37）代入如下关系式：

$$y_{oe} = g_{oe} + j\omega C_{oe} \tag{8-38}$$

$$y_{ie2} = g_{ie2} + j\omega C_{ie2} \tag{8-39}$$

$$y_L = G_P + j\omega C + \frac{1}{j\omega L} + P_2^2 y_{ie2} \tag{8-40}$$

整理后可得

$$\dot{A}_V = \frac{-P_1 P_2 y_{fe}}{\left(P_1^2 g_{oe} + P_2^2 g_{ie2} + G_P \right) + j\omega \left(C + P_1^2 C_{oe} + P_2^2 C_{ie2} \right) + \dfrac{1}{j\omega L}} \tag{8-41}$$

为了计算方便，可以令 $g_\Sigma = P_1^2 g_{oe} + P_2^2 g_{ie2} + G_P$，相当于将所有元件参数都折算为 LC 谐振回路两端的总电导之和，令 $C_\Sigma = C + P_1^2 C_{oe} + P_2^2 C_{ie2}$，相当于将所有元件参数都折算为 LC 谐振回路两端的总电容之和，如图 8.10 所示。此时，式（8-41）可以进一步化简为

$$\dot{A}_V = \frac{-P_1 P_2 y_{fe}}{g_\Sigma + j\omega C_\Sigma + \dfrac{1}{j\omega L}} \tag{8-42}$$

式中，分母为如图 8.10 所示的等效并联谐振回路的导纳。

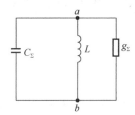

图 8.10　将所有元件参数都折算到谐振回路两端的等效负载网络

因为并联谐振回路中存在如下关系：

$$g_\Sigma + j\omega C_\Sigma + \frac{1}{j\omega L} = g_\Sigma \left[1 + j\frac{2Q_L \Delta f}{f_0} \right] \tag{8-43}$$

所以回路增益也可以写为

$$\dot{A}_V = \frac{-P_1 P_2 y_{fe}}{g_\Sigma \left[1 + j\dfrac{2Q_L \Delta f}{f_0} \right]} \tag{8-44}$$

式中，f_0 为谐振回路的谐振频率，因此有

$$f_0 = \frac{1}{2\pi\sqrt{LC_\Sigma}} \tag{8-45}$$

实际工作频率 f 对 f_0 失谐，且 Δf 为失谐大小，即

$$\Delta f = f - f_0 \tag{8-46}$$

回路的等效品质因数为

$$Q_{\mathrm{L}} = \frac{\omega_0 C_\Sigma}{g_\Sigma} \tag{8-47}$$

谐振时，失谐为零，即 $\Delta f = 0$ ，可得此时回路的增益为

$$\dot{A}_{V_0} = \frac{-P_1 P_2 y_{\mathrm{fe}}}{g_\Sigma} = \frac{-P_1 P_2 y_{\mathrm{fe}}}{G_{\mathrm{P}} + P_1^2 g_{\mathrm{oe}} + P_2^2 g_{\mathrm{ie2}}} \tag{8-48}$$

注意：式（8-48）中的负号"–"表示输入、输出电压的相位差为 $180°$ ，加之 y_{fe} 本身有相角 φ_{fe} ，因此实际的相位差为 $(180°+\varphi_{\mathrm{fe}})$ 。只有当工作频率 f 较低时，才认为 $\varphi_{\mathrm{fe}} = 0$ ，此时输入和输出信号的相位差为 $180°$ 。

3）功率增益 G_{P} （谐振时）

功率增益可以定义为

$$G_{\mathrm{P}} = \frac{P_0}{P_{\mathrm{i}}} \tag{8-49}$$

式中，P_0 指输出端负载 g_{ie2} 上的功率；P_{i} 指输入功率。由于只讨论谐振时的功率增益，因此可以给出谐振时的简化等效电路，如图 8.11 所示。

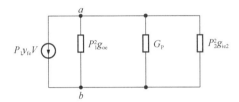

图 8.11　谐振时的简化等效电路

由图 8.8 可得

$$P_{\mathrm{i}} = \frac{1}{2} V_{\mathrm{i}}^2 g_{\mathrm{ie1}} \tag{8-50}$$

由图 8.11 可得

$$P_0 = \frac{1}{2} V_{ab}^2 P_2^2 g_{\mathrm{ie2}} = \frac{1}{2} \left(\frac{P_1 |y_{\mathrm{fe}}| V_{\mathrm{i}}}{g_\Sigma} \right)^2 P_2^2 g_{\mathrm{ie2}} \tag{8-51}$$

因此，谐振时的功率增益为

$$A_{P_0} = \frac{\dfrac{1}{2} V_{\mathrm{i}}^2 g_{\mathrm{ie1}}}{\dfrac{1}{2} \left(\dfrac{P_1 |V_{\mathrm{fe}}| V_{\mathrm{i}}}{g_\Sigma} \right)^2 P_2^2 g_{\mathrm{ie2}}} = \left(A_{V_0} \right)^2 \frac{g_{\mathrm{ie2}}}{g_{\mathrm{ie1}}} \tag{8-52}$$

式中，g_{ie1} 为本级放大器的输入电导；g_{ie2} 为下一级晶体管的输入电导。

若采用相同的晶体管，则 $g_{\mathrm{ie1}} = g_{\mathrm{ie2}}$ ，因此得

$$A_{P_0} = \left(A_{V_0} \right)^2 \tag{8-53}$$

要获得最高功率增益，一般当 G_{P} 与 $P_1^2 g_{\mathrm{oe}}$ 相比较小时，可近似匹配条件为

$$P_1^2 g_{\mathrm{oe}} = P_2^2 g_{\mathrm{ie2}} \tag{8-54}$$

此时，负载 $P_2^2 g_{\mathrm{ie2}}$ 与信源内阻 $P_1^2 g_{\mathrm{oe}}$ 相匹配，功率增益最高，且为

$$A_{P_{0,\max}} = \frac{P_1^2 P_2^2 g_{ie2} |y_{fe}|^2}{g_{ie1} g_\Sigma^2} \qquad (8\text{-}55)$$

4）通频带

因为电压增益表示式为

$$\dot{A}_V = \frac{-P_1 P_2 y_{fe}}{g_\Sigma \left(1 + j\dfrac{2Q_L \Delta f}{f_0}\right)}$$

所以其模值为

$$|A_V| = \frac{P_1 P_2 y_{fe}}{g_\Sigma \sqrt{1 + \left(\dfrac{2Q_L \Delta f}{2f_0}\right)^2}} \qquad (8\text{-}56)$$

$$|A_{V0}| = \frac{P_1 P_2 y_{fe}}{g_\Sigma} \qquad (8\text{-}57)$$

因此，当 $\left|\dfrac{A_V}{A_{V_0}}\right| = \dfrac{1}{\sqrt{1 + \left(\dfrac{2Q_L \Delta f}{f_0}\right)^2}} = \dfrac{1}{\sqrt{2}}$ 时，对应的 Δf 即 $\Delta f_{0.7}$ 放大器的带宽：

$$B = 2\Delta f_{0.7} = \frac{f_0}{Q_L} \qquad (8\text{-}58)$$

可见，当有载品质因数 Q_L 越大时，电路的通频带 $2\Delta f_{0.7}$ 会越窄。电路通频带的示意图如图 8.12 所示。

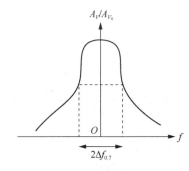

图 8.12　电路通频带的示意图

5）选择性

选择性一般用矩形系数来表示，由于 $K_{r0.1} = \dfrac{2\Delta f_{0.1}}{2\Delta f_{0.7}}$ ，而当 $\left|\dfrac{A_V}{A_{V_0}}\right| = \dfrac{1}{\sqrt{1 + \left(\dfrac{2Q_L \Delta f}{f_0}\right)^2}} = 0.1 = \dfrac{1}{10}$

时，对应的 Δf 即 $\Delta f_{0.1}$，因此有

$$1 + \left(\frac{2Q_L \Delta f_{0.1}}{f_0}\right)^2 = 10^2 \qquad (8\text{-}59)$$

可以得到

$$2\Delta f_{0.1} = \sqrt{10^2-1}\frac{f_0}{Q_L} \tag{8-60}$$

即矩形系数为

$$K_{r_{0.1}} = \frac{2\Delta f_{0.1}}{2\Delta f_{0.7}} = \sqrt{10^2-1} \approx 9.95 \gg 1 \tag{8-61}$$

由上面的结果可以看出，单调谐回路谐振放大器的矩形系数远大于 1。也就是说，它的谐振曲线和矩形相差较远，因此其邻近波道的选择性差。这是单调谐回路谐振放大器的缺点。

8.3.2　多级单调谐回路谐振放大器

若单级放大器的增益不能满足要求，则一般会采用多级放大器。假设放大器为 m 级，各级增益分别为 $A_{V_1},A_{V_2},\cdots,A_{V_m}$。显然，总增益 A_m 为各级增益的乘积，即

$$A_m = A_{V_1} \times A_{V_2} \times \cdots \times A_{V_m} \tag{8-62}$$

如果多级放大器是由完全相同的单级放大器组成的，即

$$A_{V_1} = A_{V_2} = \cdots = A_{V_m} \tag{8-63}$$

那么整个放大器的总增益为

$$A_m = A_{V_1}^m \tag{8-64}$$

对 m 级放大器而言，通频带的计算应满足

$$\left|\frac{A_m}{A_{m_0}}\right| = \frac{1}{\left[1+\left(\dfrac{2Q_L\Delta f}{f_0}\right)^2\right]^{m/2}} = \frac{1}{\sqrt{2}}$$

可得通频带为

$$\left(2\Delta f_{0.7}\right)_m = \sqrt{2^{1/m}-1}\frac{f_0}{Q_L} \tag{8-65}$$

式中，$\dfrac{f_0}{Q_L}$ 为单级放大器的通频带 $2\Delta f_{0.7}$。因此 m 级放大器和单级放大器的通频带具有如下关系：

$$\left(2\Delta f_{0.7}\right)_m = \sqrt{2^{1/m}-1}\cdot 2\Delta f_{0.7} \tag{8-66}$$

由于 m 是大于 1 的整数，所以 $\sqrt{2^{1/m}-1}$ 必定小于 1。因此，当 m 级放大器级联时，总的通频带比单级放大器的通频带变窄了。级数越多，即 m 越大，总的通频带越窄。

同样，可求得 m 级调谐放大器的矩形系数为

$$K_{r_{0.1}} = \frac{\left(2\Delta f_{0.1}\right)_m}{\left(2\Delta f_{0.7}\right)_m} = \sqrt{\frac{100^{1/m}-1}{2^{1/m}-1}} \tag{8-67}$$

可见，当级数 m 增加时，放大器的矩形系数有所改善。但是，这种改善也是有限度的。当 $m=10$ 时，$K_{r_{0.1}} \approx 2.9$，与理想的矩形还有很大的距离。

由以上分析可知，单调谐回路谐振放大器的选择性较差，增益和通频带的矛盾比较突出。为了改善选择性和解决这个矛盾，可采用双调谐回路谐振放大器和参差调谐放大器。

8.4 谐振放大器的稳定问题

1. 不稳定的原因

高频小信号放大器的工作稳定性是重要的质量指标之一。本节会讨论和分析谐振放大器工作不稳定的原因，并提出一些提高其稳定性的措施。

前面几节中讨论的放大器都是假定工作于稳定状态的，即输出电路对输入端没有影响（$y_{re} = 0$）。或者说，晶体管是单向工作的，输入可以控制输出，而输出则不影响输入。但实际上，由于晶体管存在反向传输导纳y_{re}，输出电压V_0可以反作用输入端，所以会引起输入电流的变化。这就是反馈作用。

此外，放大器外部还有其他反馈影响，如输出、输入间的耦合，公共电源耦合等，这些反馈都可能使放大器不稳定。

先分析y_{re}对放大器的影响，由式（8-29）可知放大器的输入导纳为

$$y_i = y_{ie} - \frac{y_{fe}y_{re}}{y_{oe} + y'_L} = y_{ie} + Y_F \tag{8-68}$$

式中，第 1 部分y_{ie}为输出端短路时晶体管本身的输入导纳；第 2 部分Y_F为通过y_{re}的反馈引起的输入导纳，反映了负载导纳y'_L的影响。图 8.13 所示为放大器输入端接有谐振回路时的等效输入端回路。设当不考虑反馈导纳Y_F时，输入端回路调谐，则当Y_F存在时，g_F与f有关，如图 8.14 所示。

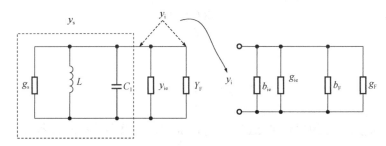

图 8.13 放大器输入端接有谐振回路时的等效输入端回路

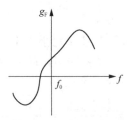

图 8.14 反馈电导g_F随频率变化的关系曲线

Y_F可写为

$$Y_F = g_F + jb_F = f\left(y_{fe}, y_{re}, y_{oe}, y'_L, \omega\right) \tag{8-69}$$

式中，g_F和b_F分别为电导部分与电纳部分。它们除与y_{fe}、y_{re}、y_{oe}、y'_L这些量有关外，还是频率的函数；随着频率的不同，其值也不同；且可能为正也可能为负。

反馈导纳的存在使放大器输入端的电导发生变化（考虑 g_F 的作用），也使放大器输入端回路的电纳发生变化（考虑 b_F 的作用）。前者改变了回路的等效品质因数 Q_L 的值，这将引起回路失谐。这些都会影响放大器的增益、通频带和选择性，并使谐振曲线发生畸变，如图 8.15 所示。特别值得注意的是，g_F 在某些频率上可能为负值，即呈负电导性，使回路的总电导减小，Q_L 增大，通频带变窄，增益也因损耗的降低而升高。这意味着负电导 g_F 给回路提供了能量，电路中出现了正反馈。如果反馈到输入端电路的电导 g_F 的负值刚好抵消了回路的原有电导的正值，则输入端回路总电导为零，反馈能量抵消了回路的损耗能量，放大器处于自激振荡工作状态，这是绝对不允许的。即使 g_F 的负值还没有完全抵消回路的原有电导的正值，放大器没有达到自激振荡状态，也已倾向于自激振荡。这时，放大器的工作也不是稳定的，称为潜在不稳定。这种情况也是不允许的。因此必须设法克服和减小晶体管内部反馈的影响，使放大器远离自激振荡，能稳定地工作。

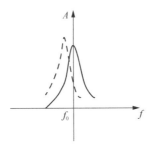

图 8.15　反馈导纳对放大器谐振曲线的影响

2. 稳定系数

从上面的分析可以看出，y_{re} 达到一定程度后，正反馈达到一定程度，放大器达到自激振荡状态，即当电路总导纳

$$y_s + y_i = 0 \tag{8-70}$$

为 0 时，表示放大器反馈的能量抵消了回路损耗的能量，且电纳部分也恰好抵消。这时放大器产生自激振荡。因此，放大器产生自激振荡的条件为

$$y_s + y_{ie} - \frac{y_{fe}y_{re}}{y_{oe} + y_L'} = 0 \tag{8-71}$$

即

$$\frac{(y_s + y_{ie})(y_{oe} + y_L')}{y_{fe}y_{re}} = 1 \tag{8-72}$$

对式（8-72）进行进一步推导，可以得到

$$S = \frac{2(g_s + g_{ie})(g_{oe} + G_L)}{|y_{fe}||y_{re}|[1 + \cos(\varphi_{fe} + \varphi_{re})]} = 1 \tag{8-73}$$

此时，回路会产生自激，将 S 称为谐振放大器的稳定系数，作为判断谐振放大器稳定工作的依据。当 $S=1$ 时，谐振放大器自激，只有当 $S \gg 1$ 时，谐振放大器才能稳定。一般情况下，要求稳定系数 S 为 5～10。

在实际中，工作频率远低于晶体管的特征频率，这时 $y_{fe} = |y_{fe}|$，即 $\varphi_{fe} = 0$。并且，在反向

传输导纳中，电纳起主要作用，即 $y_{re} = j\omega_0 C_{re}$，$\varphi_{re} \approx -90°$，$Y_{fe} \approx g_m$（忽略 $r_{b'b}$，即忽略晶体管跨导），且设 $g_1 = g_s + g_{ie}$，$g_2 = g_{oe} + G_L$，可以得到

$$S = \frac{2g_1 g_2}{\omega_0 C_{re} |y_{fe}|} \tag{8-74}$$

可见，要使 $S \gg 1$，必须使 C_{re} 尽可能小、$g_1 g_2$ 尽可能大。

提高谐振放大器的稳定性的方法如下。

（1）选择高频性能好的晶体管。由于反馈会引起不稳定，所以尽量使反馈电容小，由式（8-74）可以看出，如果减小反馈电容 C_{re}，则稳定系数 S 会增大。

（2）降低放大器工作增益。如前所示，放大器增益可以表示为

$$A_{V_0} = \frac{|y_{fe}|}{g_2} \tag{8-75}$$

可以看出，当 g_2 增大时，稳定系数 S 增大，但增益会降低。可见，放大器的稳定性与增益的提高是互相矛盾的。

当 $g_1 = g_2$ 时，把 $g_2 = \dfrac{|y_{fe}|}{A_{V_0}}$ 代入式（8-74），可以得到

$$A_{V_0} = \sqrt{\frac{2|y_{fe}|}{S\omega_0 C_{re}}} \tag{8-76}$$

取 $S=5$，得

$$\left(A_{V_0}\right)_S = \sqrt{\frac{|y_{fe}|}{2.5\omega_0 C_{re}}} \tag{8-77}$$

式中，$\left(A_{V_0}\right)_S$ 称为稳定电压增益，是谐振放大器稳定工作所允许的最高电压增益。因此式（8-77）可检验谐振放大器工作是否稳定。

实验模块

第 9 章

放大类实验

9.1　音频功率放大器实验

9.1.1　实验目的

（1）熟悉各种音频信号的产生方法和用途。

（2）观察并分析各种信号波形的特点。

9.1.2　电路工作原理

模拟信号源电路用来产生实验所需的各种音频信号，包括话音信号、音乐信号。

1. 话筒输入电路（麦克风电路）

（1）功用。

话筒输入电路用来给驻极体话筒提供直流工作电压。

（2）原理。

话筒输入电路如图 9.1 所示，VCC 经分压器 R2 向话筒提供约 2.5V 的工作电压，讲话时，话筒与R101 上的电压发生变化，其电压变化分量即话音信号，经E101 耦合输出，经 LM386 芯片（见图9.2）放大，芯片放大输出由可调电阻 W1 控制。

2. 音乐信号产生电路

（1）功用。

音乐信号产生电路用来产生音乐信号并送往调频发射前端进行调制，接收后解调还原出音乐信号，以检查调频过程的传输情况和传输质量。

（2）工作原理。

音乐信号产生电路如图 9.2 所示。音乐信号由U109 音乐片厚膜集成电路产生。其中，引脚 1 为电源端，引脚 2 为控

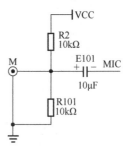

图 9.1　话筒输入电路

制端，引脚 3 为输出端，引脚 4 为公共地端。当提供引脚 1 所需电压后，引脚 3 输出音乐信号，经LM386 芯片放大，放大输出由可调电阻 W1 控制。

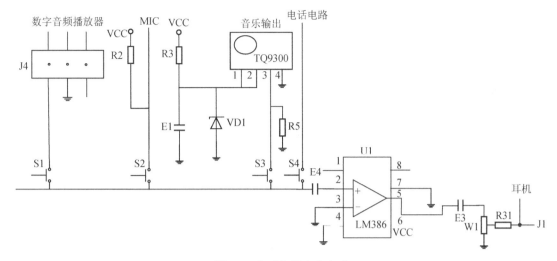

图 9.2 音乐信号产生电路

3. 模拟电话输入电路

图 9.3 是用PBL38710/1 电话集成电路组成的模拟电话输入电路，J1 是手柄的送话器接口。讲话时，话音信号从 TIPX 与 RINGX 引脚输入，经 U112 内部对话音信号进行传输处理后，从 VTX 与 RSN 引脚输出，经 LM386 芯片放大，放大输出由可调电阻 W1 控制。

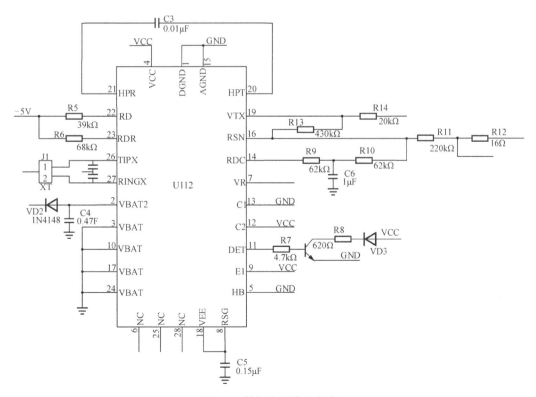

图 9.3 模拟电话输入电路

9.1.3 实验内容

（1）用示波器在测试点TP5上测量各点的波形：音乐信号产生电路、模拟电话输入电路、话筒输入电路。

（2）熟悉上述各种信号的产生方法、来源和去处，了解信号流程。

9.1.4 实验步骤

注意：音源不可同时选择开/关，根据实验需要选择，如果要选择另一音源，那么必须关闭第一次所选音源。

1．音源选择说明

（1）按下 S1，即选择 MP3 接通，再次按下关闭。

（2）按下 S2，即选择话筒接入，再次按下关闭。

（3）按下 S3，即选择音乐接通，再次按下关闭。

（4）按下 S4，即选择电话机接入，再次按下关闭。

2．接口说明

（1）J1：信号输出端口，测试点为 TP5。

（2）J103：电话机接入接口。

（3）E：耳机接入接口。

（4）M：话筒接入接口。

（5）W1：控制放大输出。

3．模拟电话

（1）按下 S4，即选择电话机接入，再次按下关闭。

（2）按下 S2，即选择话筒接入，再次按下关闭。

（3）将开关拨下通电。

（4）接入电话机或对着话筒说话，适当调节 W1 或正交鉴频模块 W5，将输出端口 J1 连接至正交鉴频模块的 J5 端口，可从音频输出电路的喇叭中听到自己的声音。在测量电话信号音时，需要配有一部电话；在测量话筒信号音时，需要配有一个话筒耳机。

4．MP3

MP3 有 USB 接口、SD 卡插槽。（可插入 U 盘，且 U 盘里保存已下载的歌曲或录音；同样，可插入 SD 卡，卡内保存已下载的歌曲或录音。）

（1）按下 S1，即选择 MP3 接通，再次按下关闭。

（2）将开关拨下通电，MP3 显示屏亮起，插入 U 盘或 SD 卡，显示出播放歌曲，通过功能键可选择播放下一曲或回到上一曲，也可选择暂停或播放，其余功能默认。

（3）适当调节 W1 或正交鉴频模块 W5，将输出端口 J1 连接至正交鉴频模块的 J5 端口，可从音频输出电路的喇叭中听到所播放的歌曲或录音。

（4）在进行调频系统联调时，可将前端调制信号输入调频系统中，并进行调制发射、接收解调处理以还原出歌曲。

可让学生通过此实验对调频系统有一个感性的认知。

5．音乐

（1）按下 S3，即选择音乐接通，再次按下关闭。

（2）将开关拨下通电。

（3）音乐接通，适当调节 W1 或正交鉴频模块 W5，将输出端口 J1 连接至正交鉴频模块的 J5 端口，可从音频输出电路的喇叭中听到音乐；调频系统联调，可作为前端调制信号，通过调频系统传输进行调制发射、接收解调以还原出音乐。

6．波形测试实验

（1）将开关拨下通电。

（2）依次选择音源，使用示波器测量波形，测试点为 TP5。

9.1.5　实验仪器

（1）高频实验箱 1 台。

（2）低频连接线 1 根。

（3）双踪示波器 1 台。

（4）电话（选配）1 部。

（5）话筒（选配）1 只。

9.2　双调谐小信号放大器实验

9.2.1　实验目的

（1）掌握双调谐小信号放大器的基本工作原理。

（2）掌握谐振放大器的电压增益、通频带、选择性的定义、测试与计算。

（3）了解双调谐小信号放大器动态范围的测试方法。

9.2.2　实验原理

双调谐小信号放大器实验原理图如图 9.4 所示。

双调谐小信号放大器是通信机接收端的前端电路，主要用于高频小信号或微弱信号的线性放大，具有通频带较宽、选择性较好的优点。双调谐小信号放大器将单调谐回路谐振放大器的单调谐回路改为了双调谐回路。

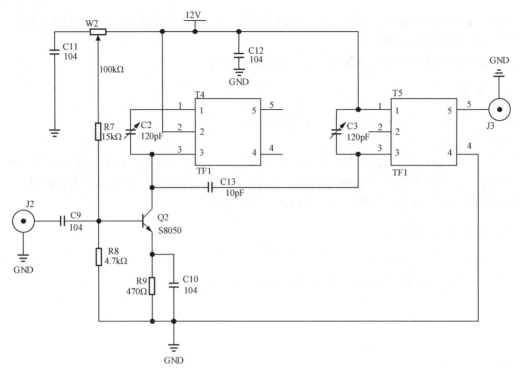

图 9.4　双调谐小信号放大器实验原理图

该电路由晶体管 Q2、选频回路 T4、T5 组成。本实验中输入信号的频率 f_s = 465kHz。基极偏置电阻 W2、R7、R8 和发射极电阻 R9 决定晶体管的静态工作点。W2 改变基极偏置电阻，将改变晶体管的静态工作点，从而可以改变放大器的增益。

表征高频小信号调谐放大器的主要性能指标有谐振频率 f_0、谐振电压放大倍数 A_{V_0}、放大器的通频带 BW 及选择性（通常用矩形系数 $K_{r_{0.1}}$ 来表示）等。

高频小信号放大器的各项性能指标及其测量方法如下。

1．谐振频率

放大器的调谐回路谐振时所对应的频率 f_0 称为放大器的谐振频率，对于如图 9-4 所示的电路（也是以下各项指标所对应的电路），f_0 的表达式为

$$f_0 = \frac{1}{2\pi\sqrt{LC_\Sigma}} \tag{9-1}$$

式中，L 为调谐回路电感线圈的电感量；C_Σ 为调谐回路的总电容，其表达式为

$$C_\Sigma = C + P_1^2 C_{oe} + P_2^2 C_{ie} \tag{9-2}$$

式中，C_{oe} 为晶体管的输出电容；C_{ie} 为晶体管的输入电容；P_1 为初级线圈抽头系数；P_2 为次级线圈抽头系数。

谐振频率 f_0 的测量方法是：用扫频仪作为测量仪器，测出电路的幅频特性曲线，调节变压器T 的磁芯，使电压谐振曲线的峰值出现在规定的谐振频率 f_0 处。

2．谐振电压放大倍数

放大器的谐振回路谐振时所对应的电压放大倍数 A_{V_0} 称为放大器的谐振电压放大倍数。

A_{V_0} 的表达式为

$$A_{V_0} = -\frac{V_0}{V_i} = \frac{-P_1 P_2 y_{fe}}{g_\Sigma} = \frac{-P_1 P_2 y_{fe}}{P_1^2 g_{oe} + P_2^2 g_{ie} + G} \tag{9-3}$$

式中，g_Σ 为谐振回路谐振时的总电导。需要注意的是，y_{fe} 本身也是一个复数，因此谐振时的输出电压 V_0 与输入电压 V_i 的相位差不是 180°，而是 $180° + \dot\varphi_e$。

A_{V_0} 的测量方法是：在谐振回路已处于谐振状态时，用高频电压表测量输出信号 V_0 和输入信号 V_i 的大小。谐振电压放大倍数 A_{V_0} 由下式计算：

$$A_{V_0} = \frac{V_0}{V_i} \text{ 或 } A_{V_0} = 20\lg\left(\frac{V_0}{V_i}\right)\text{dB} \tag{9-4}$$

3．通频带

由于谐振回路的选频作用，当工作频率偏离谐振频率时，放大器的电压放大倍数下降，习惯上将电压放大倍数 A_V 下降到谐振电压放大倍数 A_{V_0} 的 0.707 倍时的频率偏移称为放大器的通频带 BW，其表达式为

$$BW = 2\Delta f_{0.7} = \frac{f_0}{Q_L} \tag{9-5}$$

式中，Q_L 为谐振回路的有载品质因数。分析表明，放大器的谐振电压放大倍数 A_{V_0} 与通频带 BW 的关系为

$$A_{V_0} \cdot BW = \frac{|y_{fe}|}{2\pi C_\Sigma} \tag{9-6}$$

式（9-6）说明，当 Q2 晶体管选定，即 y_{fe} 确定，且回路总电容 C_Σ 为定值时，谐振电压放大倍数 A_{V_0} 与通频带 BW 的乘积为一常数。这与低频放大器中的增益和带宽的积为一常数的概念是相同的。

通频带 BW 的测量方法是：通过测量放大器的谐振曲线来求通频带。测量方法可以是扫频法，也可以是逐点法。逐点法的测量步骤是：首先调谐放大器的谐振回路使其谐振，记下此时的谐振频率 f_0 及谐振电压放大倍数 A_{V_0}；然后改变高频信号发生器的频率，并测出对应的谐振电压放大倍数 A_{V_0}。

通频带越宽，谐振时放大器的电压放大倍数越低。要想得到一定宽度的通频带，同时能提高放大器的电压增益，除选用 y_{fe} 较大的晶体管外，还应尽量减小调谐回路的总电容 C_Σ。如果放大器只用来放大来自接收天线的某一固定频率的微弱信号，则可减小通频带，尽量提高放大器的增益。

4．选择性——矩形系数

调谐放大器的选择性可用谐振曲线的矩形系数 $K_{r_{0.1}}$ 来表示：

$$K_{r_{0.1}} = \frac{2\Delta f_{0.1}}{2\Delta f_{0.7}} = \frac{2\Delta f_{0.1}}{BW} \tag{9-7}$$

式（9-7）表明，矩形系数 $K_{r_{0.1}}$ 越小，谐振曲线的形状越接近矩形，选择性越好，反之亦然。

9.2.3 实验步骤

（1）根据实验原理图熟悉实验电路板，并在电路板上找出与原理图相对应的各测试点与可调器件（具体指出）。

（2）按如图 9.5 所示的框图搭建好测试电路。

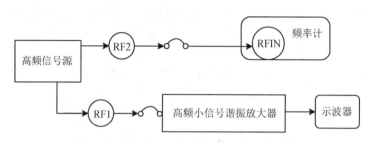

图 9.5 高频小信号调谐放大器测试连接框图

（3）打开高频小信号谐振放大器的电源开关，并观察工作指示灯是否点亮。

（4）按下高频信号源和频率计的电源开关，此时开关下方的工作指示灯点亮。

（5）调节信号源输出 465kHz 正弦波信号。将信号输入 J2 端口，在 TH3 处观察信号峰峰值在 200mV 以上，输出在 J3 端口，在 TH4 处进行测试。

（6）高频小信号放大器的谐振回路使其谐振在输入信号的频率点上。将示波器探头连接在高频小信号谐振放大器的输出端，即 TH4 上，首先调试放大电路的第一级中周，让示波器上被测信号的幅度尽可能大；然后调试第二级中周，也让示波器上被测信号的幅度尽可能大，之后重复调试第一级和第二级中周，直到输出信号的幅度达到最大。这样，放大器就已经谐振在输入信号的频率点上了。

（7）测量电压增益 A_{V_0}。在高频小信号调谐放大器对输入信号已经谐振的情况下，用示波器探头在 TH3 和 TH4 处分别观测输入与输出信号的幅度大小，A_{V_0} 即输出信号与输入信号幅度之比。

（8）测量放大器的通频带。对放大器通频带进行测量有两种方式：第一种，用频率特性测试仪（扫频仪）直接测量；第二种，用点频法测量，即用高频信号源作为扫频源，用示波器测量各个频率信号的输出幅度，最终描绘出通频带特性曲线，具体方法如下。

首先通过调节放大器输入信号的频率，使信号频率在谐振频率附近变化（以 20kHz 或 100kHz 为步进间隔来变化），并用示波器观测各频率点的输出信号的幅度；然后就可以在幅度－频率坐标系上标示出放大器的通频带特性。

（9）测量放大器的选择性。描述放大器选择性的最主要的一个指标就是矩形系数，这里用 $K_{V_{0.1}}$ 和 $K_{V_{0.01}}$ 来表示：

$$K_{V_{0.1}} = \frac{2\Delta f_{0.1}}{2\Delta f_{0.7}} \qquad K_{V_{0.01}} = \frac{2\Delta f_{0.01}}{2\Delta f_{0.7}} \qquad (9-8)$$

式中，$2\Delta f_{0.7}$ 为放大器的通频带；$2\Delta f_{0.1}$ 和 $2\Delta f_{0.01}$ 分别为相对放大倍数下降至 0.1 与 0.01 时的带宽。用步骤（9）中的方法就可以测出 $2\Delta f_{0.7}$、$2\Delta f_{0.1}$ 和 $2\Delta f_{0.01}$ 的大小，从而得到 $K_{r_{0.1}}$ 和 $K_{r_{0.01}}$ 的值。

9.2.4　实验报告要求

（1）写明实验目的。
（2）画出实验电路的直流和交流等效电路。
（3）计算直流工作点，与实验实测结果进行比较。
（4）整理实验数据，并画出幅频特性曲线。

9.2.5　实验仪器

（1）高频实验箱 1 台。
（2）双踪示波器 1 台。
（3）信号源（选配）1 台。

9.3　非线性丙类功率放大器实验

9.3.1　实验目的

（1）了解丙类功率放大器的基本工作原理，掌握丙类功率放大器的调谐特性及负载改变时的动态特性。
（2）了解高频功率放大器在丙类工作状态下的物理过程，以及激励信号变化对放大器工作状态的影响。
（3）比较甲类功率放大器与丙类功率放大器的特点、功率、效率的异同。
（4）掌握丙类功率放大器的计算与设计方法。

9.3.2　实验基本原理

放大器按照电流导通角 θ 的范围可分为甲类、乙类、丙类及丁类等不同类型，电流导通角 θ 越小，放大器的效率越高。

甲类功率放大器的 $\theta = 180°$，效率最高只能达到 50%，适用于小信号低功率的放大，一般作为中间级或输出功率较小的末级功率放大器。

非线性丙类功率放大器的电流导通角为 90°，效率可达到 80%，通常作为发射机末级功率放大器以获得较大的输出功率和较高的效率。非线性丙类功率放大器通常用来放大窄带高频信号（信号的通频带只有其中心频率的 1%或更小），基极偏置为负值；为了不失真地放大信号，其负载必须是 LC 谐振回路。

非线性丙类功率放大器的电路原理图如图 9.6 所示，该实验电路由两级功率放大器组成。其中，Q3（3DG12）、T2 组成甲类功率放大器，工作在线性放大状态。其中，RA3、R14、R15 组成静态偏置电阻，调节 RA3 可改变放大器的增益。W1 为可调电阻，调节 W1 可以改变输入信号的幅度。Q4（3DG12）、T1 组成丙类功率放大器。其中，R16 为发射极反馈电阻，T1

为谐振回路，甲类功率放大器的输出信号通过 R13 送到 Q4 的基极作为丙类功率放大器的输入信号，此时，只有当甲类功率放大器的输出信号大于 Q4 的基极和发射极间的负偏压值时，Q4 才导通工作。与拨码开关 S1 相连的电阻为负载回路外接电阻，改变 S1 的位置，可改变并联电阻值，即改变回路的 Q 值。下面介绍甲类功率放大器和丙类功率放大器的工作原理与基本关系式。

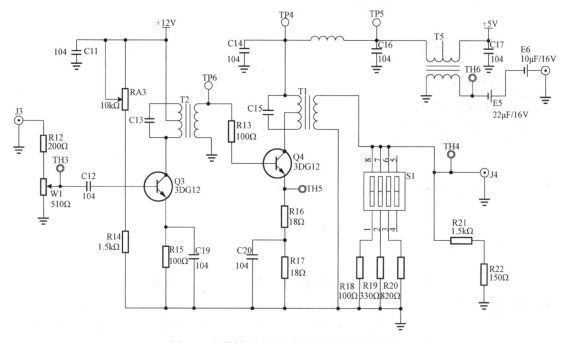

图 9.6　非线性丙类功率放大器的电路原理图

1. 甲类功率放大器

（1）静态工作点。甲类功率放大器工作在线性状态，电路的静态工作点由下列关系式确定：

$$v_{EQ} = I_{EQ}R_{15} \qquad I_{CQ} = \beta I_{BQ} \tag{9-9}$$

$$v_{BQ} = V_{EQ} + 0.7\text{V} \qquad v_{CEQ} = V_{CC} - I_{CQ}R_{15} \tag{9-10}$$

（2）负载特性。甲类功率放大器的输出负载由丙类功率放大器的输入阻抗决定，两级间通过变压器耦合，因此甲类功率放大器的交流输出功率 P_0 可表示为

$$P_0 = \frac{P_H}{\eta_B} \tag{9-11}$$

式中，P_0 为输出负载上的实际功率；P_H 为输出负载上的实际功率；η_B 一般为 0.75～0.85。

图 9.7 所示为甲类功率放大器的负载特性曲线。为获得最大不失真输出功率，静态工作点 Q 应选在交流负载线 AB 的中点，此时，集电极的负载电阻 R_H 称为最佳负载电阻。集电极的输出功率 P_c 的表达式为

$$P_c = \frac{1}{2}V_{Cm}I_{Cm} = \frac{1}{2}\frac{V_{Cm}^2}{R_H}$$

式中，V_{Cm} 为集电极输出的交流电压振幅；I_{Cm} 为交流电流的振幅。它们的表达式分别为

$$V_{Cm} = V_{CC} - I_{CQ}R_{15} - V_{CES}$$

$$I_{Cm} \approx I_{CQ}$$

式中，V_{CES} 称为饱和压降，约为 1V。

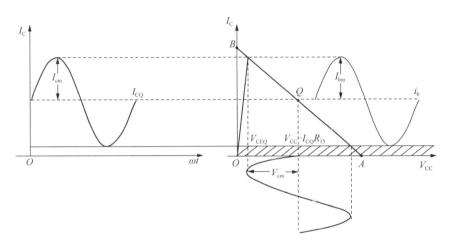

图 9.7　甲类功率放大器的负载特性曲线

如果变压器的初级线圈匝数为 N_1、次级线圈匝数为 N_2，则

$$\frac{N_1}{N_2} = \sqrt{\frac{\eta_B R_H}{R'_H}} \tag{9-12}$$

式中，R'_H 为变压器次级接入的负载电阻，即下级丙类功率放大器的输入阻值。

（3）功率增益。与电压放大器不同的是，功率放大器有一定的功率增益，甲类功率放大器不仅要为下一级功率放大器提供一定的激励功率，还要将前级输入的信号进行功率放大。

2．丙类功率放大器

1）基本关系式

丙类功率放大器的基极偏置电压 V_{BE} 是利用发射极电流的直流分量 $I_{EO}(\approx I_{CO})$ 在发射极电阻上产生的压降来提供的，故称此种电路为自给偏压电路。当放大器的输入信号 v'_i 为正弦波时，集电极的输出电流 i_c 为余弦脉冲波。利用谐振回路 LC 的选频作用可输出基波谐振电压 V_{C1}、电流 I_{C1}。根据丙类功率放大器的基极与集电极间的电流和电压关系可以得到以下关系式：

$$V_{Cim} = I_{C1m}R_0 \tag{9-13}$$

式中，V_{Cim} 为集电极输出的谐振电压及基波电压的振幅；I_{C1m} 为集电极基波电流振幅；R_0 为集电极回路的谐振阻抗。

$$P_c = \frac{1}{2}V_{C1m}I_{C1m} = \frac{1}{2}I_{C1m}^2R_0 = \frac{1}{2}\frac{I_{C1m}^2}{R_0} \tag{9-14}$$

式中，P_c 为集电极输出功率。

电源供给的直流功率为

$$P_D = V_{CC}I_{CO} \tag{9-15}$$

式中，P_D 为电源 V_{CC} 供给的直流功率；I_{CO} 为集电极电流脉冲 i_c 的直流分量。放大器的效率

η 为

$$\eta = \frac{1}{2} \frac{V_{C1m}}{V_{CC}} \frac{I_{C1m}}{I_{CO}} \qquad (9\text{-}16)$$

2）负载特性

当放大器的电源电压 $+V_{CC}$、基极偏压 V_b、输入电压（或称激励电压）V_{sm} 确定后，如果电流导通角选定，则放大器的工作状态只取决于集电极回路的等效负载电阻 R_q。谐振功率放大器的交流负载特性如图 9.8 所示。

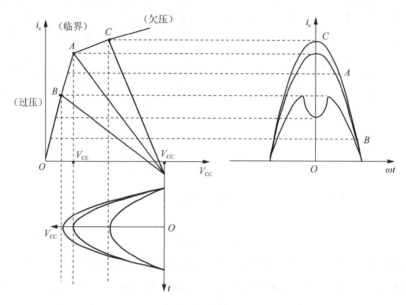

图 9.8　谐振功率放大器的交流负载特性

由图 9.8 可见，当交流负载正好穿过静态特性转移点 A 时，管子的集电极电压正好等于管子的饱和压降 V_{CES}，集电极电流脉冲接近最大值。

此时，集电极输出的功率 P_c 较大、效率 η 较高，放大器处于临界工作状态；R_q 所对应的值称为最佳负载电阻，用 R_0 表示，即

$$R_0 = \frac{(V_{CC} - V_{CES})^2}{2P_0} \qquad (9\text{-}17)$$

当 $R_q < R_0$ 时，放大器处于欠压工作状态，如图 9.8 中的 C 点所示。此时，集电极输出电流虽然较大，但集电极电压较低，因此输出功率较小、效率较低。当 $R_q > R_0$ 时，放大器处于过压工作状态，如图 9.8 中的 B 点所示。此时，集电极电压虽然比较高，但集电极电流波形有凹陷，因此输出功率较小，但效率较高。为了兼顾输出功率和效率的要求，功率放大器通常选择工作在临界状态。判断功率放大器是否处于临界工作状态的条件为

$$V_{CC} - V_{Cm} = V_{CES} \qquad (9\text{-}18)$$

9.3.3　实验内容

（1）观察高频功率放大器在丙类工作状态下的现象，并分析其特点。

（2）测试丙类功率放大器的调谐特性。

（3）测试丙类功率放大器的负载特性。

（4）观察激励信号变化、负载变化对工作状态的影响。

9.3.4　主要技术指标与测试方法

1. 输出功率

高频功率放大器的输出功率是在放大器的负载 R_L 上得到的最大不失真功率。对于如图 9.9 所示的电路，由于负载 R_L 与丙类功率放大器的谐振回路之间采用变压器耦合方式实现了阻抗匹配，集电极回路的谐振阻抗 R_0 上的功率等于负载 R_L 上的功率，所以将集电极的输出功率视为内类功率放大器的输出功率，即

$$P_c = \frac{1}{2}V_{Cim}I_{Cim} = \frac{1}{2}I_{C1m}^2 R_0 = \frac{1}{2}\frac{I_{C1m}^2}{R_0} \tag{9-19}$$

测量高频功率放大器主要技术指标的连接电路如图 9.9 所示。其中，高频信号发生器提供激励信号电压与谐振频率，示波器监测波形失真，直流毫安表测量集电极的直流电流，高频毫伏表测量负载 R_L 的端电压。只有在集电极回路处于谐振状态时才能进行各项技术指标的测量。可以通过高频毫伏表及直流毫安表的指针来判断集电极回路是否谐振：当高频毫伏表的指示最大、直流毫安表的指示最小时，集电极回路处于谐振状态。当然，也可以用扫频仪测量回路的幅频特性曲线，使得中心频率处的幅值最大，此时集电极回路处于谐振状态。功率放大器的输出功率可以由下式计算：

$$P_0 = \frac{V_L^2}{R_L} \tag{9-20}$$

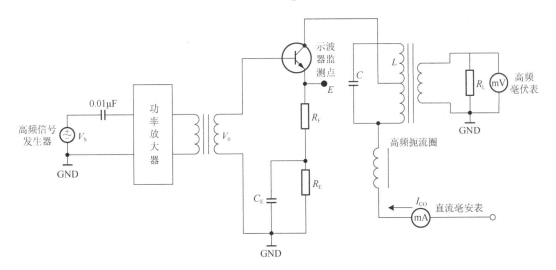

图 9.9　测量高频功率放大器主要技术指标的连接电路

2. 效率

高频功率放大器的总效率由晶体管集电极的效率和输出网络的传输效率决定。而输出网络的传输效率通常是由电感、电容在高频工作时产生一定的损耗引起的。高频功率放大器的能量转换效率主要由集电极的效率决定。

3. 功率增益

放大器的输出功率 P_0 与输入功率 P_i 之比称为功率增益，用 A_P（单位为 dB）表示：

$$A_P = \frac{P_0}{P_i} \tag{9-21}$$

9.3.5 实验步骤

1. 测试调谐特性（备注：调频综合实验采用 15MHz 频率输入）

在前置放大电路中，J3 端口的输入频率 f=10.7MHz（V_{p-p}≈110mV）的高频信号，调节 W1 和中周 T6，使 TP6 处信号的电压幅值在 2V 左右，S1 全部拨下，改变输入信号频率，从 9MHz 到 15MHz（以 1MHz 为步进间隔），记录 TP6 处的输出电压值并填入表 9.1。

表 9.1　TP6 处的输出电压值

f_i	9MHz	10MHz	11MHz	12MHz	13MHz	14MHz	15MHz
V_0							

2. 测试负载特性

在前置放大电路中，J3 端口的输入频率 f≈10.7MHz（V_{p-p}≈50mV）的高频信号，调节 W1，使 TP6 处信号的电压幅值约为 2V，调节中周使回路调谐（调谐标准：TH4 处的波形为对称双峰形状，如图 9.10 所示）。

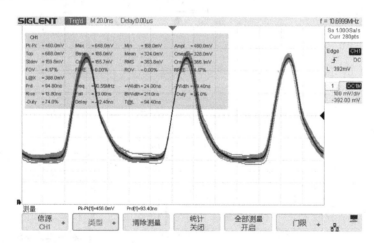

图 9.10　对称双峰波形

将负载电阻转换开关 S1 依次从 1～4 拨动，用示波器观测相应的 V_C 值和 V_E 波形，描绘相应的 i_c 波形，分析负载对工作状态的影响情况，并整理数据填写表 9.2。

表 9.2　V_b=2V，f≈10.7MHz，V_{CC}=5V

R_L / Ω	820	330	100	∞
$V_{C(p-p)}$ / V				
$V_{E(p-p)}$ / V				

3．观察激励电压变化对工作状态的影响

先调节 T4，将 i_e 的波形调为凹顶波形，然后使输入信号由大到小变化，用示波器观察 i_e 波形的变化（观测 i_e 波形即观测 V_E 波形，$i_e = V_E / (R_{16} + R_{17})$，$V_E$ 波形用示波器在 TH4 处观察。图 9.11 所示的两个波形输入信号幅度分别为 290mV 和 230mV。

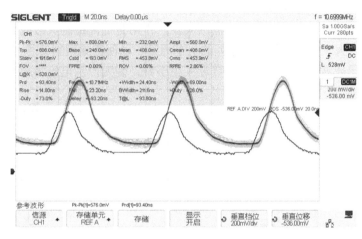

图 9.11　V_E 波形（下波形：230mV；上波形：290mV）

9.3.6　实验报告要求

（1）整理实验数据，并填写表 9.1、表 9.2。
（2）对实验参数和波形进行分析，说明输入激励电压、负载电阻对工作状态的影响。
（3）用实测参数分析丙类功率放大器的特点。

9.3.7　实验仪器

（1）高频实验箱 1 台。
（2）双踪示波器 1 台。
（3）频率特性测试仪（可选）1 台。
（4）万用表 1 个。
（5）高频电压表（可选）1 个。

9.4　集成选频放大器实验

9.4.1　实验目的

（1）熟悉集成选频（AGC）放大器的内部工作原理。
（2）了解自动增益控制原理。

9.4.2 AGC放大器的基本原理

（1）AGC放大器的电路原理图如图9.12所示。

图9.12是以MC1350作为小信号选频放大器并带有AGC的电路图。其中，F1为陶瓷滤波器（中心频率为4.5MHz），选频放大器的输出信号通过耦合电容连接到输出端口J3。输出信号另一路通过检波二极管VD1进入AGC反馈电路。R12、C10为检波负载，这是一个简单的二极管包络检波器。运算放大器为直流放大器，作用是提高控制灵敏度。检波负载的时间常数$C_{10} \cdot R_{12}$应远大于调制信号（音频）的一个周期，以便滤除调制信号，避免失真。这样，控制电压是正比于载波幅度的。时间常数过大也不好，因为控制电压将跟不上信号在传播过程中发生的随机变化。

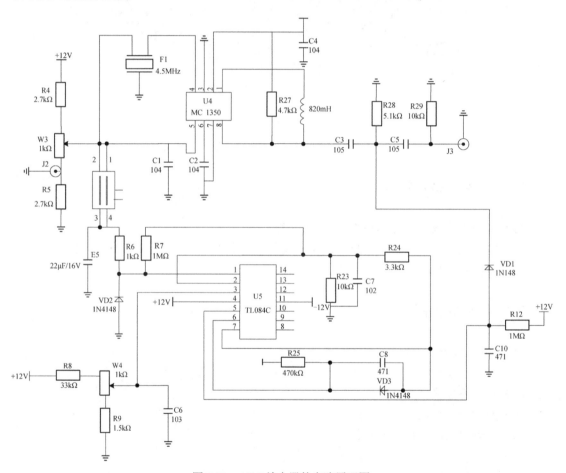

图9.12 AGC放大器的电路原理图

由图9.12可知，本实验中涉及的AGC放大器是带AGC（自动增益控制）功能的选频放大器，放大集电极用的是Motorola公司的MC1350。

2. MC1350单片集成放大器的工作原理

图9.13所示为MC1350单片集成放大器的电路原理图。这个电路是双端输入、双端输出的全差动式电路，主要用于中频和视频放大。

　　该电路的输入级为共发射-共基差分对，Q1 和 Q2 组成共发射差分对，Q3 和 Q6 组成共基差分对。除 Q3 和 Q6 的发射极等效输入阻抗为 Q1、Q2 的集电极负载外，还有 Q4、Q5 的发射极输入阻抗分别与 Q3、Q6 的发射极输入阻抗并联，起分流作用。各个等效微变输入阻抗分别与该器件的偏流成反比。增益控制电压（直流电压）控制 Q4、Q5 的基极，改变 Q4、Q5 分别和 Q3、Q6 的静态工作点电流的相对大小，当增益控制电压各升高时，Q4、Q5 的静态工作点电流增大，发射极等效输入阻抗降低，分流作用增大，放大器的增益提升。

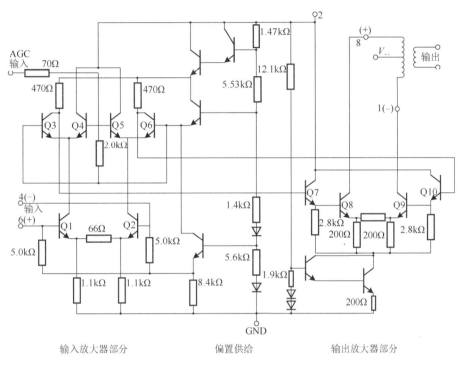

图 9.13　MC1350 单片集成放大器的电路原理图

3. 自动增益控制（AGC）

　　对 AGC 的要求是在输入端的信号超过某一值后，输出信号几乎不再随输入信号的增大而增大。根据这一要求，可以拟出实现 AGC 的方框图，如图 9.14 所示。

　　在图 9.14 中，检波器将选频回路输出的高频信号变换为与高频载波幅度成比例的直流信号，经直流放大器放大，与基准电压进行比较后作为接收机输入端的电压。当该电压不超过所设定的电压值时，直流放大器的输出电压较低，加到比较器上的电压低于基准电压，因而不能改变比较器的输出电压，相当于环路断开。如果接收机输入端的电压超过了所设定的电压值，那么相应的直流放大器的输出电压也升高，这时，加到比较器上的电压就会超过基准电压。这样，当直流放大器的输出电压随接收机输入端的电压变化时，就会改变比较器的输出电压，对主放大器的增益起控制作用，即环路启动。当主放大器（可控增益）的输出电压随接收机的输入信号的增大而升高时，直流放大器的输出电压控制主放大器而使其增益下降，输出电压也降低，从而保持基本稳定状态。

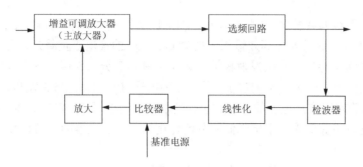

图 9.14　实现 AGC 的方框图

9.4.3　实验内容

（1）测量 AGC 放大器的增益。
（2）测量 AGC 放大器的通频带。
（3）测量 AGC 放大器的选择性。

9.4.4　实验步骤

（1）根据电路原理图熟悉实验电路板，并在电路板上找出与原理图相对应的各测试点和可调器件（具体指出）。
（2）按如图 9.15 所示的框图搭建好测试电路。

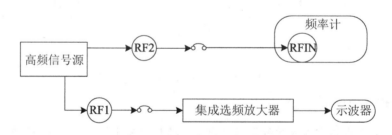

图 9.15　集成选频放大器测试连接框图

（3）打开集成选频放大器的电源开关。
（4）测量谐振电压增益 A_{V_0}。将开关 S3 拨至 MANUAL 端，将 15MHz 左右的高频小信号从 J1 端口输入（$V_{p-p} \approx 50\text{mV}$，在 TH1 处观测），调节 W3，用示波器观测 J2 端口的输出信号幅度大小，使输出信号幅度最大且不失真。用示波器分别观测输入和输出信号的幅度大小，A_{V_0} 即输出信号与输入信号幅度之比，如图 9.16、图 9.17 所示。
（5）前面提到，测量集成选频放大器通频带有两种方式：第一种，用频率特性测试仪（扫频仪）直接测量；第二种，用点频法测量，即用高频信号源作为扫频源，用示波器测量各个频率信号的输出幅度，最终描绘出通频带特性。第二种方式的具体测量方法如下：首先通过调节放大器输入信号的频率，使信号频率在 15MHz 左右变化，并用示波器观测各频率点的输出信号的幅度，然后就可以在如图 9.18 所示的幅度－频率坐标系下标示出放大器的通频带特性（幅频特性）曲线了。

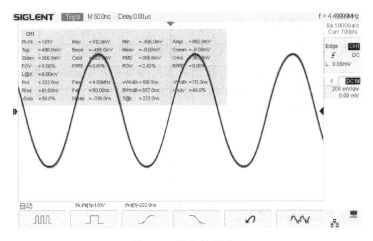

图 9.16　输出信号波形

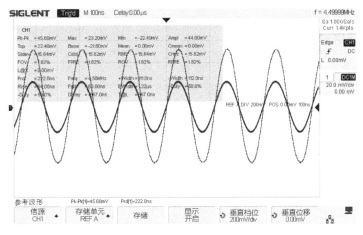

图 9.17　输出信号与输入信号波形比较

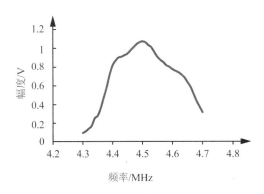

图 9.18　选频放大器的幅频特性曲线

（6）测量选项放大器的选择性。前面提到，描述放大器选择性的最主要的一个指标就是矩形系数，用 $K_{r_{0.1}}$ 和 $K_{r_{0.01}}$ 来表示：

$$K_{r_{0.1}} = \frac{2\Delta f_{0.1}}{2\Delta f_{0.7}} \qquad K_{r_{0.01}} = \frac{2\Delta f_{0.01}}{2\Delta f_{0.7}} \qquad\qquad (9\text{-}22)$$

式中，$2\Delta f_{0.7}$ 为放大器的通频带；$2\Delta f_{0.1}$ 和 $2\Delta f_{0.01}$ 分别为放大倍数下降至 0.1 与 0.01 时的带宽。

用步骤（5）中的方法就可以测出 $2\Delta f_{0.1}$ 和 $2\Delta f_{0.01}$ 的大小，从而得到 $K_{r_{0.1}}$ 和 $K_{r_{0.01}}$ 的值。

（7）AGC。将拨码开关 S1 拨至 AGC 处，这时会发现，当再次调节 W3 时，输出信号的幅度不会再随 W3 的改变而发生变化，电压增益保持基本稳定状态，如果想要改变电压增益，则只能通过调节 W4 来改变 AGC 的电平值，进而改变电压增益。在实验过程中，可以与步骤（4）中测量得到的增益相互比较，体会其中的不同之处。

9.4.5　实验报告要求

（1）写明实验目的。
（2）计算集成选频放大器的增益。
（3）计算集成选频放大器的通频带。
（4）整理实验数据，并画出选频放大器的幅频特性曲线。

9.4.6　实验仪器

（1）高频实验箱 1 台。
（2）双踪示波器 1 台。
（3）万用表 1 个。
（4）频谱仪（可选）1 台。

第 10 章

混频实验

10.1 二极管双平衡混频器

10.1.1 实验目的

掌握二极管双平衡混频器频率变换的物理过程。

10.1.2 实验原理与电路

1. 二极管双平衡混频原理

二极管双平衡混频器的电路如图 10.1 所示。其中，V_S 为输入信号电压，V_L 为本机振荡电压。在负载电阻 R_L 上产生差频与和频，还夹杂有一些其他频率的无用产物，在此基础上接上一个滤波器（图中未画出），即可取得所需的混频频率。

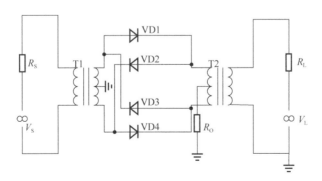

图 10.1 二极管双平衡混频器的电路

二极管双平衡混频器的最大特点是工作频率极高，可达微波频段，由于二极管双平衡混频器工作于很高的频段，所以图 10.1 中的变压器一般为传输线变压器。

二极管双平衡混频器的基本工作原理是利用二极管伏安特性的非线性。众所周知，二极

管的伏安特性为指数律，用幂级数展开为

$$i = I_S(e^{\frac{v}{V_T}} - 1) = I_S\left[\frac{v}{V_T} + \frac{1}{2!}\left(\frac{v}{V_T}\right)^2 + \cdots + \frac{1}{n!}\left(\frac{v}{V_T}\right)^n + \cdots\right] \qquad (10\text{-}1)$$

当加到二极管两端的电压 v 为输入信号电压 V_S 和本振电压 V_L 之和时，v^2 项产生差频与和频，其他项产生不需要的频率分量。由于式（10-1）中 v 的阶次越高，系数越小。因此，对差频与和频构成干扰最严重的是 v 的一次方项（因其系数是 v^2 项的 2 倍）产生的输入信号频率分量和本振频率分量。

用两个二极管构成双平衡混频器和用单个二极管实现混频相比，前者能有效地抑制无用产物。二极管双平衡混频器的输出仅包含 $(\rho\omega_L \pm \omega_S)$（$\rho$ 为奇数）组合频率分量，而抵消了 ω_L、ω_S 与 ρ 为偶数（$\rho\omega_L \pm \omega_S$）的众多组合频率分量。

下面直观地从物理方面简要说明二极管双平衡混频器的工作原理及其对频率为 ω_L 和 ω_S 的抑制作用。

将如图 10.1 所示的二极管双平衡混频器拆成如图 10.2 所示的两个单平衡混频器。在实际电路中，本振信号电压 V_L 高于输入信号电压 V_S，可以近似认为二极管的导通与否完全取决于 V_L 的极性。当 V_L 上端为正时，二极管 VD3 和 VD4 导通、VD1 和 VD2 截止，即图 10.2（a）所示的单平衡混频器工作，图 10.2（b）所示的单平衡混频器不工作；若 V_L 下端为正，则两个单平衡混频器的工作情况对调。

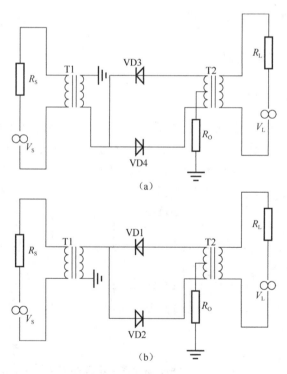

(a)

(b)

图 10.2 将二极管双平衡混频器拆成两个单平衡混频器

由图 10.2 可以看出，V_L 单独作用在 R_L 上所产生的 ω_L 分量相互抵消，故 R_L 上无 ω_L 分量。由 V_S 产生的分量在 V_L 上正下负期间，经 VD3 产生的分量和经 VD4 产生的分量在 R_L 上均是自下经上的；但在 V_L 下正上负期间，在 R_L 上均是自上经下的。因此，即使在 V_L 的一个周期内，也是互相抵消的。但是 V_L 的变化控制二极管电流的大小，从而控制其等效电阻。因此，V_S 在 V_L 瞬时值不同的情况下产生的电流大小不同正是通过这一非线性特性产生相乘效应而出现差频与和频的。

2．电路说明

图 10.3 所示为双平衡混频器电路。双平衡混频器由 ADE-R1 高可靠性集成电路和外围电容构成，其内部结构如图 10.4 所示。本振信号 V_L 输入 J1 端口、射频信号 V_S 输入 J2 端口，它们都通过变压器将单端输入变为平衡输入并进行阻抗变换，J3 端口为中频输出端口，属于不平衡输出。

在工作时，要求本振信号 $V_L > V_S$，使 4 只二极管按照其周期处于开关工作状态，可以证明，负载 R_L 两端的输出电压将会有本振信号的奇次谐波（含基波）与信号频率的组合分量，即 $(\rho\omega_L \pm \omega_S)$（$\rho$ 为奇数），通过带通滤波器可以取出所需频率分量 $\omega_L \pm \omega_S$（或 $\omega_L + \omega_S$），由于 4 只二极管完全对称，所以分别处于两个对角上的本振电压 V_L 和射频信号 V_S 不会互相影响，有很好的隔离性。此外，这种混频器的输出频谱较纯净、噪声小、工作频带宽、动态范围大、工作频率高，缺点是高频增益低于 1。

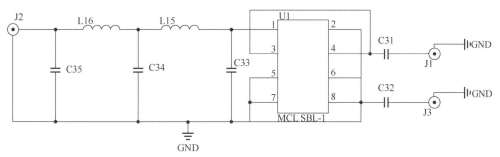

J2—射频信号输入端；J1—本振信号输入端；J3—混频输出测试口；C33、L15、C34、L16、C35—带通滤波器，取出差频分量 $f_{LO} - f_S$。

图 10.3　双平衡混频器电路

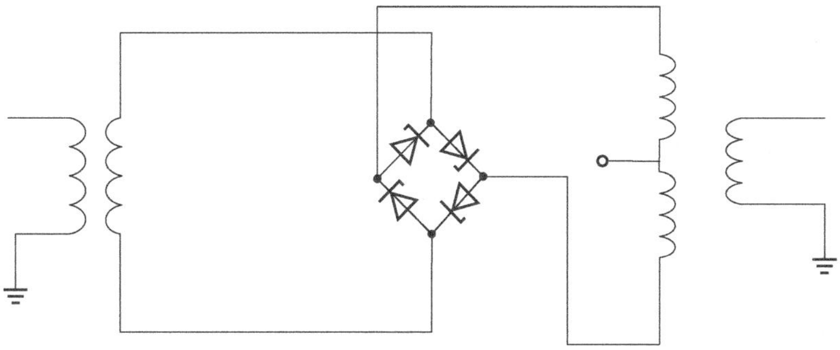

图 10.4　双平衡混频器的内部结构

10.1.3　实验内容

（1）研究二极管双平衡混频器频率变换的物理过程和此种混频器的优/缺点。

（2）研究二极管双平衡混频器输出频谱与本振电压的关系。

10.1.4 实验步骤

（1）熟悉实验电路板上各元器件的位置及作用。

（2）先将锁相环 1 产生的 160MHz 的信号加到 J7 端口上，然后将锁相环 2 产生的 145MHz 的信号加到 J8 端口上。

（3）用示波器观察 J9 端口的输出波形。

（4）用频谱仪观察输出频谱。

（5）调节本振信号电压，使之与输入信号电压相近，重复以上步骤。

10.1.5 实验报告要求

（1）写出实验目的和任务。

（2）计算混频器增益。

10.1.6 实验仪器

（1）HD-GP-V 实验箱 1 台。

（2）双踪示波器 1 台。

（3）频谱仪 1 台。

10.2 三极管变频（选做）

10.2.1 实验目的

（1）掌握三极管变频器变频的物理过程。

（2）了解本振电压 V_L 和工作电流 I_e 对中频输出电压的影响。

10.2.2 实验原理与实验电路说明

变频电路是时变参量线性电路的一种典型应用。例如，将一个振幅较大的振荡电压 V_L（使器件跨导随此频率的电压做周期变化）与幅度较小的外来信号 V_S 同时加到作为时变参量线性电路的器件上，此时，在输出端可取得两者的差频或和频，实现变频。如果此器件本身既产生振荡电压又实现频率变换（变频），则称为自激式变频器或简称变频器。如果此非线性器件本身仅实现频率变换，而本振信号由另外的器件产生，则称为混频器，包括产生本振信号的器件在内的整个电路称为他激式变频器。变频器的原理方框图如图 10.5 所示。

变频器常用在超外差接收机中，功能是将载波为 f_S（高频）的已调波信号不失真地变换为另一载频 f_i（固定中频）的已调波信号，而保持原调制规律不变。例如，在调幅广播接收机中，混频器将中心频率为 535～1605kHz 的已调波信号变换为中心频率为 465kHz 的中频已调波信号。

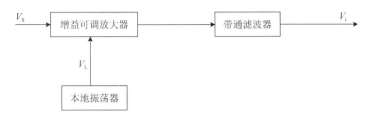

图 10.5　变频器的原理方框图

变频器的用途十分广泛，除在各类超外差接收机中应用外，在频率合成器中，为了产生各波道的载波振荡，也需要采用变频器来进行频率变化及组合；在多路微波通信中，微波中继站的接收机把微波频率变换为中频，在中频上放大，取得足够的增益后，利用变频器把中频变换为微波频率，转发至下一站。此外，在测量仪器中，如外差频率计、微伏计等也都采用变频器。

三极管变频电路如图 10.6 所示。

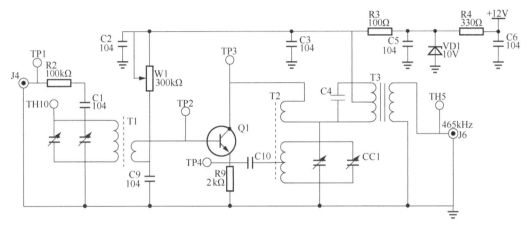

图 10.6　三极管变频电路

在图 10.6 中，Q1 为变频管，作用是把通过输入调谐电路收到的不同频率的电台信号（高频信号）变换成固定频率为 465kHz 的中频信号。

Q1、T2、CC1 等元件组成本机振荡电路，作用是产生一个比输入信号频率高 465kHz 的等幅高频振荡信号。由于 C9 对高频信号相当于短路，T1 的次级的电感量又很小，为高频信号提供了通路，所以本机振荡电路是共基极电路，振荡频率由 T2、CC1 控制。其中，CC1 是双联可变电容的另一联，调节它可以改变本机振荡频率；T2 是振荡线圈，其初、次级绕在同一磁芯上，把 Q1 的集电极输出的放大了的振荡信号以正反馈的形式耦合到振荡电路中，本机振荡的电压由 T2 的抽头引出，通过 C10 耦合到 Q1 的发射极上。

混频电路由 Q1、T3 的初级线圈等组成，是共发射极电路，其工作过程是：调制信号从 J4 端口输入，经选频回路选频，通过 T1 的次级线圈送到 Q1 的基极，本机振荡信号又通过 C10 送到 Q1 的发射极，调制信号和本振信号在 Q1 中混频，由于三极管转移伏安特性的非线性会产生众多的组合频率分量 $pf_L \pm qf_S$，其中有一种是本机振荡频率和调制信号频率的差等于 465kHz 的信号，这就是中频信号。混频电路的负载是中频变压器 T3 的初级线圈和内部电容组成的并联谐振电路，其谐振频率是 465kHz，可以把 465kHz 的中频信号从多种频率信号中选择出来，并通过 T3 的次级线圈耦合到下一级去，而其他信号几乎都被滤掉。

10.2.3　实验内容

（1）研究三极管混频器的频率变换过程。
（2）掌握如何调整中频频率。
（3）学会调整频率范围。

10.2.4　实验步骤

（1）熟悉实验电路板上各元件的位置和作用。
（2）测试静态工作点。

调节 W1，使得 I_e 的电流在 0.3mA 左右（用万用表量得 R9 两端的电压在 0.6V 左右），测出 V_{ce} 的值。

（3）调谐中频频率。

先将 C2 短接，使本振停振，以免对中频调谐工作产生干扰。首先打开本实验电路电源，并将双联可变电容调谐盘顺时针调到最大值；然后在 Q1 的基极输入 465kHz 的高频信号，并用无感起子调试中周 T3，用示波器观测输出波形，如果在 J1 处观察到最大幅度波形输出，则电路谐振在 465kHz 上。

（4）调整频率范围。

调整频率范围是通过调整本机振荡线圈 T2 和振荡电路的补偿电容来实现的。在中波频段，规定接收频率为 535～1605kHz，即要求双连可变电容全部旋入时能接收 535kHz 的信号，全部旋出时能接收 1605kHz 的信号。这里建议只调整本机振荡线圈 T2，不调整振荡电路的补偿电容。

（5）观察三极管混频前后的波形变化并加以分析。

10.2.5　实验报告要求

（1）写出实验目的和任务。
（2）写出变频器的原理。
（3）思考如何调整频率范围。

10.2.6　实验仪器

（1）高频实验箱 1 台。
（2）双踪示波器 1 台。
（3）信号源 1 个。

第 11 章

发射与接收

11.1 模拟乘法器调幅实验

11.1.1 实验目的

（1）掌握用集成模拟乘法器实现全载波调幅、抑制载波双边带调幅和单边带调幅的方法。

（2）研究已调波与调制信号及载波信号的关系。

（3）掌握调幅系数的测量与计算方法。

（4）通过实验对比全载波调幅、抑制载波双边带调幅和单边带调幅的波形。

（5）了解集成模拟乘法器（MC1496）的工作原理，掌握调整与测量其特性参数的方法。

11.1.2 实验原理与实验电路说明

幅度调制就是指载波的振幅（包络）随调制信号参数的变化而变化。本实验中的载波是由高频信号源产生的 465kHz 高频信号，10kHz 的低频信号为调制信号。振幅调制器即产生调幅信号的装置。

1. 集成模拟乘法器

集成模拟乘法器是完成两个模拟量（电压或电流）相乘的电子元器件。在高频电子线路中，振幅调制、同步检波、混频、倍频、鉴频、鉴相等调制与解调过程均可视为两个信号相乘或包含相乘的过程。采用集成模拟乘法器实现上述功能比采用分离器件（如二极管和三极管）要简单得多，而且性能优越。因此，目前它在无线通信、广播电视等方面应用较多。集成模拟乘法器的常见产品有 BG314、F1595、F1596、MC1495、MC1496、LM1595、LM1596 等。

（1）MC1496 的内部结构。

本实验采用集成模拟乘法器 MC1496 来实现调幅。MC1496 是 4 象限模拟乘法器，其内部电路图和引脚图如图 11.1 所示。其中，VT1、VT2 与 VT3、VT4 组成双差分放大器，以反极性方式相连接，而且两组差分对的恒流源 VT5 与 VT6 又组成一对差分电路，因此恒流源的控制电压可正可负，以此实现了 4 象限工作。VT7、VT8 为差分放大器 VT5 与 VT6 的恒流源。

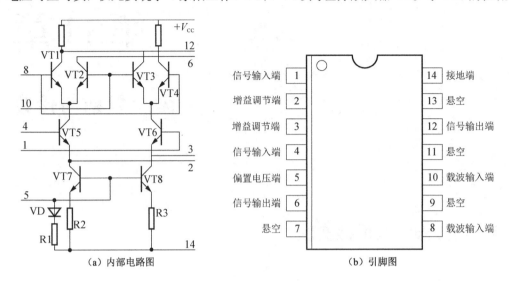

图 11.1　MC1496 的内部电路图和引脚图

静态偏置电压的设置应保证各个三极管工作在放大状态，即三极管的集电极和基极间的电压值应大于或等于 2V，且小于或等于最大允许工作电压。根据 MC1496 的特性参数，对于如图 11.1 (a) 所示的内部电路图，在应用时，静态偏置电压（输入电压为 0 时）应满足以下关系：

$$V_8 = V_{10}, \quad V_1 = V_4, \quad V_6 = V_{12}$$

$$15V \geqslant V_6(V_{12}) - V_8(V_{10}) \geqslant 2V \tag{11-1}$$

$$15V \geqslant V_8(V_{10}) - V_1(V_4) \geqslant 2V \tag{11-2}$$

$$15V \geqslant V_1(V_{12}) - V_5 \geqslant 2V \tag{11-3}$$

（2）静态偏置电流的确定。

静态偏置电流主要由恒流源 I_0 的值来确定。当器件为单电源工作时，引脚 14 接地，引脚 5 通过一电阻 VR 接正电源+V_{CC}，由于 I_0 是 I_5 的镜像电流，所以改变 VR 的阻值可以调节 I_0 的大小。当器件为双电源工作时，引脚 14 接负电源-V_{EE}，引脚 5 通过一电阻 VR 接地，因此改变 VR 的阻值可以调节 I_0 的大小。根据 MC1496 的性能参数，器件的静态电流应小于 4mA，在实验电路中，VR 用 6.8kΩ 的电阻 R15 代替。

2．实验电路说明

用 MC1496 集成电路构成的调幅电路如图 11.2 所示。

在图 11.2 中，W1 用来调节引脚 1、4 之间的平衡，器件采用双电源方式供电（+12V，-8V），因此引脚 5 的偏置电阻 R15 接地。电阻 R1、R2、R4、R5、R6 为器件提供静态偏置电压，保证器件内部的各个三极管工作在放大状态。载波信号加在 J6 的输入端，即引脚 8、10 之间；载波信号 V_C 经高频耦合电容 C1 从引脚 10 输入，C2 为高频旁路电容，使引脚 8 交流接地。调制信号加在差动放大器 J7 输入端，即引脚 1、4 之间，调制信号 $V_Ω$ 经低频耦合电容 E1 从引脚 1 输入。引脚 2、3 外接 1kΩ 电阻，以扩大调制信号的动态范围。当电阻增大时，线性范围增大，但集成模拟乘法器的增益降低。已调信号取自双差动放大器的两集电极（引脚 6、12 之间）的输出。

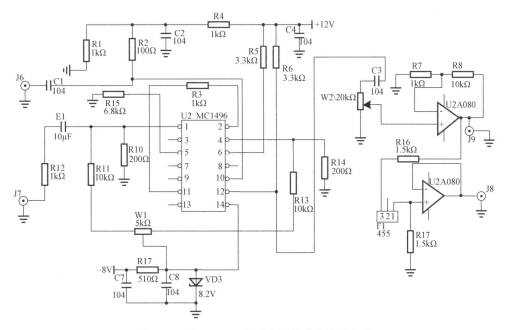

图 11.2　用 MC1496 集成电路构成的调幅电路

11.1.3　实验内容

（1）调测模拟乘法器 MC1496 正常工作时的静态值。
（2）实现全载波调幅，改变调幅指数，观察波形变化并计算调幅指数。
（3）实现抑制载波的双边带调幅。
（4）实现单边带调幅。

11.1.4　实验步骤

（1）静态工作点调测：使调制信号 $V_\Omega = 0$，载波 $V_C = 0$，调节 W1，使各引脚偏置电压接近表 11.1 给出的参考值。

注：实际测量时各引脚电压与参考值有些许误差。

表 11.1　各引脚偏置电压参考值

引脚	1	2	3	4	5	6	7	8	9	10	11	12	13	14
电压/V	0	−0.74	−0.74	0	−7.16	8.7	0	5.93	0	5.93	0	8.7	0	−8.2

R11、R12、R13、R14 与电位器 W1 组成平衡调节电路，改变 W1 可以使集成模拟乘法器实现抑制载波的双边带调幅或有载波的振幅调制和单边带调幅。

为了使 MC1496 各引脚的电压接近各自的参考值，只需调节 W1，使引脚 1、4 的电压差接近 0 即可，具体方法是用万用表的表笔分别接引脚 1、4，使得万用表的读数接近 0。

（2）抑制载波的双边带调幅：J2 端口输入载波信号 $V_C(t)$（可用外部高频信号源提供），其频率 $f_c = 465\text{kHz}$，峰峰值 $V_{C(p\text{-}p)} = 500\text{mV}$。J4 端口输入调制信号 $V_\Omega(t)$（可由外部低频信号源提供），其频率 $f_\Omega = 10\text{kHz}$，先使峰峰值 $V_{\Omega(p\text{-}p)} = 0$，调节 W1，使输出 $V_O = 0$（此时 $v_4 = v_1$）；再逐渐增大 $V_{\Omega(p\text{-}p)}$，输出信号 $V_O(t)$ 的幅度逐渐增大，于 TH3 处测得；最后出现如图 11.3 所示的抑制载波的双边带调幅信号波形。

由于器件内部参数不可能完全对称，致使输出出现漏信号。引脚 1、4 分别接电阻 R12 和 R14，可以较好地抑制载波漏信号并改善温度性能。

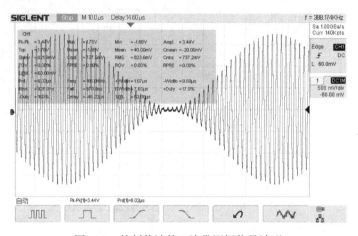

图 11.3　抑制载波的双边带调幅信号波形

（3）全载波振幅调制：$m = \dfrac{V_{mmax} - V_{mmin}}{V_{mmax} + V_{mmin}}$，J1 端口输入载波信号 $v_C(t)$，$f_c = 465\text{kHz}$，$V_{C(p\text{-}p)} = 500\text{mV}$，调节可调电阻 W1，使输出信号 $v_O(t)$ 中有载波输出；从 J5 端口输入调制信号，其频率 $f_\Omega = 10\text{kHz}$，当 $V_{\Omega(p\text{-}p)}$ 由零逐渐升高时，输出信号 $v_O(t)$ 的幅度发生变化，最终出现如图 11.4 所示的调幅信号的波形，记下此调幅信号对应的 V_{mmax} 和 V_{mmin}，并计算调幅指数 m。

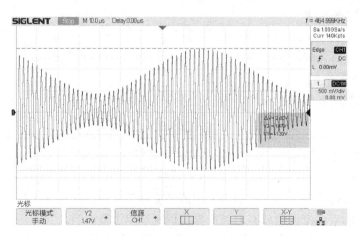

图 11.4　调幅信号的波形

（4）同步骤（3），从 TH6 处观察输出波形，如图 11.5 所示。

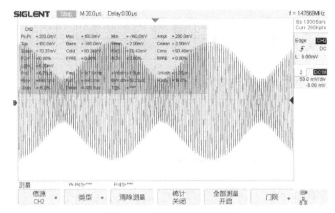

图 11.5 单边带调幅波形

（5）提高 V_Ω，观察波形变化，比较全载波调幅、抑制载波的双边带调幅和单边带调幅的波形。

11.1.5 实验报告要求

（1）整理实验数据，写出 MC1496 各引脚的实测数据，如表 11.2 所示。

表 11.2 MC1496 各引脚的实测数据

引脚	1	2	3	4	5	6	7
电压/V	−0.158	−0.860	−0.808	−0.104	−6.85	9.01	0.003
引脚	8	9	10	11	12	13	14
电压/V	6.09	0	6.09	0	9.00	0.002	−8.06

（2）画出调幅实验中 $m=30\%$、$m=100\%$、$m>100\%$ 的调幅波形，分析过调幅的原因。

（3）画出当改变 W1 时得到的几种调幅波形，分析其原因。

（4）画出全载波调幅波形、抑制载波的双边带调幅波形和单边带调幅波形，比较三者的区别。

11.1.6 实验仪器

（1）高频实验箱 1 台。
（2）双踪示波器 1 台。
（3）信号源 1 个。
（4）万用表 1 个。

11.2 音频信号调频实验

11.2.1 实验目的

（1）进一步学习并掌握频率调制相关理论。

（2）掌握用变容二极管调频振荡器实现调频的电路原理和方法。

（3）理解变容二极管的静态调制特性、动态调制特性的概念并掌握测试方法。

11.2.2 实验原理与电路说明

1. 变容二极管的工作原理

调频即载波的瞬时频率受调制信号的控制。调频频率的变化量与调制信号存在线性关系。常用变容二极管实现调频。

变容二极管调频电路如图 11.6 所示，从 J2 端口加入调制信号，使变容二极管的瞬时反向偏置电压在静态反向偏置电压的基础上按调制信号的规律变化，从而使振荡频率随调制电压的规律变化，此时从 J2 端口输出的为调频（FM）波。C15 为变容二极管提供高频通路，L2 为音频信号提供低频通路，L2 和 C18 可阻止高频振荡进入调制信号源。

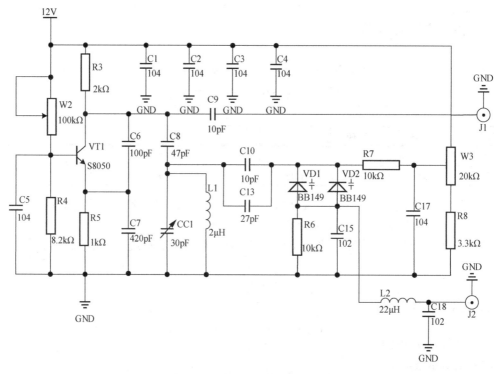

图 11.6　变容二极管调频电路

图 11.7 展示出了当变容二极管在不同调波频率作用情况下，电容和振荡频率的变化示意图。在图 11.7（a）中，U_0 是加在二极管上的直流电压，当 $u=U_0$ 时，电容值为 C_0。u_Ω 是调制电压，当 u_Ω 为正半周时，变容二极管负极电位升高，即反向偏压升高，变容二极管的电容减小；当 u_Ω 为负半周时，变容二极管负极电位降低，即反向偏压降低，变容二极管的电容增大。在图 11.7（b）中，对应于静止状态，变容二极管的电容为 C_0，此时振荡频率为 f_0。

因为 $f = \dfrac{1}{2\pi\sqrt{LC}}$，所以当电容较小时，振荡频率较高；而当电容较大时，振荡频率较低。

从图 11.7（a）中可以看到，由于 $C\text{-}u$ 曲线的非线性，虽然调制电压是一个简谐波，但电容随时间的变化是非简谐波形，而且由于 $f=\dfrac{1}{2\pi\sqrt{LC}}$ ，导致 f 和 C 的关系也是非线性的。不难看

出，C-u 和 f-C 的非线性关系起着抵消作用，即得到 f-u 的关系趋于线性，如图 11.7（c）所示。

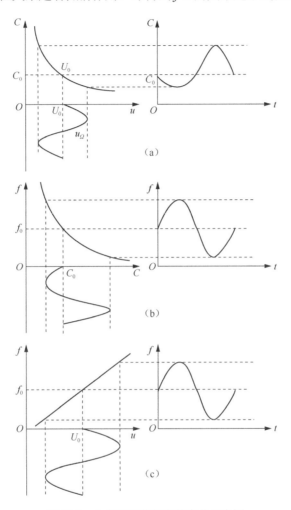

图 11.7　电容和振荡频率的变化示意图

2．变容二极管调频器获得线性调制的条件

设回路电感为 L，回路的电容是变容二极管的电容 C（暂时不考虑杂散电容及其他与变容二极管相串联或并联电容的影响），则振荡频率为 $f=\dfrac{1}{2\pi\sqrt{LC}}$ 。为实现线性调制，振荡频率应该与调制电压为线性关系，用数学表达式表示为 $f=Au$ ，式中，A 是一个常数。由此可得

$Au=\dfrac{1}{2\pi\sqrt{LC}}$ ，整理得 $C=\dfrac{1}{(2\pi)^2 LA^2 u^2}=Bu^{-2}$ ，这就是变容二极管调频器获得线性调制的条件。也就是说，当电容 C 与电压 u 的平方成反比时，振荡频率就与调制电压成正比。

3．调频灵敏度

调频灵敏度 S_f 定义为每单位调制电压所产生的频偏。设回路电容的 C-u 曲线可表示为

$C = Bu^{-n}$，式中，B 为一管子结构即电路串、并固定电容有关的参数。将上式代入振荡频率的表示式 $f = \dfrac{1}{2\pi\sqrt{LC}}$ 中，可得

$$f = \frac{u^{\frac{n}{2}}}{2\pi\sqrt{LB}} \tag{11-4}$$

调频灵敏度为

$$S_{\mathrm{f}} = \frac{\partial f}{\partial u} = \frac{n u^{\frac{n}{2}-1}}{4\pi\sqrt{LB}} \tag{11-5}$$

当 $n=2$ 时，有

$$S_{\mathrm{f}} = \frac{1}{2\pi\sqrt{LB}} \tag{11-6}$$

设变容二极管在调制电压为零时的直流电压为 U_0，相应的回路电容量为 C_0，振荡频率为 $f_0 = \dfrac{1}{2\pi\sqrt{LC_0}}$，则有

$$C_0 = BU_0^{-2} \qquad f_0 = \frac{U_0}{2\pi\sqrt{LB}} \tag{11-7}$$

因此有

$$S_{\mathrm{f}} = \frac{f_0}{U_0} \tag{11-8}$$

式（11-8）表明，在 $n=2$ 的条件下，调频灵敏度与调制电压无关（这就是线性调制的条件），而与中心振荡频率成正比，与变容二极管的直流偏压成反比。后者给了我们一个启示，为了提高调频灵敏度，在不影响线性的条件下，直流偏压应该尽可能低，当某一变容二极管能使 C-u 特性曲线的 $n=2$ 的直线段越靠近偏压低的区域时，采用该变容二极管所能得到的调频灵敏度就越高。当采用串联或并联固定电容和控制高频振荡电压等方法来获得 C-u 特性曲线的 $n=2$ 的直线段时，如果能使该直线段尽可能移向电压低的区域，那么对提高调频灵敏度是有利的。

由 $S_{\mathrm{f}} = \dfrac{1}{2\pi\sqrt{LB}}$ 可以看出，当 C-u 特性曲线的 n 值（斜率的绝对值）越大时，调频灵敏度越高。因此，如果对调频器的调制线性没有要求，则不外接串联或并联固定电容，并选用 n 值大的变容二极管，这样就可以获得较高的调频灵敏度。

11.2.3 实验内容

（1）测试变容二极管的静态调制特性。
（2）测试变容二极管的动态调制特性。
（3）观察调制信号振幅对频偏的影响。
（4）观察调频信号时域波形。
（5）观察调频信号的频谱。

11.2.4　实验步骤

1．静态调制特性测量

J1 端口不接音频信号，将示波器探头接于 J2 端口上，调节 W3，记下变容二极管 VT1、VT2 两端的电压（用万用表在 R7 左焊盘上测量）和对应的输出频率，并记于表 11.3 中。

表 11.3　变容二极管 VT1、VT2 两端的电压和对应的输出频率

V_{D1}/V							
f_0/MHz							

2．动态调制特性测量

把音频调制信号送入 J1 端口，用示波器观察 J2 端口调频波的时域波形，如图 11.8 所示。

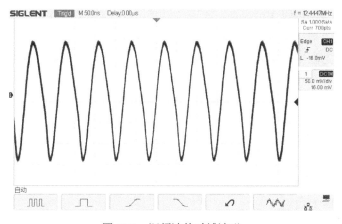

图 11.8　调频波的时域波形

3．观察调制信号的频谱

（1）将频谱分析仪连接至 J2 端口进行观察。在频谱分析仪上首先找到载波，可以看到载波的边带在上下滚动，说明回路的振荡频率在随时间发生变化。调频波的频谱如图 11.9 所示。

（2）当把光标对准载波的上边带时，可以发现，频谱会在光标左右移动。当光标卡在频谱点上时，竖的光标上会出现一条横线，用来标定该处频谱的幅值，而因为边带频谱上下滚动，所以在示波器上能够看到光标上出现不止一条横线的情况，这是由于频谱滚动而使对光标产生相对移动而带来该处幅值快速来回变化造成的。

（3）增大调制信号的幅度，信号频谱的边带滚动得比之前剧烈，如图 11.10 所示。产生这一现象的原因应该是结电容 C 的变化是由反偏电压决定的，反偏电压越高，结电容 C 的变化越大，即振荡频率的变化范围越大，即频偏 Δf 正比于输入信号幅度 V_E。

（4）提高调制信号的频率，在频谱分析仪上观察调频波频谱的变化，思考其原因。提高调制信号频率之后看到的是边带频谱滚动的周期变化频率提高，即滚动的速度变快，而滚动的范围没有变，原因是 $\Delta f = -\dfrac{1}{2} f_0 \dfrac{Cm}{C_0} \cos \Omega t$，调制信号频率的提高会改变输出调频信号变化的快慢，频率越高，变化得越快，因为变化的周期就是输入信号的周期。

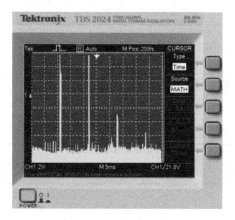
图 11.9　调频波的频谱

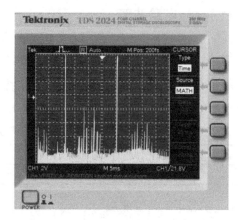
图 11.10　增大调制信号幅度后调频波的频谱

11.2.5　实验报告要求

（1）在坐标纸上画出静态调制特性曲线，并求出其调频灵敏度。说明曲线斜率受哪些因素的影响。

（2）画出实际观察到的调频波的波形，并说明频偏变化与调制信号振幅的关系。

11.2.6　实验仪器

（1）HD-GP-V 实验箱 1 台。

（2）双踪示波器 1 台。

（3）万用表 1 个。

（4）频谱分析仪 1 台。

11.3　三极管包络检波实验

11.3.1　实验目的

（1）进一步了解调幅波的原理，掌握调幅波的解调方法。

（2）掌握三极管包络检波的原理。

（3）掌握三极管包络检波器的主要质量指标、检波效率和各种波形失真的现象，分析失真产生的原因并思考克服的方法。

11.3.2　实验原理与实验电路说明

检波过程是一个解调过程，与调制过程正好相反。检波器的作用是从振幅受调制的高频信号中还原出原调制信号。检波器还原所得的信号与高频调幅信号的包络变化规律一致，故又称为包络检波器。

假如输入信号是高频等幅信号，那么输出就是直流电压。这是检波器的一种特殊情况，在测量仪器中应用比较多，如某些高频伏特计的探头采用的就是这种检波原理。

若输入信号是调幅波，则输出就是原调制信号。这种情况应用最广泛，如各种连续波工作的调幅接收机的检波器就属于此类。

从频谱来看，检波就是将调幅信号频谱由高频搬移至低频，如图 11.11 所示（单音频 Ω 调制的情况）。检波过程也是应用非线性器件进行频率变换的，首先产生许多新频率，然后通过滤波器滤除无用频率分量，取出所需的原调制信号。

常用的检波方法有包络检波和同步检波两种。有载波振幅调制信号的包络直接反映了调制信号的变化规律，可以用三极管包络检波的方法解调。而抑制载波的双边带或单边带振幅调制信号的包络不能直接反映调制信号的变化规律，无法用三极管包络检波的方法解调，因此采用同步检波方法。

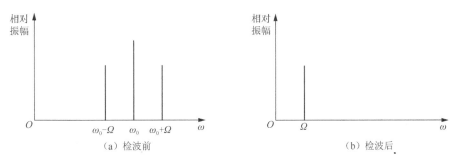

图 11.11　检波器检波前、后的频谱

11.3.3　实验内容

（1）完成普通调幅波的解调。
（2）观察抑制载波的双边带调幅波的解调。

11.3.4　实验步骤

（1）从 J3 端口输入 465kHz、峰-峰值 V_{p-p} 为 0.5～1V、$m<30\%$ 的已调波。将开关 S2 拨下、S3 拨上，将示波器接入 TH6 处，观察输出波形。
（2）加大调制信号的幅度，使 $m=100\%$，观察并记录检波输出波形。

11.3.5　实验报告要求

通过一系列检波实验，将所得数据整理在表 11.4 中。

表 11.4　一系列检波实验数据

输入的调幅波波形	$m<30\%$	$m=100\%$	抑制载波调幅波
三极管包络检波输出波形			
同步检波输出波形			

11.3.6 实验仪器

（1）高频实验箱 1 台。

（2）双踪示波器 1 台。

（3）信号源 1 个。

（4）频率特性测试仪（可选）1 台。

11.4 正交鉴频实验

11.4.1 实验目的

（1）熟悉相位鉴频器的基本工作原理。

（2）了解鉴频特性曲线（S 曲线）的正确调整方法。

11.4.2 实验原理与实验电路说明

1. 乘积型鉴频器

（1）鉴频是调频的逆过程，广泛采用的鉴频电路是相位鉴频器。鉴频原理是：先将调频波经过一个线性移相网络变换成调频调相波，然后与原调频波一起加到一个相位检波器中进行鉴频。因此，实现鉴频的核心部件是相位检波器。

相位检波又分为叠加型相位检波和乘积型相位检波。利用模拟乘法器的相乘原理可实现乘积型相位检波，基本原理是在模拟乘法器的一个输入端输入调频波 $v_s(t)$，设其表达式为

$$v_s(t) = v_{sm} \cos(\omega_c + m_f \sin \Omega t) \tag{11-9}$$

式中，m_f 为调频系数，$m_f = \Delta\omega / \Omega$ 或 $m_f = \Delta f / f$，其中 $\Delta\omega$ 为调制信号产生的频偏。

另一输入端输入经线性移相网络移相后的调频调相波 $v_s'(t)$，设其表达式为

$$v_s'(t) = v_{sm}' \cos\left\{\omega_0 + m_f \sin \Omega t + \left[\frac{\pi}{2} + \varphi(\omega)\right]\right\} \tag{11-10}$$

$$= -v_{sm}' \sin\left[\omega_0 + m_f \sin \Omega t + \varphi(\omega)\right]$$

式中，第一项为高频分量，可以被滤波器滤掉；第二项是所需的频率分量，只要线性移相网络的相频特性 $\varphi(\omega)$ 在调频波的频率变化范围内是线性的，当 $|\varphi(\omega)| \leqslant 0.4\pi \text{rad}$ 时，$\sin\varphi(\omega) \approx \varphi(\omega)$。因此，鉴频器的输出电压 $v_o(t)$ 的变化规律与调频波瞬时频率的变化规律相同，从而实现了相位鉴频。故相位鉴频器的线性鉴频范围受到线性移相网络相频特性的线性范围的限制。

（2）鉴频特性。

相位鉴频器的输出电压 V_0 与调频波瞬时频率 f 的关系称为鉴频特性，其特性曲线（或称 S 曲线）如图 11.12 所示。相位鉴频器的主要性能指标是鉴频灵敏度 S_d 和线性鉴频范围 $2\Delta f_{max}$。S_d 定义为相位鉴频器输入调频波单位频率变化引起的输出电压的变化量，通常用鉴频特性曲

线 $v_o(t)$-f 在中心频率 f_0 处的斜率来表示，即

$$S_d = \frac{V_0}{\Delta f} \qquad (11\text{-}11)$$

线性鉴频范围 $2\Delta f_{max}$ 定义为相位鉴频器不失真解调调频波时所允许的最大频率线性变化范围。$2\Delta f_{max}$ 可在鉴频特性曲线上求出。

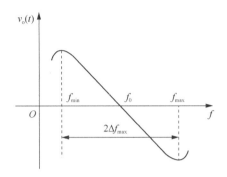

图 11.12　相位鉴频器的特性曲线

2．乘积型相位鉴频器

用 MC1496 构成的乘积型相位鉴频器的实验电路如图 11.13 所示。其中，C13 与并联谐振回路 L1C18 共同组成线性移相网络，将调频波的瞬时频率的变化转变成瞬时相位的变化。分析表明，该网络的传输函数的相频特性 $\varphi(\omega)$ 的表达式为

$$\varphi(\omega) = \frac{\pi}{2} - \arctan\left[Q\left(\frac{\omega^2}{\omega_0^2} - 1 \right) \right] \qquad (11\text{-}12)$$

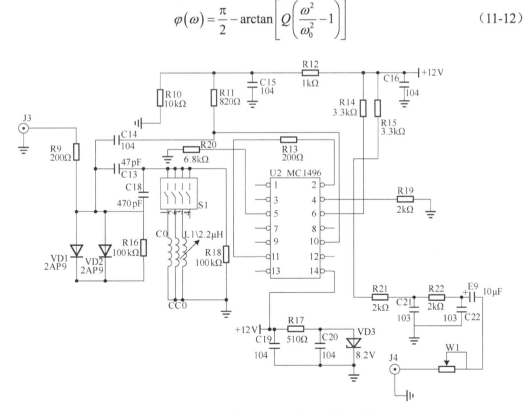

图 11.13　用 MC1496 构成的乘积型相位鉴频器的实验电路（4.5MHz）

当 $\dfrac{\Delta\omega}{\omega_o} \ll 1$ 时，式（11-13）可近似表示为

$$\varphi(\omega) = \frac{\pi}{2} - \arctan\left(Q\frac{2\Delta\omega}{\omega_0}\right) \tag{11-13}$$

不管是串联谐振电路还是并联谐振电路，品质因数的一个重要表征就是电路的选择性。品质因数越高，电路的选择性越好。但是两种电路的通频带又都反比于品质因数，即

$$BW = \frac{f_0}{Q}$$

式中，f_0 为回路的谐振频率，与调频波的中心频率相等；Q 为回路品质因数；Δf 为回路瞬时频率偏移。

相移 φ 与频偏 Δf 的特性（相频特性）曲线，即线性移相网络的相频特性曲线如图 11.14 所示。

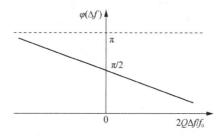

图 11.14　线性移相网络的相频特性曲线

由图 11.14 可见，在 $f = f_0$，即 $\Delta f = 0$ 时，相位等于 $\dfrac{\pi}{2}$，在 Δf 范围内，相位随频偏线性变化，从而实现线性移相。MC1496 的作用是将调频波与调频调相波相乘，其输出经 RC 滤波网络输出。

11.4.3　实验内容

（1）调测鉴频器的静态工作点。

（2）并联回路对波形的影响。

（3）用逐点描迹法或扫频测量法测鉴频特性曲线，由 S 曲线计算鉴频灵敏度 S_d 和线性鉴频范围 $2\Delta f_{max}$。

11.4.4　实验步骤

1．功能说明

实验使用频率：将 4.5MHz 调频信号作为一路信源输入，可同时提供 15MHz 或 10.7MHz 作为另一路输入信号，同时加入两路输入信号，此时可利用 S1 拨码开关根据图标对应选择。

2．音乐信号输入

音乐信号从 J5 端口输入，测试点为 TH5，W5 用来调节放大输出，按下开关 S1 选择喇

叭，按下开关 S2 选择耳机。

3．乘积型相位鉴频器

（1）调谐并联谐振回路，使其谐振（谐振频率f_0=4.5MHz）。

具体的方法是将高频信号峰-峰值 V_{p-p}≈500mV、f_0=4.5MHz、低频调制信号频率f_Ω=1kHz 的调频信号从 J3 端口输入，接入示波器，测试 TH3 处的输入波形。调节谐振回路电感 L1，使输出端获得的低频调制信号$v_o(t)$的波形失真最小，幅度最大。

（2）鉴频特性曲线（S 曲线）的测量。测量鉴频特性曲线的常用方法有逐点描迹法和扫频测量法。本实验采用逐点描迹法。

逐点描迹法的操作是：用高频信号发生器（高频信号源）产生的调频信号作为鉴频器的输入 $v_s(t)$，频率为f_0=4.5MHz，幅度 $V_{s(p-p)}$=500mV；鉴频器的输出端 v_o 接数字万用表（置于直流电压挡），测量输出电压 v_o 值（调谐并联谐振回路，使其谐振）；改变高频信号发生器的输出频率（维持幅度不变），在表 11.5 中记下对应的数据。

表 11.5　改变高频信号发生器的输出频率数据

f/MHz	4.5	4.6	4.7	4.8	4.9	5.0	5.1	5.2	5.3	5.4	5.5
V_0/mV											

11.4.5　实验报告要求

（1）说明乘积型鉴频器的鉴频原理。
（2）根据实验数据绘出鉴频特性曲线。

11.4.6　实验仪器

（1）高频实验箱 1 台。
（2）双踪示波器 1 台。
（3）频率特性测试仪（可选）1 台。
（4）万用表 1 个。
（5）耳机（选配）1 副。

第12章

幅度的调制与解调

12.1　调幅接收机实验

12.1.1　实验目的

（1）在模块实验的基础上掌握调幅接收机的组成原理，建立调幅系统概念。
（2）掌握调幅接收机系统联调的方法，培养解决实际问题的能力。

12.1.2　实验内容

完成调幅接收机的系统联调工作。

12.1.3　实验电路说明

超外差中波调幅接收机电路说明如图 12.1 所示。

图 12.1　超外差中波调幅接收机电路说明

超外差中波调幅接收机由天线回路、变频电路、中频放大电路、鉴频电路、音频功放、耳机 6 部分组成。

12.1.4　实验步骤

在做本实验前，请调试好与本实验相关的各单元模块。

（1）打开已调好的调幅接收机。

（2）将天线接入 J1 端口，并将 S1-6 拨上。

（3）使双调谐小信号放大器谐振在 465kHz 上，将增益调节到最高。

（4）慢慢调谐双联电容调谐盘，使用户能收到音乐信号。

（5）观察各点的波形，并记录下来。

12.1.5　实验报告要求

（1）说明调幅接收机的组成原理。

（2）根据调幅接收机组成框图（电路说明）测出对应点的实测波形并标出测量值的大小。

12.1.6　实验仪器

（1）高频实验箱 1 台。

（2）双踪示波器 1 台。

（3）万用表 1 个。

12.2　中波调幅发射机的组装与调试实验

12.2.1　实验目的

（1）在模块实验的基础上掌握中波调幅发射机整机组成原理，建立调幅系统概念。

（2）掌握中波调幅发射机系统联调的方法，培养解决实际问题的能力。

12.2.2　实验内容

完成中波调幅发射机的系统联调工作。

12.2.3　实验电路说明

中波调幅发射机电路说明如图 12.2 所示。

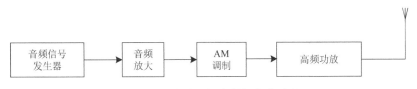

图 12.2　中波调幅发射机电路说明

中波调幅发射机由音频信号发生器、音频放大、AM 调制、高频功放 4 部分组成。

12.2.4　实验步骤

在做本实验前，首先检查中波调幅发射机模块安装是否正确，切勿倒置安装。确认安装正确后方可打开电源通电。

（1）功能按键说明。S1 按下即选通本振信号输出，再次按下关闭；S2 按下即选通音源信号输出，再次按下关闭。

（2）首先，使用示波器测量本振输出，观察 1.84MHz 频率波形是否正常，测试点为 TH1；其次，测试音源信号输出是否正常，测试点为 TH2；最后，将 J1 端口与 J2 端口使用配置 SMB-SMB 高频线连接、J3 端口与 J4 端口使用低频线连接。

（3）使用示波器测试 TH4 与 TH3 处的波形，判断信号的连接是否正常，再次测试 TH6 处的波形，看信号是否正常输出，若输出正常，则将 J6 端口与 J7 端口使用配置 SMB-SMB 高频线连接。

（4）使用示波器测试 TH7 输入与 TH8 输出处的波形。

（5）将已经放大的信号经 J8 端口传送至天线，这样就可以将高频调制信号从天线发射出去了。

12.2.5　实验报告要求

（1）写出实验目的和任务。
（2）画出中波调幅发射机的组成框图和对应点的实测波形并标出测量值的大小。
（3）写出调试中遇到的问题，并分析说明。

12.2.6　实验仪器

（1）高频实验箱 1 台。
（2）双踪示波器 1 台。

第 13 章

综合实验

13.1　基于锁相环的本振源实验

13.1.1　实验目的

（1）掌握锁相环的基本工作原理。
（2）掌握压控振荡器（VCO）、锁相环、环路滤波器的定义、作用与设计方法。
（3）了解 STM32 控制电路的设计方法及代码含义。
（4）参照实例掌握锁相环本振源的设计方法。

13.1.2　锁相环的构成和基本工作原理

1. 锁相环的构成

锁相环由 3 部分构成，如图 13.1 所示。它由鉴相器（PD）、环路滤波器（LF）、压控振荡器（VCO）3 部分组成，形成一个闭合环路，输入信号为 $V_i(t)$，输出信号为 $V_0(t)$ 并反馈至输入端。下面逐一说明各基本部件的作用。

图 13.1　锁相环构成方框图

（1）鉴相器是一个相位比较装置，用来检测输出信号 $V_0(t)$ 与输入信号 $V_i(t)$ 之间的相位差 $\theta_e(t)$，并把 $\theta_e(t)$ 转化为电压 $V_d(t)$ 输出，$V_d(t)$ 称为误差电压，通常作为一直流分量或一低频交流分量。

（2）环路滤波器作为一个低通滤波电路，作用是滤除因鉴相器的非线性而在 $V_d(t)$ 中产生的无用的组合频率分量和干扰，产生一个只反映 $\theta_e(t)$ 大小的控制信号 $V_e(t)$。按照反馈控制原理，如果由于某种原因使压控振荡器的频率发生变化而与输入频率不相等，那么必将使 $V_0(t)$ 与 $V_i(t)$ 的相位差 $\theta_e(t)$ 发生变化，该相位差经过鉴相器转换成误差电压 $V_d(t)$，此误差电压经环路滤波器滤波后得到 $V_c(t)$，由 $V_c(t)$ 改变压控振荡器的振荡频率，使之趋近于输入信号的频率，最终达到相等的状态，称为锁定状态。当然，由于控制信号正比于相位差，即 $V_d(t) \propto \theta_e(t)$。因此，在锁定状态下，$\theta_e(t)$ 不可能为零。换言之，在锁定状态下，$V_0(t)$ 与 $V_i(t)$ 仍存在相位差。

（3）压控振荡器是本控制系统的控制对象，被控参数通常是其振荡频率，控制信号为加在其上的电压，故称为压控振荡器，也就是一个电压-频率变换器，实际上还有一种电流-频率变换器，但习惯上仍称为压控振荡器。

2. 锁相环锁相原理

锁相环是一种以消除频率误差为目的的反馈控制电路，其基本原理是利用误差电压消除频率误差，因此，当电路达到平衡状态后，虽然有剩余相位误差存在，但频率误差可以减小到零，从而实现无频差的频率跟踪和相位跟踪。

当调频信号没有频偏时，若压控振荡器的频率与外来载波信号的频率有差异，则通过相位比较器输出一个误差电压。这个误差电压的频率较低，先经过低通滤波器滤除所含的高频成分，再用来控制压控振荡器，使振荡频率趋近于外来载波信号的频率，于是误差越来越小，直至压控振荡器的频率和外来载波信号一样，即压控振荡器的频率被锁定在与外来载波信号相同的频率上，环路处于锁定状态。

当调频信号有频偏时，若压控振荡器与外来载波信号的频率有差异时，则通过相位比较器输出一个误差电压，使压控振荡器向外来载波信号的频率靠近。由于压控振荡器始终想要和外来载波信号的频率锁定，所以为达到锁定的条件，鉴相器和环路滤波器向压控振荡器输出的误差电压必须随外来载波信号的载波频率偏移的变化而变化，即这个误差控制信号就是一个随调制信号频率的变化而变化的解调信号，即实现了鉴频。

3. 实验模块板锁相环参数

（1）频率范围：125～180MHz。

（2）频率步进：25kHz。

（3）若频率输出在工作范围内，则可通过按键输入；若超出，则显示错误。

（4）锁定时间<100ns。

（5）液晶显示锁相环输出频率。

4. 电路原理图

压控振荡器部分电路原理图如图 13.2 所示。

压控振荡器是射频电路的重要组成部分。采用电压控制振荡回路中的电容，进而改变振荡回路的谐振频率成为实现振荡的手段之一。模块中的 VCO（压控振荡器）选用 FVX150，其调谐频率为 100～200MHz；性能特点是小型封装、金属屏蔽、集成度高。

锁相环频率合成器是由鉴相器、环路滤波器、压控振荡器、参考 R 分频器、反馈通道 N 分频器构成的相位负反馈系统。

环路滤波器：在鉴相器的输出端衰减高频误差分量，以提高抗干扰性能；在环路跳出锁定状态时，提高环路运行速度以短期存储，并迅速恢复信号。环路滤波器一般是线性电路，由线性器件电阻、电容及运算放大器组成。环路滤波器用于衰减由输入信号噪声引起的快速变化的相位误差和平滑相位检测器泄漏的高频分量，即滤波，以便在其输出端对原始信号进行精确的估计。环路滤波的阶数和噪声带宽决定了环路滤波器对信号的动态响应。

STM32 控制部分原理图如图 13.3 所示。

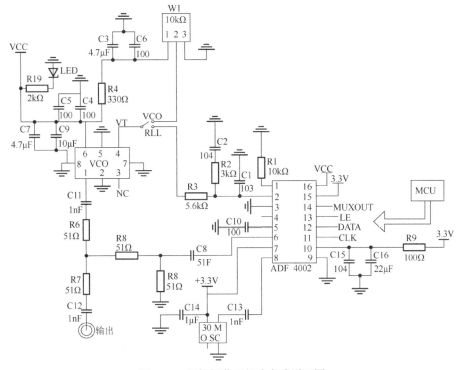

图 13.2 压控振荡器部分电路原理图

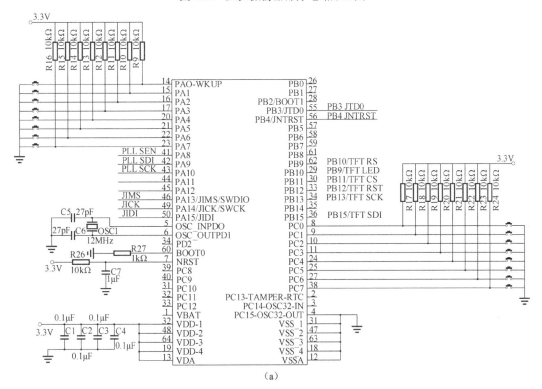

（a）

图 13.3 STM32 控制部分原理图

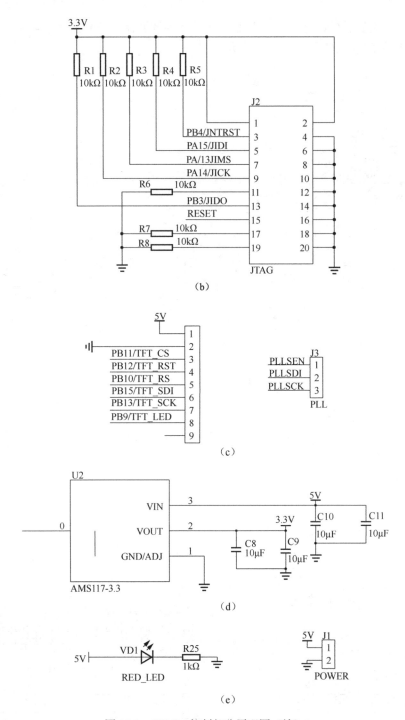

图 13.3　STM32 控制部分原理图（续）

13.1.3　实验内容

（1）掌握锁相环的构成及基本工作原理。

（2）测试锁相环的工作频率范围、频率步进、电压幅度。

13.1.4 实验步骤

（1）锁相环测试和结果分析如表 13.1 所示。

表 13.1 锁相环测试和结果分析

输出频率/MHz	125	128	131	134	137	140	143	146	149
输出电压/V	1.50	1.46	1.44	1.42	1.34	1.38	1.34	1.36	1.36
输出频率/MHz	152	155	158	161	164	167	170	173	176
输出电压/V	1.38	1.38	1.42	1.46	1.52	1.56	1.62	1.68	1.74

（2）频率步进（145～145.6MHz）数据如表 13.2 所示。

表 13.2 频率步进数据

输出频率/MHz	145.025	145.05	145.075	145.1	145.125	145.15
输出电压/V	1.36	1.36	1.36	1.36	1.36	1.36
输出频率/MHz	145.175	145.2	145.225	145.25	145.275	145.3
输出电压/V	1.36	1.36	1.36	1.36	1.36	1.36
输出频率/MHz	145.325	145.35	145.375	145.4	145.425	145.45
输出电压/V	1.36	1.36	1.36	1.36	1.36	1.36
输出频率/MHz	145.475	145.5	145.525	145.55	145.575	145.6
输出电压/V	1.36	1.36	1.36	1.36	1.36	1.36

（3）频谱分析仪部分测试。

测试锁相环输出频谱，调出 Marker，测试输出频率和功率。锁相环输出频谱如图 13.4 所示。

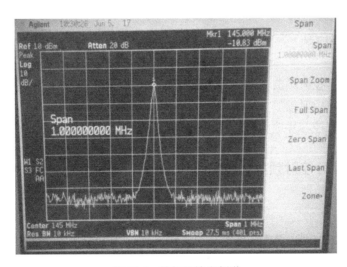

图 13.4　锁相环输出频谱

如图 13.4 所示，测得的频率为 145MHz，功率为-10.83dBm。

按键改变输出频率，并将实际测量值填入表 13.3 中。

表 13.3 按键改变输出频率数据

输出频率/MHz	125	128	131	134	137	140	143	146	149
输出功率/dBm	2.86	3.43	3.62	3.74	3.82	4.01	4.19	4.28	4.34
输出频率/MHz	152	155	158	161	164	167	170	173	176
输出功率/dBm	4.50	4.62	4.72	4.84	4.88	4.89	4.87	4.81	4.73

13.1.5 实验报告要求

（1）写明锁相环的工作原理。
（2）锁相环的频率电平测量结果。
（3）分析环路滤波器在锁相环电路中的作用。

13.1.6 课程设计及二次开发部分

制作一个基于锁相环的本振源，参数如下。
（1）频率范围：130～160MHz。
（2）频率步进：25kHz。
（3）电压幅度：10～100mV，可调。
（4）通过键盘设定输出频率，设定超出范围显示ERROR。

13.2 增益可控射频放大器实验

13.2.1 实验目的

（1）掌握增益可控射频放大器的工作原理。
（2）掌握增益可控射频放大器的测试方法。
（3）掌握增益可控芯片选型与电路设计方法。

13.2.2 增益可控射频放大器的工作原理

1．基本组成

增益可控射频放大器主要由固定增益放大器（PA）、程控衰减器（6bit DAT）、MCU、键盘电路（IN）、液晶显示等部分组成，如图 13.5 所示。

（1）增益可控射频放大器芯片由 ADI 公司的 HMC681 为主芯片实现+13.5～+45dB 的增益调节范围，增益步进为 0.5dB，在最高增益状态下，噪声系数仅为 2.8dB。同时，引脚可设置增益调节范围；单电源供电满足低功耗需求；工作频率为 DC 1GHz；6bit 串行数据实现增益控制；LE、CLK、SERIN 对接 MCU 的 I/O 端口，实现增益控制。

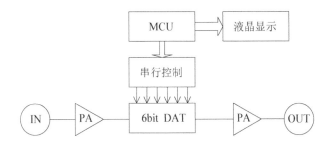

图 13.5 增益可控射频放大器组成框图

（2）MCU 部分为 Atmel 公司的 ATmega128A，共有 64 个引脚，其中除电源（VCC、AVCC、GND）和提供时钟的引脚（XTAL1、XTAL2）、复位（RESET）引脚、程序使能引脚外，其他引脚都具有一般的 I/O 性能和 ATmega128 单片机的内部特殊性能。在实验电路板中，运用 I/O 端口中的 PC 端口对 HMC681 实现串行数据控制。ATmega128A 芯片引脚图如图 13.6 所示。

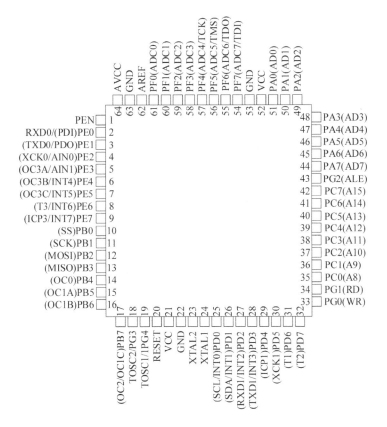

图 13.6 ATmega128A 芯片引脚图

HMC681 内置 3 线的 SPI 兼容数字端口：SERIN、CLK、LE。当 P/S 端口置高电平时，功能被激活。6bit 串行控制字必须从高位开始送，当 LE 端口置高电平时，串行数据开始送入衰减器。3 线数字端口对应的时序如图 13.7 所示。

串行字节和增益数值对照表如表 13.4 所示。

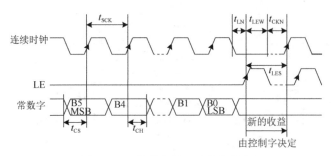

图 13.7　3 线数字端口对应的时序

表 13.4　串行字节和增益数值对照表

串行字						相对增益设定
B5 16dB	B4 8dB	B3 4dB	B2 2dB	B1 1dB	B0 0.5dB	
High	High	High	High	High	High	Reference 0dB
High	High	High	High	High	Low	−0.5dB
High	High	High	High	Low	High	−1dB
High	High	High	Low	High	High	−2dB
High	High	Low	High	High	High	−4dB
High	Low	High	High	High	High	−8dB
Low	High	High	High	High	High	−16dB
Low	Low	Low	Low	Low	Low	−31.5dB

注：上述状态的任何组合都将提供一个相对增益，大约等于所选位的和。

从高位到低位，111111 对应 0dB 衰减，000000 对应 31.5dB 衰减。

2．硬件电路图

（1）程控衰减器部分电路图如图 13.8 所示。

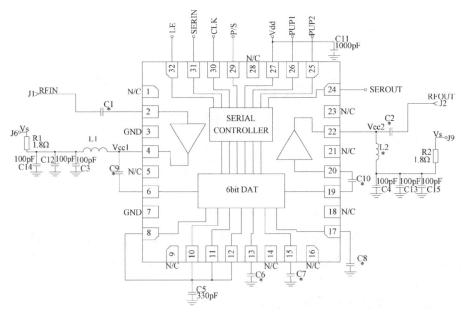

图 13.8　程控衰减器部分电路图

（2）MCU 控制部分电路图如图 13.9 所示。

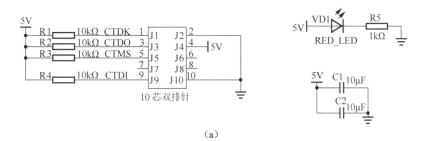

（a）

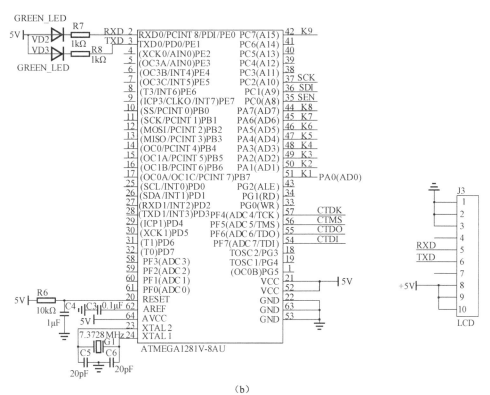

（b）

图 13.9　MCU 控制部分电路

电路设计注意要点如下。

（1）当设置为最高增益时，输入信号不能大于-10.5dBm。

（2）最大供电电压为 5.5V。

（3）偏置电压和控制电压分别如表 13.5 与表 13.6 所示。

表 13.5　偏置电压

V_{DD}/V	$I_{DD}(Typ.)/mA$	
+5	2.5	
V_S/V	I_{S1}/mA	I_{S2}/mA
+5	91	91

表 13.6　控制电压

State	V_{DD}=+3V	V_{DD}=+5V
Low	0～0.5V@<1μA	0～0.8V@<1μA
High	2～3V@<1μA	0～5V@<1μA

13.2.3　实验内容

（1）掌握增益可控射频放大器的构成和原理。

（2）测试增益可控射频放大器的工作频率范围、增益和增益波动。

（3）掌握电路设计方法，了解程序设计方法。

13.2.4　实验步骤

1．用示波器测量增益可控射频放大器的增益

将锁相环输出信号幅度 V_{p-p} 调节至 20mv 左右（需要在锁相环输出端接入程控衰减器），f=145MHz（四舍五入），如图 13.10 所示。

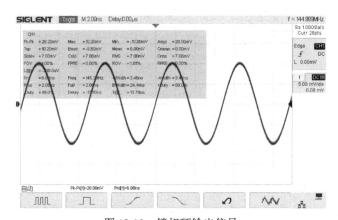

图 13.10　锁相环输出信号

按下面板复位键，设定增益初始值为 13.5dB，测得波形如图 13.11 所示。

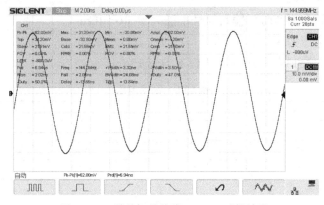

图 13.11　增益初始值为 13.5dB 时的波形

计算波形放大倍数：将增益分别设定为 15dB、20dB、25dB、30dB、35dB，分别计算波形放大倍数。

将增益设置为固定值 20dB，改变输出频率，以 1MHz 为频率步进，将数据填入表 13.7 中。

表 13.7　数据记录

输出频率/MHz	130	131	132	133	134	135	136
输入幅度/mV	100	100	100	100	100	100	100
输出幅度/mV	412	412	408	404	400	400	396
输出频率/MHz	137	138	139	140	141	142	143
输入幅度/mV	100	100	100	100	100	100	100
输出幅度/mV	396	392	392	388	388	384	380
输出频率/MHz	144	145	146	147	148	149	150
输入幅度/mV	100	100	100	100	100	100	100
输出幅度/mV	376	372	372	368	364	364	364

计算上述各频点的放大倍数，画出 130~150MHz 的放大幅频特性曲线。

2．用频谱仪测量增益可控射频放大器增益

在锁相环输出端接 40dB 程控衰减器，频谱如图 13.12 所示。

当将增益设定为 20dB 时，频谱如图 13.13 所示。

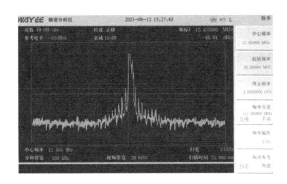 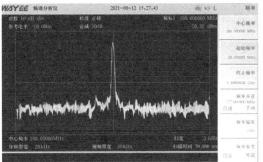

图 13.12　在锁相环输出端接 40dB 程控衰减器时的频谱　　图 13.13　将增益设定为 20dB 时的频谱

计算其增益值，设定不同的增益或步进，观测输出信号频谱。

3．用矢网模块测试扫频特性

第 1 步，先给矢网模块通电，然后用数据线将矢网模块的 USB 接口与计算机的 USB 接口相连，最后给相应的 USB 接口装上驱动。

第 2 步，对测试软件进行参数设置。打开测试软件，可以看到如图 13.14 所示的界面。

在图 13.14 中选择开始频率为 50MHz、结束频率为 300MHz。如图 13.15 所示，对扫频模式进行设置。选择菜单栏中的"设置"选项进行设置：串口设置选择矢网模块连接口，最高输出频率设置为 6GHz，频率倍率设置为 10。

第 3 步，在矢网模块的输出端口接上一个 40dB 的衰减器，通过一根 SMA 线将矢网模块的输出端口与输入端口相连，选择软件上的"扫频"选项，得到如图 13.16 所示的界面。

图 13.14　测试软件界面

图 13.15　"基础设置/扫描设置"选项卡

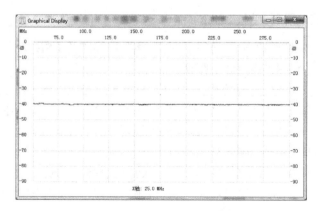

图 13.16　没有增益信号的扫频结果界面

图 13.16 所示的界面是没有增益信号的扫频结果界面，将矢网模块的输出端通过 SMA 转 SMB 的电缆线连接到实验箱的增益可控射频放大器的输入端，同时通过一个 SMA 转 SMA 的电缆线将实验箱的增益可控射频放大器的输出端与矢网模块的输入端相连，连好之后，打开实验箱电源开关，选择软件上的"扫频"选项，得到如图 13.17 所示的界面。

如果选择的是 15dB 增益，那么还可以通过实验箱上面的按键对增益进行更改。这里将增益改成 20dB，得到如图 13.18 所示的界面。

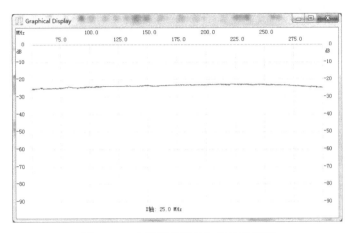

图 13.17　有增益信号的扫频结果界面

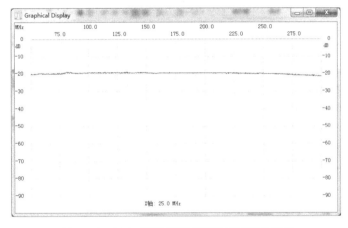

图 13.18　20dB 增益信号对应的扫频结果界面

13.2.5　实验报告要求

（1）整理实验数据，填写实验过程中的表格。
（2）绘制实验过程中所得的各种波形，并进行简单分析（用文字加以说明）。
（3）分析增益可控射频放大器的原理，并写出自己的理解。

13.2.6　课程设计及二次开发部分

制作一个增益可控射频放大器，参数如下。

（1）增益>40dB。

（2）输入输出阻抗均为 50Ω。

（3）-3dB 通频带不小于 60～130MHz（需要考虑加入LC 滤波器）。

（4）实现步进控制，增益范围为 12～40dB，增益步进不大于 4dB，液晶显示增益数值。

13.3 数字程控衰减器实验

13.3.1 实验目的

（1）掌握数字程控衰减器的工作原理。

（2）掌握数字程控衰减器的测试方法。

（3）掌握数字程控衰减器芯片选型和电路设计方法。

13.3.2 可控射频衰减器的工作原理

1. 基本组成

（1）数字程控衰减器的芯片采用的是 HMC759，在本模块当中可以完成从 0dB 到 31.75dB 的衰减调节，衰减步进为 0.25dB，工作频率为 10～300MHz，同时能很好地与微控器件（MCU）进行匹配，自身带有 I/O 端口，可以通过数据总线与微控器件进行连接，从而接收一个 7bit 的数据，对自身衰减量进行调控。

（2）MCU 为 Atmel 公司的 ATmega128A，关于 ATMega128A，可参考 13.2.3 节的内容，这里不再赘述。

HMC759 包含 3 线兼容数据端口（SERIN、CLK、LE），7 位串行数据从最高有效位开始传送，当 LE 端为高电平时，7 位串行数据从寄存器转移到数字程控衰减器中，此时 CLK 为低电平，可以防止输出过程中的数据转换。HMC759 的时序电路如图 13.19 所示。

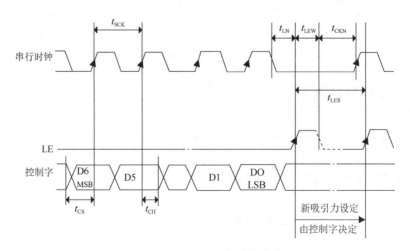

图 13.19 HMC759 的时序电路

HMC759 的串行数据如表 13.8 所示。

表 13.8 HMC759 的串行数据

控制电压输入							参考插入损耗/dB
D6	D5	D4	D3	D2	D1	D0	
High	High	High	High	High	High	High	0
High	High	High	High	High	High	Low	0.25
High	High	High	High	High	Low	High	0.5
High	High	High	High	Low	High	High	1
High	High	High	Low	High	High	High	2
High	High	Low	High	High	High	High	4
High	Low	High	High	High	High	High	8
Low	High	High	High	High	High	High	16
Low	Low	Low	Low	Low	Low	Low	31.75

2. 硬件电路图

（1）数字程控衰减部分电路图如图 13.20 所示。

（2）MCU 控制部分电路图如图 13.21 所示。

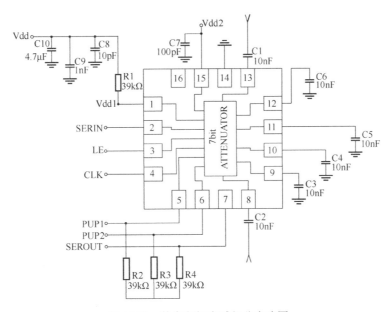

图 13.20 数字程控衰减部分电路图

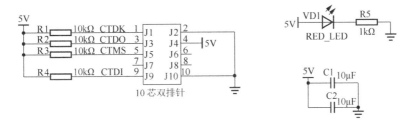

图 13.21 MCU 控制部分电路图

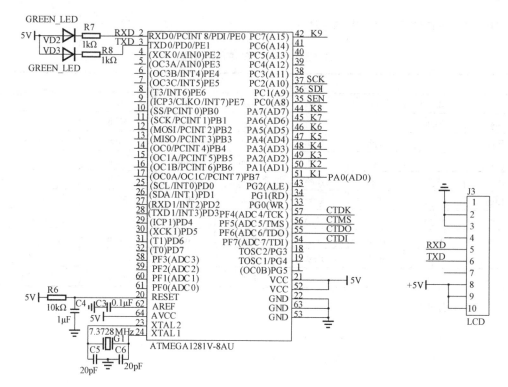

图 13.21　MCU 控制部分电路图（续）

13.3.3　实验内容

（1）掌握数字程控衰减器的构成和工作原理。

（2）测试数字程控衰减器的工作频率范围、衰减、衰减波动（平坦度）。

（3）掌握电路设计方法，了解程序设计方法。

13.3.4　实验步骤

1. 用示波器测量数字程控衰减器的衰减

锁相环输出信号选择为 145MHz（四舍五入），先将信号送到示波器中，观察示波器，得图 13.22。

再将信号送到数字程控衰减器中，选择衰减量为 10dB，将输出端接到示波器上，观察示波器，得图 13.23。

可以多次改变衰减量，同时记录每组数据，制成表格。

2. 用矢网模块测试扫频特性

第 1 步，先给矢网模块通电，然后用数据线将矢网模块的 USB 接口与计算机的 USB 接口相连，最后给相应的 USB 接口装上驱动。

第 2 步，对测试软件进行参数设置。打开测试软件，可以看到如图 13.24 所示的界面。

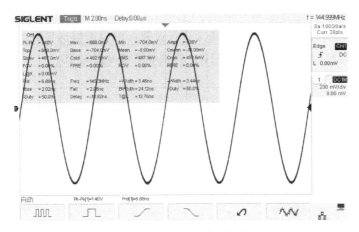

图 13.22 锁相环输出信号

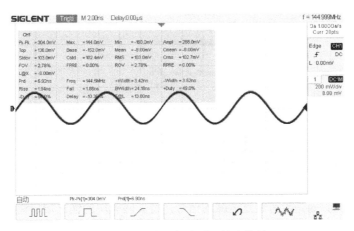

图 13.23 数字程控衰减器输出信号

图 13.24 测试软件界面

在图 13.24 中选择开始频率为 50MHz、结束频率为 300MHz。如图 13.25 所示，对扫频模式进行设置。选择菜单栏中的"设置"选项进行设置：串口设置选择矢网模块所连接口，即 COM3 接口；将最高输出频率设置为 6GHz，将频率倍率设置为 10。

图 13.25　对扫频模式进行设置

第 3 步，用一根 SMA 线将矢网模块的输出端口与输入端口相连，选择"扫频"选项，得到如图 13.26 所示的界面。

图 13.26 所示的界面是没有经过衰减的信号，将矢网模块的输出端口通过 SMA 转 SMB 的电缆线连接到实验箱的数字程控衰减器的输入端，同时通过一个 SMA 转 SMB 的电缆线将实验箱的数字程控衰减器的输出端与矢网模块的输入端相连。连好之后，打开实验箱电源开关，通过数字程控衰减器上面的按钮选择衰减量，这里选择 10dB，选择"扫频"选项，得到如图 13.27 所示的界面。

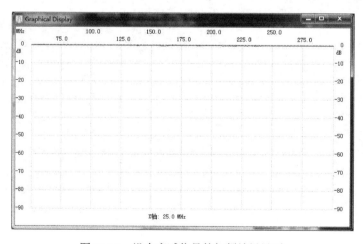

图 13.26　没有衰减信号的扫频结果界面

图 13.27　经过 10dB 衰减的扫频结果界面

另外，还可以多次选择不同的衰减量，并记录每次的实验数据，根据实验数据制成表格。

13.3.5　实验报告要求

（1）根据所提供的原理图及实际测量结果分析后台程序在测量时的运行过程。
（2）对实验过程中获得的各种图形进行分析，以加深理解。
（3）分析数字程控衰减器的芯片的工作原理，并做简要概括。

13.3.6　实验仪器

（1）高频实验箱 1 台。
（2）双踪示波器 1 台。
（3）矢网模块 1 个。

13.4　LC 带通滤波器实验

13.4.1　实验目的

（1）掌握 LC 带通滤波器的工作原理。
（2）掌握 LC 带通滤波器的设计方法。
（3）能根据所需频率选择正确的 LC 带通滤波器电路。

13.4.2　LC 带通滤波器的工作原理

1．LC 带通滤波器简介

LC 滤波器也称为无源滤波器，是传统的谐波补偿装置。LC 滤波器之所以称为无源滤波器，顾名思义，就是不需要额外提供电源。LC 滤波器一般是由滤波电容、电抗和电阻适当组合而成的，与谐波源并联，除起滤波作用外，还兼顾无功补偿的功能。LC 滤波器按照功能分为

LC 低通滤波器、LC 带通滤波器、LC 高通滤波器、LC 全通滤波器、LC 带阻滤波器，按调谐方式又分为单调谐滤波器、双调谐滤波器及 3 调谐滤波器等种。LC 滤波器的设计流程主要考虑其谐振频率与电容耐压、电抗耐流能力。

在电子线路中，电感线圈对交流有限流作用，由电感的感抗公式 $X_L=2\pi f L$ 可知，电感 L 越大，频率 f 越高，感抗就越大。因此电感线圈有通低频、阻高频的作用，这就是电感的滤波原理。电感在电路中最常见的作用就是与电容一起组成 LC 滤波电路。我们已经知道，电容有阻直流、通交流的作用，而电感则有通直流、阻交流、通低频、阻高频的作用。如果把伴有许多干扰信号的直流电流通过 LC 滤波电路，那么交流干扰信号大部分将被电感阻止，即被吸收变成磁感和热能，剩下的大部分被电容旁路到地，这就达到了抑制干扰信号的目的，在输出端就能获得比较纯净的直流电流。滤波电路的原理实际是电感、电容元件基本特性的组合利用。因为电容的容抗 $X_C=2\pi f C$ 且会随信号频率的升高而变小，而电感的感抗 $X_L=2\pi f L$ 会随信号频率的升高而增大，所以，如果把电容、电感进行串联、并联或混联应用，那么它们组合的阻抗也会随信号频率的不同而发生变化。这表明，不同的 LC 滤波电路会对某种频率信号呈现很小或很大的电抗，以致能让该频率信号顺利通过或阻碍它通过，从而起到选取某种频率信号和滤除某种频率信号的作用。

2. 原理图

本实验所用滤波器原理图如图 13.28 所示。

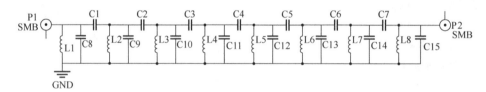

图 13.28 本实验所用滤波器原理图

本实验设计的是一个频率为 160MHz 的 LC 带通滤波器，通过不断地提升滤波器的阶数，使滤波器的滤波效果更好。

3. 设计方法

设计指标如下：中心频率为 160MHz，1dB 带宽为 20MHz，输入、输出阻抗均为 50Ω，类型为 Butterworth。

在设计 LC 滤波器时，需要用到的软件为 Filter Solutions Zvan。双击打开此软件，在如图 13.29 所示的参数设置界面中填入相应的值。

具体设置如下。

Filter Type（滤波器的类型）：Butterworth。

Order（滤波器的阶数）：4。

Center Freq（中心频率）：160MHz。

Pass Band Width（滤波器的带宽）：20MHz。

Filter Class（滤波器的种类）：Band Pass。

Freq Scale（频率单位）：Hertz，即 Hz。

Source Res 和 Load Res 的阻抗均设置为 50Ω。

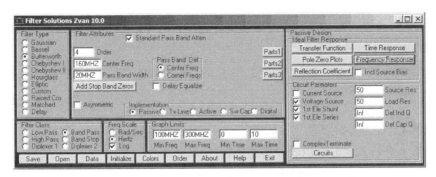

图 13.29 Filter Solutions Zvan 参数设置界面①

单击"Passive Design"选区里的"Frequence Response"按钮,仿真出滤波器幅频特性曲线,如图 13.30 所示。

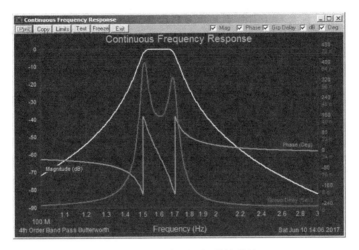

图 13.30 滤波器幅频特性曲线

单击"Circuits"按钮,弹出滤波器设计原理图及元器件数值,如图 13.31 所示。

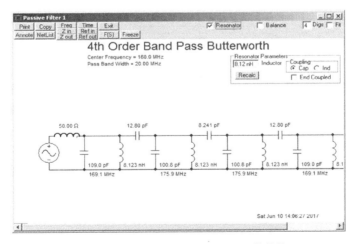

图 13.31 滤波器设计原理图及元器件数值

① 软件图中的"MHZ"的正确写法为"MHz"。

勾选图 13.31 中的 "Resonator" 谐振模式复选框，记录元器件的值，绘制原理图，并制版调试。

13.4.3　实验内容

（1）熟悉 LC 带通滤波器的工作原理。
（2）获取并分析本实验所用滤波器的参数。
（3）学习并自己设计 LC 带通滤波器电路。

13.4.4　实验步骤

第 1 步，给矢网模块通电，用数据线将矢网模块的 USB 接口与计算机的 USB 接口相连，并给相应的 USB 接口装上驱动。

第 2 步，对测试软件进行参数设置。打开测试软件，可以看到如图 13.32 所示的界面。

图 13.32　测试软件界面

在图 13.32 中选择开始频率为 50MHz、结束频率为 300MHz，如图 13.33 所示，进行扫频模式设置。选择菜单栏中的 "设置" 选项进行设置：串口选择矢网模块所连接口，即 COM3 接口；将最高输出频率设置为 6GHz，将频率倍率设置为 10。

第 3 步，先用一根 SMA 转 SMB 的电缆线将矢网模块的输出端与 LC 带通滤波器的输入端相连，再用一根 SMA 转 SMB 的电缆线将 LC 带通滤波器的输出端与矢网模块的输入端相连，最后单击测试软件界面的 "扫频" 选项，得到如图 13.34 所示的界面。

将光标在如图 13.34 所示的图形上移动，可以看到每个频率的参数，可以看到滤波器的中心频率为 160MHz、带宽为 20MHz，对带宽之外的频率有着非常好的抑制效果。学生可以仿照实验箱上的电路设计自己的滤波电路，并使用矢网模块对自己设计的滤波电路参数进行测试。

图 13.33　扫频模式设置

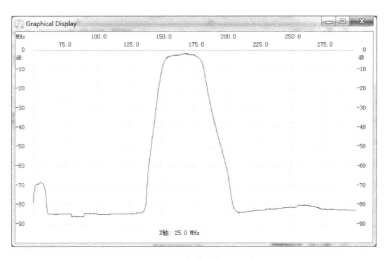

图 13.34　扫频结果界面

13.4.5　实验报告要求

（1）分析 LC 滤波器的工作原理。

（2）对实验过程中所获得的图形进行参数分析并用文字说明。

13.4.6　课程设计及二次开发部分

1．制作一个 LC 带通滤波器

（1）1dB 带宽为 90～110MHz。

（2）中心频率为 100MHz。

（3）输入、输出阻抗均为 50Ω。

（4）带宽外抑制度不低于 45dB。

完成上述设计指标后制版，测试设计的滤波器参数。注：对于数值较小的电感，可用线圈绕制，Q 值大、插入损耗低。

2. 测试整个系统的放大特性

将系统中的 LC 带通滤波器串入增益可控射频放大器的输出端，测试整个系统的放大特性。

13.5 声表滤波器实验

13.5.1 实验目的

（1）掌握声表波滤波器的工作原理和应用。

（2）掌握声表滤波器特性的测试方法。

13.5.2 声表滤波器的工作原理和电路结构

声表面波（Surface Acoustic Wave，SAW）就是在压电基片材料表面产生和传播且振幅随深入基片材料的深度的增加而迅速减小的弹性波。声表滤波器的基本结构是在具有压电特性的基片材料抛光面上制作两个声电换能器——叉指换能器（IDT）。它采用半导体集成电路的平面工艺，在压电基片表面蒸镀一定厚度的铝膜，对于设计好的两个 IDT 的掩膜图案，利用光刻方法沉积在压电基片表面，分别作为输入换能器和输出换能器。输入换能器将电信号变成声音信号，沿晶体表面传播；输出换能器将接收的声信号变成电信号输出。

声表滤波器在抑制电子信息设备高次谐波、镜像信息、发射泄漏信号及各类寄生杂波干扰等方面起到良好的作用，可以实现任意所需精度的幅频和相频特性的滤波，这是其他滤波器难以完成的。近年来，国外已将声表滤波器片式化，质量只有 0.2g。另外，由于采用了新的晶体材料和新的精细加工技术，使 SAW 器件的使用上限频率提高到 2.5～3GHz，从而促使声表滤波器在抗 EMI（电磁干扰）领域获得更广泛的应用。

早期声表滤波器的最大缺陷是插入损耗高，一般在 15dB 以上，这对于要求低功耗的通信设备，特别是接收前端是无法接受的。为满足现代通信系统及其他用途的要求，人们通过开发高性能的压电材料和改进 IDT 设计，使器件的插入损耗降低到 3～4dB，最低可达 1dB。

13.5.3 实验内容

（1）掌握声表滤波器的用途和原理。

（2）测试声表面波的工作频率范围、插损、幅频特性。

（3）掌握声表滤波器的选型方法。

13.5.4 声表滤波器的测试实验步骤

用矢网模块对声表滤波器进行测试。

第 1 步，给矢网模块通电，用数据线将矢网模块的 USB 接口与计算机的 USB 接口相连，并给相应的USB 接口装上驱动。

第 2 步，对测试软件进行参数设置。打开测试软件，可以看到如图 13.35 所示的界面。

图 13.35　测试软件界面

在图 13.25 中选择开始频率为 50MHz、结束频率为 300MHz，如图 13.36 所示，对扫频模式进行设置。选择菜单栏中的"设置"选项进行设置：串口选择矢网模块所连接口，即 COM3 接口；将最高输出频率设置为 6GHz，将频率倍率设置为 10。

图 13.36　扫频模式设置

第 3 步，对声表滤波器进行测量。先用 SMA 转 SMB 的电缆线将矢网模块的输出端和滤波器的输入端相连，再用 SMA 转 SMB 的电缆线将矢网模块的输入端和滤波器的输出端相连。连好以后，单击软件上的"扫频"选项，可以得到如图 13.37 所示的界面。

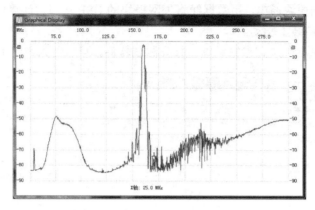

图 13.37　声表滤波器扫频结果界面

通过图 13.37，可以看到声表滤波器的带宽相对于 LC 滤波器要窄。测试以下指标：中心频率、1dB 带宽、带宽内的插入损耗、带外抑制度值。

13.5.5　实验报告要求

（1）理解声表滤波器的工作原理。
（2）查询并了解声表滤波器的用途与特点。
（3）对实验过程中得到的图形进行数据测试与分析。

参考文献

[1] 张肃文. 高频电子线路[M]. 4 版. 北京：高等教育出版社，2004.

[2] 王松林，吴大正，李小平，等. 电路基础[M]. 3 版. 西安：西安电子科技大学出版社，2008.

[3] 于洪珍. 通信电子电路[M]. 3 版. 北京：清华大学出版社，2016.

[4] 康华光，陈大钦，张林. 电子技术基础 模拟部分[M]. 5 版. 北京：高等教育出版社，2006.

[5] 高吉祥，高广珠，陈和. 高频电子线路[M]. 5 版. 北京：电子工业出版社，2016.

[6] 曾兴雯，刘乃安，陈健. 通信电子线路[M]. 北京：科学出版社，2006.

[7] 高吉祥. 高频电子线路设计[M]. 北京：高等教育出版社，2013.

[8] 曾兴雯，刘乃安，陈健. 高频电子线路[M]. 2 版. 北京：高等教育出版社，2009.

[9] George D，Vendelin Anthony M，Pavio Ulrich L，et al. 线性与非线性微波电路设计[M]. 2 版. 雷振亚，谢拥军，译. 北京：电子工业出版社，2010.

[10] 樊昌信，曹丽娜. 通信原理[M]. 7 版. 北京：国防工业出版，2010.

[11] 远坂俊昭. 锁相环（PPL）电路设计与应用[M]. 何希才，译. 北京：科学出版社，2006.